数学物理方程

（第2版）

王明新　编著

清华大学出版社
北京

内 容 简 介

本书首先系统地介绍数学模型的导出和各类定解问题的解题方法,然后再讨论三类典型方程的基本理论.这种处理方式,便于教师授课时选讲和自学者选读.书中内容深入浅出,方法多样,文字通俗易懂,并配有大量难易兼顾的例题与习题.

本书可作为数学和应用数学、信息与计算科学、物理、力学专业的本科生以及工科相关专业的研究生的教材和教学参考书,也可作为非数学专业本科生的教材(不讲或选讲第6章)和教学参考书.另外,也可供数学工作者、物理工作者和工程技术人员作为参考书.

版权所有,侵权必究。举报:010-62782989,beiqinquan@tup.tsinghua.edu.cn。

图书在版编目(CIP)数据

数学物理方程/王明新编著. —2 版. —北京:清华大学出版社,2009.10(2022.8重印)
ISBN 978-7-302-20618-7

Ⅰ. 数… Ⅱ. 王… Ⅲ. 数学物理方程-高等学校-教材 Ⅳ. O175.24

中国版本图书馆 CIP 数据核字 (2009) 第 119114 号

责任编辑: 佟丽霞
责任校对: 刘玉霞
责任印制: 杨 艳

出版发行: 清华大学出版社
      网　　址:http:// www.tup.com.cn,http://www.wqbook.com
      地　　址:北京清华大学学研大厦A座　　　　邮　　编:100084
      社 总 机:010- 83470000　　　　　　　邮　　购:010- 62786544
      投稿与读者服务:010-62776969,c-service@tup.tsinghua.edu.cn
      质量反馈:010-62772015,zhiliang@tup.tsinghua.edu.cn
印 装 者: 三河市君旺印务有限公司
经　　销: 全国新华书店
开　　本: 185mm×230mm　　**印　张:** 11.75　**字　数:** 231千字
版　　次: 2009 年10月第2版　　　　　**印　次:** 2022 年 8 月第11次印刷
定　　价: 35.00元

产品编号:028943-05

第二版前言

经过几年的教学实践和体会, 作者认为有必要对本书的部分内容进行调整和改写. 又因为 2007 年年底出版的教学辅导书《数学物理方程学习指导与习题解答》(王明新, 王晓光编著) 一书中, 包含了第一版的所有习题的解答. 这给教师在教学过程中布置作业带来了困难. 鉴于此, 经与出版社协商, 决定对本书进行修订. 这一版与第一版比较, 有以下方面的改动:

除个别作为重要结论和公式的习题外, 更换了几乎所有的习题.

第 1 章基本没有改动, 只是修改了个别词语和第一版中的印刷错误.

第 2 章的改动较大. 因为分离变量法和特征展开法实质上是一回事, 读者在该课程的先修课程"微积分"和"常微分方程"中已经掌握了幂级数展开和幂级数解法. 因此, 特征展开法和分离变量法相比较, 在理论上前者更系统、直观, 容易接受, 在计算方面前者更简单、直接. 又因为特征展开法和分离变量法都是求解有界区域上的定解问题的基本方法, 所以在第二版中, 分别系统介绍了特征展开法和分离变量法, 并把特征展开法放在了前面, 更加强调和突出了此方法. 又考虑到篇幅和课时的因素, 在特征展开法一节只介绍双曲型方程和抛物型方程, 在分离变量法一节只介绍 Laplace 方程. 为了让读者也能够掌握用分离变量法求解双曲型方程和抛物型方程的初边值问题的方法, 本章安排了几个这方面的习题.

因为特征展开法的基础是特征值问题的基本理论和结果, 所以在这一版中, 加强了特征值的内容. 又因为在特征展开法中将直接用到常微分方程的常数变易公式, 而不再利用偏微分方程的齐次化原理 (Duhamel 原理), 并且常微分方程的常数变易公式与偏微分方程的齐次化原理的叙述和证明完全相同. 所以在预备知识部分, 把常微分方程的常数变易公式用齐次化原理的形式表述并证明, 把偏微分方程的齐次化原理留做了习题.

对第 3 章中的部分内容重新进行了整合. 同时在 Fourier 变换部分, 增加了 Fourier 变换的两个性质和利用 Fourier 变换求解位势方程和积分方程的例子. 在 Lapalce 变换部分, 增加了利用 Laplace 变换求解微分积分方程的例子.

在第 4 章中, 改写和简化了球面平均法和降维法.

在第 5 章中, 虽然静电源像法是求解对称区域上的 Green 函数的基本方法, 并且在三维情形有明显的物理背景和物理直观, 但是静电源像法的理论基础是对称原理, 并且利用静电源像法求解 Green 函数的步骤比较复杂. 因此, 在求解三维球域上的 Green 函数时, 我们利用静电源像法, 让读者有一个直观的认识. 在求解其他对称区域上的 Green 函数时, 利用对称原理. 在这一章中, 还改写了 Green 函数的性质并给出了证明, 增加了求解 Green 函数的两个例子 (四分之一平面和半球域).

在第 6 章中, 删去了双曲型方程的 "弱间断线与广义解" 一节.

在第二版的编写过程中, 李慧玲博士、陈文彦博士、陈玉娟博士、石佩虎博士和作者的几位研究生王鲁欣、魏云峰、杜玲珑等同学认真检查了书稿, 提出了许多宝贵的修改建议. 使用第一版作为教材的部分教师, 也对第一版提出了一些有益的修改建议, 在此一并致谢. 由于作者学识所限, 错误和不足之处在所难免, 还望读者予以批评指正.

作 者

2009 年 7 月

第一版前言

数学物理方程是指自然科学和工程技术的各门分支中出现的偏微分方程,这些方程给出了所考察的物理量关于自变量(时间变量和空间变量)的偏导数的关系.例如连续介质力学、电磁学、量子力学等方面的基本方程都属于数学物理方程的范畴.

目前高校理工科均开设"数学物理方程",或"偏微分方程"课程.但是,两者的侧重点有所不同,前者侧重于模型的建立和定解问题的解题方法,而后者则侧重于其自身的数学理论.

由于偏微分方程所研究的数学问题多样而复杂,本身不能自我封闭,还没有一整套完整的理论,所以不断地促进着许多相关联的数学分支的发展(如泛函分析,复变函数,微分几何,计算数学等),并从中引进解决问题的方法.

本书主要介绍三类典型方程(双曲型方程、椭圆型方程、抛物型方程)的导出(偏微分方程模型的建立)、定解问题的解法以及三类典型方程的基本理论.鉴于部分高校在本科阶段不开设"泛函分析"课程,有的院校把"数学物理方程"安排在"实变函数"之前,而工科类专业也不开设"实变函数",同时考虑到授课时数的限制(48,54 或 64 课时),因此本书没有涉及非线性偏微分方程的内容,并避开了广义函数.这样,只要有较好的微积分基础就可以阅读和学习本教材.一学期 48 个学时(不包括习题课时间)基本可以讲授完本教材.书中选学内容以 * 号标记.对于非数学专业的学生,可以不讲第 6 章.书中配有大量难易兼顾的例题与习题供教师选择,授课时不必讲授全部例题,可留一部分作为习题课的补充让学生自己完成.

全书共分 6 章.第 1 章从实际物理问题出发,具体介绍了建立偏微分方程模型的基本方法 —— 微元法和变分原理,以及如何根据物理背景确定定解条件.最后给出了二阶方程的分类与化简.

第 2 章至第 5 章主要讨论三类典型方程的定解问题的解题方法,详细介绍了分离变量法、积分变换法、特征线法(行波法)、球面平均法、降维法和 Green 函数方法.

第 6 章介绍了三类典型方程的基本理论 —— 极值原理和能量估计,并由此给出了解的惟一性和稳定性的相关结论.对于非数学专业的学生,这部分内容可以不讲或选讲.

本书的部分内容参考了国内出版的一些教材,见本书所附的参考文献.同时,在编写讲义和成书的过程中,得到了许多同志的帮助与支持.管平教授、林支桂教授、许志奋同志都讲授过本书的讲义,并提出了许多宝贵的修改建议.李慧玲同学帮助我打印了部分书稿, 作者的其他几位研究生帮助验算了部分例题和习题. 在此一并致谢. 由于作者学识所限, 错误和不足之处在所难免, 还望读者予以批评指正.

作　者

2005 年 3 月

目　录

第1章　典型方程的导出、定解问题及
二阶方程的分类与化简

随着科学技术的进步和计算手段的提高, 用数学方法研究自然科学和工程技术中的具体问题的领域越来越广. 用数学方法研究实际问题的第一步就是建立关于所考察的对象的数学模型, 从数量上刻画各物理量之间的关系. 有时候所建立的数学模型是一个含有未知函数的偏导数的方程, 即偏微分方程, 也就是这门课程所讨论的数学物理方程.

本章首先从几个物理模型出发, 利用两大物理定律 —— 守恒律和变分原理, 以及两种数学基本方法 —— 微元法和 Fubini 交换积分次序定理, 导出三类典型方程, 并根据各种不同的物理和几何性质, 确定相应的定解条件. 最后介绍二阶方程的分类与化简.

作为预备知识, 我们先做几个记号上的推广并叙述本书中多处用到的分析学中的三个基本结论.

微积分中, 通常把直线上的点记为 x, 把平面上的点记为 (x,y), 把空间（三维）中的点记为 (x,y,z). 利用数学语言, 通常把直线记为 $\mathbb{R}^1$ 或者 $\mathbb{R}$, 把平面记为 $\mathbb{R}^2$, 把空间（三维）记为 $\mathbb{R}^3$. 实际上还有维数更高的空间, 例如四维时–空空间. 为了书写方便, 我们有时又把平面上的点记为 $\boldsymbol{x}=(x_1,x_2)$, 把空间中的点记为 $\boldsymbol{x}=(x_1,x_2,x_3)$.

作为推广, 对于正整数 n, 我们用 $\mathbb{R}^n$ 表示 n 维欧氏空间, 把 $\mathbb{R}^n$ 中的点记为 $\boldsymbol{x}=(x_1,\cdots,x_n)$. 对于 $\mathbb{R}^n$ 中的开集 Ω, 用 $\partial\Omega$ 表示 Ω 的边界.

连通的开集称为**区域**.

设 Ω 是 $\mathbb{R}^n$ 中的一个开集, k 是非负整数, 或者 $k=\infty$. 分别用 $C^k(\Omega)$ 和 $C^k(\overline{\Omega})$ 表示在 Ω 内和 $\overline{\Omega}$ 上 k 次连续可微的函数构成的空间（集合）, 这里 $\overline{\Omega}$ 表示 Ω 的闭包. 当 $k=0$ 时, 通常记 $C^0(\Omega)=C(\Omega)$, $C^0(\overline{\Omega})=C(\overline{\Omega})$. 设 $u\in C(\Omega)$. 集合 $\{\boldsymbol{x}\in\Omega:u(\boldsymbol{x})\neq 0\}$ 的闭包称为 u 的**支集**, 记为 $\operatorname{supp} u$. 如果 $\operatorname{supp} u$ 是 Ω 内的紧集（有界闭集）, 则称 u 具有**紧支集**, 记为 $u\in C_c(\Omega)$ 或 $u\in C_0(\Omega)$. 记 $C_0^k(\Omega)=C^k(\overline{\Omega})\bigcap C_0(\Omega)$, 或者说 $C_0^k(\Omega)$ 是在 Ω 内 k 次连续可微且有紧支集的函数的全体.

对于 $\mathbb{R}^n$ 中的开集 Ω, 用 $\displaystyle\int_\Omega f(\boldsymbol{x})\mathrm{d}\boldsymbol{x}$ 表示函数 $f(\boldsymbol{x})$ 在 Ω 上的 n 重积分

$$\underbrace{\int\cdots\int}_{n} f(\boldsymbol{x})\,\mathrm{d}x_1\cdots\mathrm{d}x_n,$$

用 $\displaystyle\int_{\partial\Omega} g(\boldsymbol{x})\mathrm{d}S$ 表示函数 $g(\boldsymbol{x})$ 沿封闭曲面 $\partial\Omega$ 的外侧的第二型曲面积分 $\displaystyle\oint_{\partial\Omega} g(\boldsymbol{x})\mathrm{d}S$. 当 $n = 1, 2, 3$ 时, 我们在微积分中已经熟悉了这些记号和意义. 当 $n > 3$ 时, 它们是 $n = 1, 2, 3$ 的情形的推广.

命题 1.0.1 设开集 $\Omega \subset \mathbb{R}^n$, f 在 Ω 内连续. 如果对于任意的子集 $\Omega' \subset \Omega$, 都有

$$\int_{\Omega'} f(\boldsymbol{x})\mathrm{d}\boldsymbol{x} = 0,$$

则在 Ω 上 $f \equiv 0$.

命题 1.0.2 设开集 $\Omega \subset \mathbb{R}^n$, f 在 Ω 内连续. 如果对于任意的 $v \in C_0^\infty(\Omega)$, 都有

$$\int_{\Omega} f(\boldsymbol{x})v(\boldsymbol{x})\mathrm{d}\boldsymbol{x} = 0,$$

那么在 Ω 上 $f \equiv 0$.

命题 1.0.3 (Stokes公式, 也称散度定理或分部积分公式) 设 $\Omega \subset \mathbb{R}^n$ 是一个有界光滑区域, 那么对属于 C^1 的 n 维向量值函数 $\boldsymbol{v}$, 下面的积分等式成立:

$$\int_{\Omega} \boldsymbol{\nabla} \cdot \boldsymbol{v}\mathrm{d}\boldsymbol{x} = \int_{\Omega} \operatorname{div} \boldsymbol{v}\mathrm{d}\boldsymbol{x} = \int_{\partial\Omega} \boldsymbol{v} \cdot \boldsymbol{n}\mathrm{d}S, \tag{1.0.1}$$

其中 $\boldsymbol{n}$ 是 Ω 的边界 $\partial\Omega$ 上的单位外法向量, $\mathrm{d}S$ 是 $\partial\Omega$ 上的面积元素. 当 $n = 1, 2, 3$ 时, 公式 (1.0.1) 分别是我们在微积分中学过的牛顿–莱布尼茨 (Newton-Leibniz) 公式, 格林 (Green) 公式和奥–高 (Ostrogradski-Gauss) 公式.

1.1　典型方程的导出

本节的内容实际上就是物理定律的数量形式 (数学表述). 这里所用到的两大物理定律是守恒律 (质量守恒, 能量守恒, 动量守恒) 和变分原理 (最小势能原理). 所用到的数学方法是微元法和 Fubini 交换积分次序定理.

1.1.1　守恒律

利用守恒律推导微分方程的基本方法如下:

守恒律 + Stokes 公式 + Fubini 交换积分次序定理 $\Longrightarrow$ 偏微分方程.

1. 弦振动方程

模型　一根拉紧的柔软细弦, 假定在外力的作用下, 弦在平面上作微小横振动 —— 振动方向与弦的平衡位置垂直.

问题　研究弦的振动规律.

建立坐标系　以弦的平衡位置为 x 轴, 在弦作振动的平面上取与 x 轴垂直的方向为 u 轴, 弦的一端为原点, 弦长为 l.

分析 (1) 细：横截面的直径 $d \ll l$（表示 d 远远小于 l），运动状态在同一横截面上处处相同，即弦可以看成无粗细的线；

(2) 拉紧：指的是弦线在弹性范围内，因此 Hooke 定律成立，张力与弦线的相对伸长成正比；

(3) 柔软：弦在每一点处，该点两端的部分之间有相互作用力．这个力的分量一般来讲有切向力和法向力．柔软是指没有抗弯曲的张力，张力只是沿切线方向；

(4) 横振动：只有沿 u 方向的位移 u；

(5) 微小位移：弦的位置只作了微小变化，即 $|u_x| \ll 1$（符号 $\ll 1$ 表示适当小或充分小，下同）．

我们将利用动量守恒来导出 u 的变化规律．任取一小段弦 $[a, b]$ 以及小时段 $[t_1, t_2]$，在 $[a, b] \times [t_1, t_2]$ 上研究弦的变化情况，见图 1.1．这时的动量守恒律可以写成：

$$\boxed{t = t_2 \text{时的动量}} - \boxed{t = t_1 \text{时的动量}} = \boxed{[a, b] \times [t_1, t_2] \text{内的冲量}}.$$

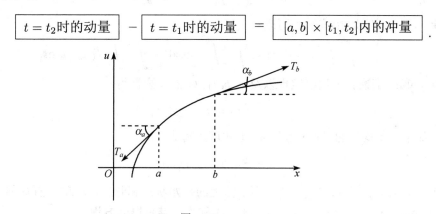

图 1.1

用 ρ 表示单位长度的质量（密度），f_0 表示在 u 的正方向、单位长度上的外力密度，T 表示张力．一般而言，$\rho = \rho(x, t)$，$T = T(x, t)$．

在 t 时刻，位移为 u，弦长 $s = \int_a^b \sqrt{1 + u_x^2}\,\mathrm{d}x \approx b - a$，即弦并未伸长，所以 ρ 与 t 无关．在 $[a, b]$ 上，由 Hooke 定律知，$T_t - T_{t_0} = k \times$ 弦长的伸长量 ≈ 0，所以 T 与 t 无关．

沿水平方向，由于弦没有位移，所以速度为零．从而动量为零，冲量也为零．由此知，弦线在水平方向未受外力作用，即（见图 1.1）

$$T_b \cos \alpha_b = T_a \cos \alpha_a.$$

又因为

$$\cos \alpha_a = \frac{1}{\sqrt{1 + u_x^2}}\Big|_{x=a} \approx 1, \quad \cos \alpha_b = \frac{1}{\sqrt{1 + u_x^2}}\Big|_{x=b} \approx 1,$$

所以 $T_a = T_b$，即 $T(x, t) \equiv T_0$ 与 x, t 无关．

沿垂直方向, 有

$$\boxed{\begin{array}{c} t=t_2 \\ \text{时的动量} \end{array}} - \boxed{\begin{array}{c} t=t_1 \\ \text{时的动量} \end{array}} = \boxed{\begin{array}{c} \text{外力在} [a,b] \times [t_1,t_2] \\ \text{内产生的冲量} \end{array}} + \boxed{\begin{array}{c} \text{张力在垂直方} \\ \text{向产生的冲量} \end{array}},$$

即

$$\int_a^b \rho u_t|_{t=t_2} \mathrm{d}x - \int_a^b \rho u_t|_{t=t_1} \mathrm{d}x = \int_{t_1}^{t_2} \int_a^b f_0 \mathrm{d}x \mathrm{d}t + \int_{t_1}^{t_2} (T_b \sin\alpha_b - T_a \sin\alpha_a) \mathrm{d}t.$$

利用

$$\sin\alpha_a = \frac{u_x}{\sqrt{1+u_x^2}}\Big|_{x=a} \approx u_x|_{x=a}, \quad \sin\alpha_b = \frac{u_x}{\sqrt{1+u_x^2}}\Big|_{x=b} \approx u_x|_{x=b},$$

可得

$$\int_a^b \rho\left[u_t(x,t_2) - u_t(x,t_1)\right] \mathrm{d}x = \int_{t_1}^{t_2} \int_a^b f_0 \mathrm{d}x \mathrm{d}t + \int_{t_1}^{t_2} T_0[u_x(b,t) - u_x(a,t)] \mathrm{d}t.$$

如果 u_{tt}, u_{xx} 连续, 上式又可写成

$$\int_a^b \int_{t_1}^{t_2} \rho u_{tt} \mathrm{d}t \mathrm{d}x = \int_{t_1}^{t_2} \int_a^b f_0 \mathrm{d}x \mathrm{d}t + \int_{t_1}^{t_2} \int_a^b T_0 u_{xx} \mathrm{d}x \mathrm{d}t.$$

根据 Fubini 交换积分次序定理以及 a, b, t_1, t_2 的任意性得

$$\rho u_{tt} = T_0 u_{xx} + f_0.$$

如果弦是均匀的, 则 ρ 为常数, 上式可改写成

$$u_{tt} - a^2 u_{xx} = f(x,t), \tag{1.1.1}$$

其中 $a = \sqrt{T_0/\rho} > 0$, $f = f_0/\rho$. 不论弦上的初始状态和弦在两端的位置如何, 弦的振动规律都满足上述方程 (1.1.1). 方程 (1.1.1) 称为 **一维弦振动方程**.

在平面上放置一个框架, 对于固定在该框架上作横振动的薄膜, 用类似的方法可导出膜的振动方程为

$$u_{tt} - a^2(u_{xx} + u_{yy}) = f(x,y,t), \quad (x,y) \in \Omega \subset \mathbb{R}^2, \quad a > 0,$$

通常称之为 **二维波动方程**. n 维薄膜的横振动方程是

$$u_{tt} - a^2 \Delta u = f(\boldsymbol{x},t), \quad \boldsymbol{x} \in \Omega \subset \mathbb{R}^n, \quad a > 0,$$

通常称之为 **n 维波动方程**, 其中

$$\Delta u = u_{x_1 x_1} + \cdots + u_{x_n x_n}, \quad \boldsymbol{x} = (x_1, \cdots, x_n).$$

如果薄膜处于平衡状态, 那么位移与 t 无关, 所以 $u(\boldsymbol{x},t) = u(\boldsymbol{x})$, 方程变成

$$-a^2 \Delta u = f(\boldsymbol{x}), \quad \boldsymbol{x} \in \Omega \subset \mathbb{R}^n.$$

此方程称为 **Poisson 方程** 或 **位势方程**, 当 $f \equiv 0$ 时, 亦称为 **Laplace 方程** 或 **调和方程**.

注 1.1.1 通常说的弦和膜都有一个共同特点, 就是充分柔软、只抗伸长、不抗弯曲. 也就是当它们变形时, 反抗弯曲所产生的力矩可以忽略不计. 如果研究的对象没有这种特点, 力学上就把它们改称为梁和板. 梁和板的振动方程及平衡方程与弦和膜的不同, 一般来说会出现未知函数的四阶微商.

2. 热传导方程

模型　各向同性的物体, 内部有热源, 与周围介质有热交换, 求物体内部的温度分布.

物理规律　(1) 能量守恒: 在物体 Ω 内任取一部分 $V \subset \Omega$, 取任意时段 $[t_1, t_2]$, 则有 (参见图 1.2)

$$\boxed{\begin{array}{c}[t_1, t_2]时段内\\ V中增加的热量\end{array}} = \boxed{\begin{array}{c}[t_1, t_2]时段内通过\\ 边界\partial V流入的热量\end{array}} + \boxed{\begin{array}{c}[t_1, t_2]时段内由内\\ 部热源产生的热量\end{array}}.$$

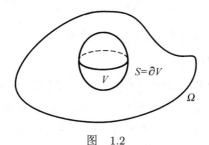

图　1.2

(2) Fourier 热力学定律: 热流密度 $\boldsymbol{q} = -k\boldsymbol{\nabla}u$, 即热流量的大小与温度的梯度成正比, 两者方向相反. 这里的 u 表示温度, $\boldsymbol{q}$ 表示热流密度, k 是热传导系数.

用 ρ 表示物体的密度, c 表示比热, f_0 表示热源强度. 我们假设物体的密度不随时间而变化. 因为物体是各向同性的, 所以 $c(x, y, z, t) = c$ 为常数.

在 $[t_1, t_2]$ 时段内 V 中温度升高增加的热量为

$$Q = \int_V c\rho \left(u|_{t=t_2} - u|_{t=t_1} \right) \mathrm{d}x\mathrm{d}y\mathrm{d}z = \int_V \left(\int_{t_1}^{t_2} u_t \mathrm{d}t \right) c\rho \, \mathrm{d}x\mathrm{d}y\mathrm{d}z;$$

通过边界 $\partial V = S$ 流入 V 的热量是

$$Q_1 = -\int_{t_1}^{t_2} \left(\iint_S \boldsymbol{q} \cdot \boldsymbol{n}\mathrm{d}S \right) \mathrm{d}t = \int_{t_1}^{t_2} \left(\iint_S k\boldsymbol{\nabla}u \cdot \boldsymbol{n}\mathrm{d}S \right) \mathrm{d}t,$$

其中 $\boldsymbol{n}$ 是边界 S 上的单位外法向量; 内部热源产生的热量为

$$Q_2 = \int_{t_1}^{t_2} \left(\int_V \rho f_0 \mathrm{d}x\mathrm{d}y\mathrm{d}z \right) \mathrm{d}t.$$

假设 $u_t, u_{xx}, u_{yy}, u_{zz}$ 连续, 那么利用 Stokes 公式便推出

$$Q_1 = \int_{t_1}^{t_2} \left(\int_V \boldsymbol{\nabla} \cdot (k\boldsymbol{\nabla}u) \mathrm{d}x\mathrm{d}y\mathrm{d}z \right) \mathrm{d}t.$$

因此, 前面的能量守恒关系用数学公式表达出来就是

$$\int_V \left(\int_{t_1}^{t_2} u_t \, \mathrm{d}t \right) c\rho \, \mathrm{d}x\mathrm{d}y\mathrm{d}z = \int_{t_1}^{t_2} \left(\int_V \boldsymbol{\nabla} \cdot (k\boldsymbol{\nabla}u) \, \mathrm{d}x\mathrm{d}y\mathrm{d}z \right) \mathrm{d}t + \int_{t_1}^{t_2} \left(\int_V \rho f_0 \, \mathrm{d}x\mathrm{d}y\mathrm{d}z \right) \mathrm{d}t.$$

利用 Fubini 交换积分次序定理以及 V 和 t_1, t_2 的任意性, 最后得到

$$c\rho u_t - \boldsymbol{\nabla} \cdot (k\boldsymbol{\nabla}u) = \rho f_0.$$

上式称为**三维热传导方程**. 如果物体是均匀的, 则 c, ρ 和 k 都是常数, 上式又可以写成

$$u_t - a^2 \Delta u = f(x, y, z, t),$$

其中 $a^2 = k/(c\rho) > 0$, $\Delta u = u_{xx} + u_{yy} + u_{zz}$, $f = f_0/c$.

3. 流体力学基本方程组

考察理想流体 (忽略粘性), 即每个面上的应力都沿法线方向, 与面的方向无关.

物理量　密度 $\rho = \rho(x, y, z, t)$, 流速 $\boldsymbol{v}(x, y, z, t) = (u(x, y, z, t), v(x, y, z, t), w(x, y, z, t))$. 在所考察的区域 Ω 内任取一部分 V, 任取一时段 $[t_1, t_2]$.

(1) 质量守恒和流体的连续性方程

$$\boxed{\begin{array}{c} t = t_2 时 \\ V 的质量 \end{array}} - \boxed{\begin{array}{c} t = t_1 时 \\ V 的质量 \end{array}} = \boxed{\begin{array}{c} [t_1, t_2] 内通过边界 \\ S = \partial V 流入的质量 \end{array}} + \boxed{\begin{array}{c} [t_1, t_2] 内由内部 \\ 源产生的质量 \end{array}}.$$

我们仅考虑内部无源的情形, 因此上式最后一项为零. 此时, 质量守恒的数学表述是

$$\int_V \rho|_{t=t_2} \, \mathrm{d}x\mathrm{d}y\mathrm{d}z - \int_V \rho|_{t=t_1} \, \mathrm{d}x\mathrm{d}y\mathrm{d}z = -\int_{t_1}^{t_2} \left(\int_S \rho\boldsymbol{v} \cdot \boldsymbol{n} \, \mathrm{d}S \right) \mathrm{d}t.$$

假设所讨论的函数都是连续可微的, 则有

$$\int_V \rho|_{t=t_2} \mathrm{d}x\mathrm{d}y\mathrm{d}z - \int_V \rho|_{t=t_1} \mathrm{d}x\mathrm{d}y\mathrm{d}z = \int_V \left(\int_{t_1}^{t_2} \rho_t \, \mathrm{d}t \right) \mathrm{d}x\mathrm{d}y\mathrm{d}z,$$

$$\int_{t_1}^{t_2} \left(\int_S \rho\boldsymbol{v} \cdot \boldsymbol{n} \mathrm{d}S \right) \mathrm{d}t = \int_{t_1}^{t_2} \left(\int_V \boldsymbol{\nabla} \cdot (\rho\boldsymbol{v}) \mathrm{d}x\mathrm{d}y\mathrm{d}z \right) \mathrm{d}t \quad (\text{Stokes公式}).$$

再利用 Fubini 交换积分次序定理以及 V 和 t_1, t_2 的任意性, 有

$$\rho_t + \boldsymbol{\nabla} \cdot (\rho\boldsymbol{v}) = 0. \tag{1.1.2}$$

上式称为**流体的连续性方程**.

(2) 动量守恒与理想流体的运动方程组

$$
\boxed{\begin{array}{c}[t_1,t_2]\text{时段}V\text{内}\\ \text{流体动量的增量}\end{array}}=\boxed{\begin{array}{c}[t_1,t_2]\text{时段通过 }V\text{ 的边界}\\ S\text{流入的质量产生的动量}\end{array}}+\boxed{\begin{array}{c}[t_1,t_2]\text{时段由外}\\ \text{力产生的冲量}\end{array}}.
$$

外力有两个: 一个是重力 $\boldsymbol{f}$, 另一个是周围流体对它产生的法向应力: $\boldsymbol{p_n}=-p\boldsymbol{n}$, 其中 p 为压力. 利用 "动量 = 质量 × 速度", 可得动量守恒律的数学表述为

$$
\int_V(\rho\boldsymbol{v}\mid_{t=t_2}-\rho\boldsymbol{v}\mid_{t=t_1})\mathrm{d}x\mathrm{d}y\mathrm{d}z
$$

$$
=-\int_S\int_{t_1}^{t_2}\boldsymbol{v}\rho\boldsymbol{v}\cdot\boldsymbol{n}\mathrm{d}t\mathrm{d}S+\int_{t_1}^{t_2}\left(\int_V\boldsymbol{f}\mathrm{d}x\mathrm{d}y\mathrm{d}z\right)\mathrm{d}t+\int_{t_1}^{t_2}\left(\int_S(-p\boldsymbol{n}\,)\mathrm{d}S\right)\mathrm{d}t,\quad(1.1.3)
$$

其中, $\boldsymbol{v}\cdot\boldsymbol{n}\mathrm{d}t$ 表示长度, $\boldsymbol{v}\cdot\boldsymbol{n}\mathrm{d}t\mathrm{d}S$ 表示体积, $\rho\boldsymbol{v}\cdot\boldsymbol{n}\mathrm{d}t\mathrm{d}S$ 表示质量. 如果所讨论的函数都是连续可微的, 则成立

$$
\int_V(\rho\boldsymbol{v}\mid_{t=t_2}-\rho\boldsymbol{v}\mid_{t=t_1})\mathrm{d}x\mathrm{d}y\mathrm{d}z=\int_V\left(\int_{t_1}^{t_2}(\rho\boldsymbol{v}\,)_t\mathrm{d}t\right)\mathrm{d}x\mathrm{d}y\mathrm{d}z,\quad(1.1.4)
$$

$$
\int_{t_1}^{t_2}\left(\int_S(-p\boldsymbol{n}\,)\mathrm{d}S\right)\mathrm{d}t=-\int_{t_1}^{t_2}\left(\int_V\boldsymbol{\nabla}p\,\mathrm{d}x\mathrm{d}y\mathrm{d}z\right)\mathrm{d}t\quad(\text{Stokes公式}).\quad(1.1.5)
$$

把 $\boldsymbol{v}\rho\boldsymbol{v}\cdot\boldsymbol{n}$ 写成分量的形式: $\boldsymbol{v}\rho\boldsymbol{v}\cdot\boldsymbol{n}=(u\rho\boldsymbol{v}\cdot\boldsymbol{n},v\rho\boldsymbol{v}\cdot\boldsymbol{n},w\rho\boldsymbol{v}\cdot\boldsymbol{n})$, 并利用

$$
\begin{aligned}
\boldsymbol{\nabla}\cdot(u\rho\boldsymbol{v})&=(\rho uu)_x+(\rho uv)_y+(\rho uw)_z\\
&=\rho uu_x+\rho vu_y+\rho wu_z+u(\rho u)_x+u(\rho v)_y+u(\rho w)_z\\
&=\rho(\boldsymbol{v}\cdot\boldsymbol{\nabla})u+u\boldsymbol{\nabla}\cdot(\rho\boldsymbol{v})
\end{aligned}
$$

及 Stokes 公式, 我们有

$$
\int_S u\rho\boldsymbol{v}\cdot\boldsymbol{n}\mathrm{d}S=\int_V\boldsymbol{\nabla}\cdot(u\rho\boldsymbol{v})\mathrm{d}x\mathrm{d}y\mathrm{d}z=\int_V[\rho(\boldsymbol{v}\cdot\boldsymbol{\nabla})u+u\boldsymbol{\nabla}\cdot(\rho\boldsymbol{v})]\mathrm{d}x\mathrm{d}y\mathrm{d}z.\quad(1.1.6)
$$

同理可得

$$
\int_S v\rho\boldsymbol{v}\cdot\boldsymbol{n}\mathrm{d}S=\int_V[\rho(\boldsymbol{v}\cdot\boldsymbol{\nabla})v+v\boldsymbol{\nabla}\cdot(\rho\boldsymbol{v})]\mathrm{d}x\mathrm{d}y\mathrm{d}z,\quad(1.1.7)
$$

$$
\int_S w\rho\boldsymbol{v}\cdot\boldsymbol{n}\mathrm{d}S=\int_V[\rho(\boldsymbol{v}\cdot\boldsymbol{\nabla})w+w\boldsymbol{\nabla}\cdot(\rho\boldsymbol{v})]\mathrm{d}x\mathrm{d}y\mathrm{d}z.\quad(1.1.8)
$$

把 (1.1.4) 式 ~ (1.1.8) 式代入 (1.1.3) 式得

$$
\int_V\left(\int_{t_1}^{t_2}(\rho\boldsymbol{v})_t\mathrm{d}t\right)\mathrm{d}x\mathrm{d}y\mathrm{d}z=-\int_{t_1}^{t_2}\left(\int_V[\rho(\boldsymbol{v}\cdot\boldsymbol{\nabla})\boldsymbol{v}+\boldsymbol{v}\boldsymbol{\nabla}\cdot(\rho\boldsymbol{v})]\mathrm{d}x\mathrm{d}y\mathrm{d}z\right)\mathrm{d}t
$$

$$-\int_{t_1}^{t_2}\left(\int_V \boldsymbol{\nabla}p\,\mathrm{d}x\mathrm{d}y\mathrm{d}z\right)\mathrm{d}t+\int_{t_1}^{t_2}\left(\int_V \boldsymbol{f}\mathrm{d}x\mathrm{d}y\mathrm{d}z\right)\mathrm{d}t. \tag{1.1.9}$$

利用 Fubini 交换积分次序定理以及 V 和 t_1, t_2 的任意性, 由 (1.1.9) 式推出

$$(\rho\boldsymbol{v})_t+\rho(\boldsymbol{v}\cdot\boldsymbol{\nabla})\boldsymbol{v}+\boldsymbol{v}\boldsymbol{\nabla}\cdot(\rho\boldsymbol{v})+\boldsymbol{\nabla}p=\boldsymbol{f}, \tag{1.1.10}$$

其中 $\boldsymbol{v}\cdot\boldsymbol{\nabla}=u\dfrac{\partial}{\partial x}+v\dfrac{\partial}{\partial y}+w\dfrac{\partial}{\partial z}$. 把连续性方程 $\rho_t=-\boldsymbol{\nabla}\cdot(\rho\boldsymbol{v})$ 代入方程 (1.1.10), 最后得到

$$\rho\boldsymbol{v}_t+\rho(\boldsymbol{v}\cdot\boldsymbol{\nabla})\boldsymbol{v}+\boldsymbol{\nabla}p=\boldsymbol{f}. \tag{1.1.11}$$

上式称为**理想流体的运动方程组**. 把它写成分量的形式就是

$$u_t+uu_x+vu_y+wu_z+\frac{p_x}{\rho}=\frac{f_1}{\rho},$$

$$v_t+uv_x+vv_y+wv_z+\frac{p_y}{\rho}=\frac{f_2}{\rho},$$

$$w_t+uw_x+vw_y+ww_z+\frac{p_z}{\rho}=\frac{f_3}{\rho}.$$

(3) 能量守恒和能量方程

能量守恒律　在 $[t_1, t_2]$ 时段内, 能量的增量等于流入的能量与外力做功之和. 设流体单位质量的内能为 e, 动能是 $\dfrac{1}{2}|\boldsymbol{v}|^2$, 那么内能加动能就等于 $e+\dfrac{1}{2}|\boldsymbol{v}|^2$.

$$\boxed{\begin{array}{c}t=t_2\\ \text{时的能量}\end{array}}-\boxed{\begin{array}{c}t=t_1\\ \text{时的能量}\end{array}}=\boxed{\begin{array}{c}[t_1,t_2]\text{时段内通过}\\ \text{边界}S\text{流入的能量}\end{array}}+\boxed{\begin{array}{c}\text{外力做功}\end{array}}.$$

外力有重力和压力. 同上可以推出, 能量守恒关系的数学表示式为

$$\int_V \rho\left(e+\frac{1}{2}|\boldsymbol{v}|^2\right)\bigg|_{t=t_2}\mathrm{d}x\mathrm{d}y\mathrm{d}z-\int_V \rho\left(e+\frac{1}{2}|\boldsymbol{v}|^2\right)\bigg|_{t=t_1}\mathrm{d}x\mathrm{d}y\mathrm{d}z$$

$$=-\int_{t_1}^{t_2}\left[\int_S\left(e+\frac{1}{2}|\boldsymbol{v}|^2\right)\rho\boldsymbol{v}\cdot\boldsymbol{n}\mathrm{d}S\right]\mathrm{d}t-\int_{t_1}^{t_2}\left(\int_S \boldsymbol{v}\cdot\boldsymbol{p}\boldsymbol{n}\mathrm{d}S\right)\mathrm{d}t$$

$$+\int_{t_1}^{t_2}\left(\int_V \boldsymbol{v}\cdot\boldsymbol{f}\mathrm{d}x\mathrm{d}y\mathrm{d}z\right)\mathrm{d}t. \tag{1.1.12}$$

假设所讨论的函数连续可微, 仿照 (1.1.9) 式的导出过程, 利用 Stokes 公式把 (1.1.12) 式中的面积分化为在 V 上的体积分, 再利用 (1.1.2) 式和 (1.1.11) 式可得

$$e_t+\boldsymbol{v}\cdot\boldsymbol{\nabla}e+\frac{p}{\rho}\boldsymbol{\nabla}\cdot\boldsymbol{v}=0. \tag{1.1.13}$$

此式称为**能量方程**.

联立连续性方程 (1.1.2)、运动方程组 (1.1.11) 和能量方程 (1.1.13), 得到一个由 5 个方程构成的方程组. 但是, 该方程组中有 6 个未知函数 ρ, u, v, w, p, e, 不能封闭, 需要加上一个所谓的**状态方程**

$$e = e(p, \rho).$$

这样, 就得到一个由 6 个方程构成的方程组 (有 6 个未知函数).

1.1.2 变分原理

求泛函的极值称为变分问题. 这里给出两个利用变分原理推导偏微分方程的例子.

1. 极小曲面问题

设 Ω 是平面上的一个有界区域, 边界 $\partial\Omega$ 充分光滑, $\partial\Omega$ 作为平面曲线的方程为 $x = x(t), y = y(t), 0 \leqslant t \leqslant t_0$. 在 $\partial\Omega$ 上给定一条空间闭曲线 (参见图 1.3):

$$\Gamma: \begin{cases} x = x(t), \\ y = y(t), \quad 0 \leqslant t \leqslant t_0. \\ \varphi = \varphi(t), \end{cases}$$

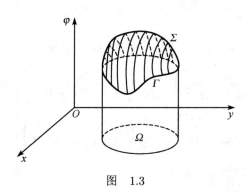

图 1.3

问题 求一张定义在 $\overline{\Omega}$ 上的光滑曲面 Σ, 使得:

(1) Σ 以 Γ 为边界;

(2) Σ 的表面积最小.

记曲面 Σ 的方程是 $u = u(x, y)$, 则曲面的面积为

$$J(u) = \int_{\Omega} (1 + u_x^2 + u_y^2)^{1/2} \mathrm{d}x\mathrm{d}y.$$

把 Γ 的方程写成 $\varphi = \varphi(x, y)$, $(x, y) \in \partial\Omega$. 因为曲面以 Γ 为边界, 所以 $u|_{\partial\Omega} = \varphi(x, y)$. 记

$$M_\varphi = \left\{ u \in C^1(\overline{\Omega}) : u|_{\partial\Omega} = \varphi(x, y) \right\},$$

则 $J : M_\varphi \to \mathbb{R}$, 称为定义在 M_φ 上的**泛函**. 我们希望求出一个函数 $u \in M_\varphi$, 使得

$$J(u) = \min_{v \in M_\varphi} J(v). \tag{1.1.14}$$

这个 u 就是泛函 J 在集合 M_φ 上达到极小值的点. 称这种求一个泛函的极小问题为**变分问题**. 函数集合 M_φ 称为变分问题的**容许函数类**, u 称为变分问题的解.

先导出 u 满足的方程. 对任意的 $v \in M_0 = \left\{ v \in C^1(\overline{\Omega}) : v|_{\partial\Omega} = 0 \right\}$ 及 $\varepsilon \in \mathbb{R}$, 有 $u + \varepsilon v \in M_\varphi$. 记 $j(\varepsilon) = J(u + \varepsilon v)$, 则

$$j(\varepsilon) = J(u + \varepsilon v) \geqslant J(u) = j(0), \quad \forall \varepsilon \in \mathbb{R}.$$

因此 $j'(0) = 0$. 简单计算可知

$$j'(\varepsilon) = \int_\Omega \frac{(u_x + \varepsilon v_x)v_x + (u_y + \varepsilon v_y)v_y}{[1 + (u_x + \varepsilon v_x)^2 + (u_y + \varepsilon v_y)^2]^{1/2}} \mathrm{d}x\mathrm{d}y,$$

故有

$$\int_\Omega \frac{u_x v_x + u_y v_y}{(1 + u_x^2 + u_y^2)^{1/2}} \mathrm{d}x\mathrm{d}y = j'(0) = 0, \quad \forall\, v \in M_0. \tag{1.1.15}$$

假设 $u \in C^1(\overline{\Omega}) \bigcap C^2(\Omega)$, 利用 (1.1.15) 式及 Green 公式推出

$$\int_\Omega \left[\frac{\partial}{\partial x} \left(\frac{u_x}{(1 + u_x^2 + u_y^2)^{1/2}} \right) + \frac{\partial}{\partial y} \left(\frac{u_y}{(1 + u_x^2 + u_y^2)^{1/2}} \right) \right] v\mathrm{d}x\mathrm{d}y$$

$$= \int_\Omega \left[\frac{\partial}{\partial x} \left(\frac{u_x}{(1 + u_x^2 + u_y^2)^{1/2}} \right) + \frac{\partial}{\partial y} \left(\frac{u_y}{(1 + u_x^2 + u_y^2)^{1/2}} \right) \right] v\mathrm{d}x\mathrm{d}y$$

$$+ \int_\Omega \frac{u_x v_x + u_y v_y}{(1 + u_x^2 + u_y^2)^{1/2}} \mathrm{d}x\mathrm{d}y$$

$$= \int_\Omega \left[\frac{\partial}{\partial x} \left(\frac{u_x v}{(1 + u_x^2 + u_y^2)^{1/2}} \right) + \frac{\partial}{\partial y} \left(\frac{u_y v}{(1 + u_x^2 + u_y^2)^{1/2}} \right) \right] \mathrm{d}x\mathrm{d}y$$

$$= \int_{\partial\Omega} \left[\frac{v}{(1 + u_x^2 + u_y^2)^{1/2}} u_x \cos(\boldsymbol{n}, x) + \frac{v}{(1 + u_x^2 + u_y^2)^{1/2}} u_y \cos(\boldsymbol{n}, y) \right] \mathrm{d}l$$

$$= \int_{\partial\Omega} \frac{v}{(1 + u_x^2 + u_y^2)^{1/2}} \frac{\partial u}{\partial \boldsymbol{n}} \mathrm{d}l = 0,$$

这是因为 $v \in M_0$ 蕴含 $v|_{\partial\Omega} = 0$. 利用函数 v 的任意性即得

$$
\begin{cases}
\dfrac{\partial}{\partial x}\left(\dfrac{u_x}{(1+u_x^2+u_y^2)^{1/2}}\right) + \dfrac{\partial}{\partial y}\left(\dfrac{u_y}{(1+u_x^2+u_y^2)^{1/2}}\right) = 0, & (x,y) \in \Omega, \\
u|_{\partial\Omega} = \varphi(x,y).
\end{cases}
\tag{1.1.16}
$$

现在要问: (1.1.16) 式是否是一个充分条件? 即边值问题 (1.1.16) 的解是否是变分问题 (1.1.14) 的解呢? 回答是肯定的, 这是因为

$$
j'(0) = 0,
$$

$$
j''(\varepsilon) = \int_{\Omega} \frac{v_x^2 + v_y^2 + [v_y(u_x + \varepsilon v_x) - v_x(u_y + \varepsilon v_y)]^2}{\left[1 + (u_x + \varepsilon v_x)^2 + (u_y + \varepsilon v_y)^2\right]^{3/2}}\,\mathrm{d}x\mathrm{d}y > 0.
$$

结论 若 $u \in C^1(\overline{\Omega}) \bigcap C^2(\Omega)$ 是边值问题 (1.1.16) 的解, 则 u 必是变分问题 (1.1.14) 的解. 反之亦然.

这样, 就把变分问题转化成一个偏微分方程的边值问题.

定解问题 (1.1.16) 的第一式可写成

$$
(1 + u_y^2)u_{xx} - 2u_x u_y u_{xy} + (1 + u_x^2)u_{yy} = 0.
\tag{1.1.17}
$$

此式称为变分问题 (1.1.14) 的**Euler 方程**. 若 $u_x \approx 0$, $u_y \approx 0$, 则 (1.1.17) 式成为 Laplace 方程

$$
u_{xx} + u_{yy} = 0.
$$

对于一般形式的泛函

$$
J(u) = \int_{\Omega} f(x, y, u, u_x, u_y)\,\mathrm{d}x\mathrm{d}y,
$$

同理可导出它的 Euler 方程为

$$
f_u - \frac{\partial}{\partial x}f_{u_x} - \frac{\partial}{\partial y}f_{u_y} = 0.
$$

2. 膜的平衡问题

如图 1.4 所示, 薄膜处于张紧状态 (张力 $T > 0$), 在 Γ_1 (图中底部的虚线) 上固定一段钢丝 (图中上部的锯齿形粗线), 让膜的一部分边界张在钢丝上, 另一部分边界为 Γ_2, 薄膜在 Γ_2 上受到密度为 $p(x,y)$ 的垂直外力的作用. 在外力 f 的作用下, 求薄膜处于平衡状态的形状.

取薄膜的水平位置为 xOy 平面, 区域为 Ω, $\partial\Omega = \Gamma_1 \bigcup \Gamma_2$. 薄膜的位移为 $u = u(x,y)$, 满足

$$
u|_{\Gamma_1} = \varphi, \quad T\frac{\partial u}{\partial \boldsymbol{n}}\bigg|_{\Gamma_2} = p,
$$

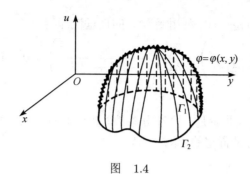

图　1.4

这里 φ 是钢丝的位置函数.

最小势能原理　受外力作用的弹性体, 在一切可能的位移中, 使弹性体处于平衡状态的位移的总势能最小.

总势能 = 应变能 − 外力做功. 应变能 = 张力 × 面积的增量, 即抵抗张力所做功的总和.

$$\text{应变能} = \int_{\Omega} T \left(\sqrt{1 + u_x^2 + u_y^2} - 1 \right) \mathrm{d}x\mathrm{d}y \approx \frac{1}{2} \int_{\Omega} T \left(u_x^2 + u_y^2 \right) \mathrm{d}x\mathrm{d}y$$

$$= \frac{1}{2} \int_{\Omega} T \left| \boldsymbol{\nabla} u \right|^2 \mathrm{d}x\mathrm{d}y \quad (\text{当 } |u_x|, \ |u_y| \ll 1),$$

$$\text{外力做功} = \int_{\Omega} fu \,\mathrm{d}x\mathrm{d}y + \int_{\Gamma_2} pu \,\mathrm{d}l.$$

对变形（位移）u 而言, 总势能

$$J(u) = \frac{1}{2} \int_{\Omega} T \left| \boldsymbol{\nabla} u \right|^2 \mathrm{d}x\mathrm{d}y - \int_{\Omega} fu \,\mathrm{d}x\mathrm{d}y - \int_{\Gamma_2} pu \,\mathrm{d}l.$$

取容许函数类

$$M_{\varphi} = \left\{ u \in C^1(\overline{\Omega}) : u|_{\Gamma_1} = \varphi \right\},$$

寻求 $u \in M_{\varphi}$, 使得

$$J(u) = \min_{v \in M_{\varphi}} J(v). \tag{1.1.18}$$

记 $M_0 = \left\{ u \in C^1(\overline{\Omega}) : u|_{\Gamma_1} = 0 \right\}$. 若 u 是变分问题 (1.1.18) 的解, 则对于任意的 $\varepsilon \in \mathbb{R}$ 及 $v \in M_0$, 有 $u + \varepsilon v \in M_{\varphi}$, 且 $J(u + \varepsilon v) \geqslant J(u)$. 记

$$j(\varepsilon) = J(u + \varepsilon v),$$

则 $j(0) \leqslant j(\varepsilon)$. 容易算出

$$j'(\varepsilon) = \int_{\Omega} T(\,\boldsymbol{\nabla} u \cdot \boldsymbol{\nabla} v + \varepsilon \,|\boldsymbol{\nabla} v|^2)\mathrm{d}x\mathrm{d}y - \int_{\Omega} fv\,\mathrm{d}x\mathrm{d}y - \int_{\Gamma_2} pv\,\mathrm{d}l,$$

$$0 = j'(0) = \int_{\Omega} (T\boldsymbol{\nabla} u \cdot \boldsymbol{\nabla} v - fv)\mathrm{d}x\mathrm{d}y - \int_{\Gamma_2} pv\,\mathrm{d}l$$

（利用 Stokes 公式并把张力 T 看成常数）

$$= \int_{\Omega} (-T\Delta u - f)v\,\mathrm{d}x\mathrm{d}y + \int_{\partial\Omega} Tv\frac{\partial u}{\partial \boldsymbol{n}}\,\mathrm{d}l - \int_{\Gamma_2} pv\,\mathrm{d}l$$

$$= \int_{\Omega} (-T\Delta u - f)v\,\mathrm{d}x\mathrm{d}y + \int_{\Gamma_2} \left(Tv\frac{\partial u}{\partial \boldsymbol{n}} - pv\right)\mathrm{d}l + \int_{\Gamma_1} Tv\frac{\partial u}{\partial \boldsymbol{n}}\,\mathrm{d}l$$

$$= \int_{\Omega} (-T\Delta u - f)v\,\mathrm{d}x\mathrm{d}y + \int_{\Gamma_2} \left(Tv\frac{\partial u}{\partial \boldsymbol{n}} - pv\right)\mathrm{d}l \quad (因为\ v|_{\Gamma_1} = 0).$$

上式对于任意的 $v \in C_0^{\infty}(\Omega)$ 显然成立, 所以 $\int_{\Omega} (-T\Delta u - f)v\,\mathrm{d}x\mathrm{d}y = 0$, 从而

$$T\Delta u + f = 0, \quad (x, y) \in \Omega. \tag{1.1.19}$$

于是有 $\int_{\Gamma_2} \left(T\frac{\partial u}{\partial \boldsymbol{n}} - p\right)v\mathrm{d}l = 0$, 进而推出

$$T\frac{\partial u}{\partial \boldsymbol{n}}\Big|_{\Gamma_2} = p. \tag{1.1.20}$$

因为 $u \in M_{\varphi}$, 所以

$$u|_{\Gamma_1} = \varphi. \tag{1.1.21}$$

式 (1.1.19) 称为变分问题 (1.1.18) 的 **Euler 方程**. 若 u 是问题 (1.1.19) ~ 问题 (1.1.21) 的解, 则 $j''(0) > 0$. 因此 u 是变分问题 (1.1.18) 的解.

1.2   偏微分方程的基本概念

1.2.1   定义

含有未知函数的偏导数的方程称为偏微分方程, 常微分方程可以看成是特殊的偏微分方程.

方程的个数是 1 的称为**方程式**, 方程的个数多于 1 的称为**方程组**. 对方程组而言, 一般要求方程的个数与未知函数的个数相同. 如果方程的个数少于未知函数的个数, 称方程组是**欠定的**. 如果方程的个数多于未知函数的个数, 称方程组是**超定的**.

方程（组）中出现的未知函数的最高阶偏导数的阶数称为方程（组）的**阶数**. 如果方程（组）中的项关于未知函数及其各阶偏导数的整体来讲是线性的, 就称方程（组）为**线性的**, 否则就称为**非线性的**. 非线性又分为**半线性**、**拟线性**和**完全非线性**.

1.2.2　定解条件和定解问题

给定一个常微分方程, 有通解和特解的概念. 通解只要求满足方程, 即满足某种物理定律, 而不能完全确定一个物理状态, 这种解通常有无穷多个. 特解除了要求满足方程还要满足给定的外加（特殊）条件. 对偏微分方程也是一样的. 换句话说, 为了完全确定一个物理状态, 只有相应的偏微分方程是不够的, 必须给出它的初始状态和边界状态, 即给出外加的特定条件, 这种特定条件称为**定解条件**. 描述初始时刻物理状态的定解条件称为**初始条件**或初值条件, 描述边界上物理状态的定解条件称为**边界条件**或边值条件. 一个方程匹配上定解条件就构成**定解问题**.

1. 弦振动方程

$$u_{tt} - a^2 u_{xx} = f(x,t), \quad 0 < x < l, \ t > 0.$$

初始条件是初始时刻 $(t=0)$ 的位移和速度: $\begin{cases} u(x,0) = \varphi(x), \\ u_t(x,0) = \psi(x), \end{cases} \quad 0 < x < l.$

边界条件是弦在两端点的状态, 一般有三种.

(1) 第一类边界条件（Dirichlet 边界条件）: 已知端点 $x = a$ $(a = 0,$ 或 $a = l)$ 处弦的位移为 $u(a,t) = g_a(t)$. 当 $g_a(t) \equiv 0$ 时, 表示在该端点处弦是固定的.

(2) 第二类边界条件（Neumann 边界条件）: 已知端点处弦所受的垂直于弦线的外力, 即

$$-Tu_x(0,t) = g_0(t) \quad \text{或} \quad Tu_x(l,t) = g_l(t).$$

特别当 $g_0(t) \equiv 0$ 或 $g_l(t) \equiv 0$ 时, 表示弦在该端点处 $(x = 0$ 或 $x = l)$ 自由滑动.

(3) 第三类边界条件（混合边界条件或 Robin 边界条件）: 已知端点处弦的位移和所受的垂直于弦线的外力的和, 即

$$-Tu_x(0,t) + k_0 u(0,t) = g_0(t) \quad \text{或} \quad Tu_x(l,t) + k_l u(l,t) = g_l(t), \quad k_0, k_l > 0,$$

其中 k_0, k_l 表示两端支承的弹性系数. 当 $g_0(t) \equiv 0$ 或 $g_l(t) \equiv 0$ 时, 表示弦在该端点处被固定在一个弹性支承上.

对于高维有界区域 Ω 上的波动方程（比如薄膜的振动问题）, 初始条件的提法不变, 边界条件的提法与下面的热传导方程相同.

2. 热传导方程

$$u_t - a^2 \Delta u = f(\boldsymbol{x}, t), \quad \boldsymbol{x} \in \Omega \subset \mathbb{R}^n, \ t > 0.$$

初始条件是初始温度分布：$u(\boldsymbol{x}, 0) = \varphi(\boldsymbol{x})$, $\boldsymbol{x} \in \Omega$.

边界条件 —— 根据边界上温度受周围介质的影响情况, 可分为三种.

(1) 第一类边界条件: 已知边界上的温度分布

$$u|_{\partial\Omega \times (0, \infty)} = g(\boldsymbol{x}, t)|_{\partial\Omega \times (0, \infty)}.$$

当 $g \equiv$ 常数时, 表示物体表面恒温.

(2) 第二类边界条件: 已知通过边界进入内部的热量

$$k\frac{\partial u}{\partial \boldsymbol{n}}\bigg|_{\partial\Omega \times (0, \infty)} = g(\boldsymbol{x}, t)|_{\partial\Omega \times (0, \infty)},$$

这里 k 是热传导系数, $\boldsymbol{n}$ 是 $\partial\Omega$ 上的单位外法向量. 当 $g \equiv 0$ 时, 表示物体表面绝热.

(3) 第三类边界条件: 通过边界, 物体与周围介质有热交换. 根据牛顿自由冷却定律, 当热从一介质流入另一介质时, 通过界面的热流强度与两介质的温度差成正比, 即

$$-k\frac{\partial u}{\partial \boldsymbol{n}}\bigg|_{\partial\Omega \times (0, \infty)} = \alpha(u - g_0)|_{\partial\Omega \times (0, \infty)},$$

通常写成

$$\left(k\frac{\partial u}{\partial \boldsymbol{n}} + \alpha u\right)\bigg|_{\partial\Omega \times (0, \infty)} = \alpha g_0|_{\partial\Omega \times (0, \infty)},$$

其中 $k > 0$ 是热传导系数, $\alpha > 0$ 是热交换系数, g_0 是周围介质的温度.

3. Poisson 方程或 Laplace 方程

只有边界条件 (同样有三类), 没有初始条件.

对于波动方程和热传导方程, 如果 $\Omega = \mathbb{R}^n$, Ω 没有边界, 当然也没有边界条件, 只有初始条件.

偏微分方程 + 初始条件 + 边界条件, 称为**初边值问题**或**混合问题**;

偏微分方程 + 初始条件, 称为**初值问题**, 也称 **Cauchy** 问题;

偏微分方程 + 边界条件, 称为**边值问题**.

1.2.3 定解问题的适定性

从 1.2.2 小节我们看到 (以后还会有更多的例子), 对不同的物理问题, 一般来讲其定解条件也是不同的 (例如, 弦振动问题和热传导问题有不同的初始条件, 描述不同物理状态的热传导问题也有不同的边界条件). 从数学上看, 一个定解问题提的是否合理, 即是否能够完全描述一个给定的物理状态, 一般来讲有以下三个标准:

(1) **解的存在性** 所给的定解问题有解;

(2) **解的惟一性** 所给的定解问题只有一个解;

(3) 解的稳定性　当定解条件（初始条件, 边界条件）以及方程中的系数有微小变动时, 相应的解也只有微小变动. 解的稳定性也称为解关于参数的连续依赖性.

解的存在性、惟一性和稳定性, 三者合起来称为**解的适定性**. 一般来说, 一个具体的物理问题在一定的条件下, 总有惟一确定的状态, 反映在定解问题中就是解的存在惟一性. 定解条件都是通过测量和统计而得到的, 在测量和统计的过程中误差总是难免的, 同时在建立数学模型的过程中也多次利用了近似. 如果解的稳定性不成立, 那所建立的定解问题就失去了实际意义. 如果一个定解问题的适定性不成立, 就要对定解问题作进一步地修改, 直到它具有适定性.

1.3　二阶线性偏微分方程的分类与化简

在 1.1 节中, 我们从典型的物理现象出发建立了相应的数学模型 —— 偏微分方程模型. 在 1.2 节中, 对几种不同的物理问题给出了相应的定解条件, 得到了相应的定解问题. 确定出定解问题才是用数学手段处理物理问题的第一步. 接下来的工作是如何求解这些定解问题, 并研究解的性质（除了适定性问题, 还有解的定性性质 —— 极值原理、能量估计、光滑性、渐近性等）. 讨论定解问题的解法以及解的初步定性性质, 是本教材的核心任务. 因为处理偏微分方程的基本步骤, 是先把一般形式化成标准型, 再给出解决标准型的基本方法, 所以先对二阶线性偏微分方程进行分类与化简是必要的.

二阶线性偏微分方程的一般形式是

$$\sum_{i,j=1}^{n} a_{ij} \frac{\partial^2 u}{\partial x_i \partial x_j} + \sum_{i=1}^{n} b_i \frac{\partial u}{\partial x_i} + cu = f,$$

其中 a_{ij}, b_i, c 和 f 都是实值函数. 当 $n = 2$ 时可以写成

$$a_{11}u_{xx} + 2a_{12}u_{xy} + a_{22}u_{yy} + b_1 u_x + b_2 u_y + cu = f. \tag{1.3.1}$$

它极类似于二次代数方程（二次曲线）$a_{11}x^2 + 2a_{12}xy + a_{22}y^2 + b_1 x + b_2 y = f$, 但是二者之间没有必然的联系（不像常微分方程）. 然而, 人们仍用二次曲线来划分二阶方程的类型:

二次曲线	二阶方程	标准形式
双曲线	双曲型方程	$u_{xx} - u_{yy} = f$
椭圆	椭圆型方程	$u_{xx} + u_{yy} = f$
抛物线	抛物型方程	$u_x - u_{yy} = f$

1.3.1 两个自变量的二阶线性偏微分方程的分类与化简

考虑两个自变量的二阶线性偏微分方程 (1.3.1)，其中 a_{ij}, b_i, c, f 都是 x, y 的连续可微实值函数，并且 a_{11}, a_{12}, a_{22} 不同时为零.

在任一点 $(x_0, y_0) \in \Omega$ 的一个邻域内，考察自变量变换

$$\xi = \xi(x, y), \quad \eta = \eta(x, y). \tag{1.3.2}$$

假设它的 Jacobi 行列式

$$J = \frac{D(\xi, \eta)}{D(x, y)} = \left. \begin{vmatrix} \xi_x & \xi_y \\ \eta_x & \eta_y \end{vmatrix} \right|_{(x_0, y_0)} \neq 0.$$

由隐函数定理知，该变换是可逆的，即存在逆变换 $x = x(\xi, \eta)$, $y = y(\xi, \eta)$. 直接计算，有

$$u_x = u_\xi \xi_x + u_\eta \eta_x, \quad u_y = u_\xi \xi_y + u_\eta \eta_y, \quad \cdots.$$

将其代入方程 (1.3.1) 得

$$a_{11}^* u_{\xi\xi} + 2a_{12}^* u_{\xi\eta} + a_{22}^* u_{\eta\eta} + b_1^* u_\xi + b_2^* u_\eta + c^* u = f^*, \tag{1.3.3}$$

其中 $c^* = c$, $f^* = f$, a_{ij}^* 和 b_i^* 可以分别用 a_{ij}, b_i 以及 ξ 和 η 的各阶偏导数表示. 特别地，

$$a_{11}^* = a_{11}\xi_x^2 + 2a_{12}\xi_x\xi_y + a_{22}\xi_y^2, \quad a_{22}^* = a_{11}\eta_x^2 + 2a_{12}\eta_x\eta_y + a_{22}\eta_y^2. \tag{1.3.4}$$

我们希望选取一个变换 (1.3.2)，使得方程 (1.3.3) 有比方程 (1.3.1) 更简单的形式. 注意到 (1.3.4) 式中的 a_{11}^* 与 a_{22}^* 有相同的形式，如果我们能够解出方程

$$a_{11}\varphi_x^2 + 2a_{12}\varphi_x\varphi_y + a_{22}\varphi_y^2 = 0 \tag{1.3.5}$$

的两个函数无关的解 $\varphi_1(x, y)$, $\varphi_2(x, y)$，那么取 $\xi = \varphi_1(x, y)$, $\eta = \varphi_2(x, y)$，就能保证 $a_{11}^* \equiv a_{22}^* \equiv 0$. 因此，方程 (1.3.5) 的解的结构对方程 (1.3.1) 的化简至关重要.

假设 $\varphi_x^2 + \varphi_y^2 \neq 0$，不妨设 $\varphi_y \neq 0$. 用 φ_y^2 除方程 (1.3.5) 得

$$a_{11}\left(\frac{\varphi_x}{\varphi_y}\right)^2 + 2a_{12}\frac{\varphi_x}{\varphi_y} + a_{22} = 0. \tag{1.3.6}$$

沿着曲线 $\varphi(x, y) = C$（常数），有 $0 = \mathrm{d}\varphi = \varphi_x \mathrm{d}x + \varphi_y \mathrm{d}y$，于是

$$\frac{\mathrm{d}y}{\mathrm{d}x} = -\frac{\varphi_x}{\varphi_y}.$$

方程 (1.3.6) 就成为

$$a_{11}\left(\frac{\mathrm{d}y}{\mathrm{d}x}\right)^2 - 2a_{12}\frac{\mathrm{d}y}{\mathrm{d}x} + a_{22} = 0,$$

或者

$$a_{11}\mathrm{d}y^2 - 2a_{12}\mathrm{d}x\mathrm{d}y + a_{22}\mathrm{d}x^2 = 0. \tag{1.3.7}$$

这说明, 如果 $\varphi = \varphi(x, y)$ 是方程 (1.3.5) 的解, 则 $\varphi(x, y) = C$ 是方程 (1.3.7) 的一簇积分曲线. 反之, 若 $\varphi(x, y) = C$ 是方程 (1.3.7) 的一簇积分曲线且 $\varphi_x^2 + \varphi_y^2 \neq 0$, 则 $\varphi = \varphi(x, y)$ 是方程 (1.3.5) 的解. 因此, 求解方程 (1.3.5) 等价于求解方程 (1.3.7). 常微分方程 (1.3.7) 称为偏微分方程 (1.3.1) 的**特征方程**, 其积分曲线称为方程 (1.3.1) 的**特征线**.

记 $\Delta = a_{12}^2 - a_{11}a_{22}$, 易证 $\Delta^* = a_{12}^{*2} - a_{11}^*a_{22}^* = \Delta \times J^2$. 因此, 在变换 (1.3.2) 之下 Δ 的符号不变. 我们可以利用 Δ 的符号来讨论方程 (1.3.7) 的解及相应的变换.

(1) 在点 (x_0, y_0) 的邻域内 $\Delta > 0$. 方程 (1.3.7) 可分解为

$$\frac{\mathrm{d}y}{\mathrm{d}x} = \frac{a_{12} \pm \sqrt{\Delta}}{a_{11}}.$$

于是存在两簇不相同的积分曲线 $\varphi_1(x, y) = C_1$, $\varphi_2(x, y) = C_2$, 且 φ_1 和 φ_2 函数无关. 作变换

$$\xi = \varphi_1(x, y), \quad \eta = \varphi_2(x, y),$$

直接计算知 $a_{11}^* = a_{22}^* = 0$. 此时方程 (1.3.3) 化简成

$$u_{\xi\eta} = Au_\xi + Bu_\eta + Cu + D$$

的形式. 如果再令 $s = \xi + \eta$, $t = \xi - \eta$, 又可以进一步化简成

$$u_{tt} - u_{ss} = A_1 u_t + B_1 u_s + C_1 u + D_1. \tag{1.3.8}$$

结论　如果在点 (x_0, y_0) 处 $\Delta = a_{12}^2 - a_{11}a_{22} > 0$, 则称方程 (1.3.1) 在点 (x_0, y_0) 处是**双曲型**的. 如果方程 (1.3.1) 在点 (x_0, y_0) 的邻域内是双曲型的, 那么在该邻域内它可以化简成形如方程 (1.3.8) 的标准形式. 如果方程 (1.3.1) 在每一点 $(x, y) \in \Omega$ 处都是双曲型的, 则称它在 Ω 中是双曲型的.

(2) 在点 (x_0, y_0) 的邻域内 $\Delta \equiv 0$. 方程 (1.3.7) 化简成

$$\frac{\mathrm{d}y}{\mathrm{d}x} = \frac{a_{12}}{a_{11}}.$$

由此解出一簇积分曲线 $\varphi_1(x, y) = C$, 再任取一个与 $\varphi_1(x, y)$ 函数无关的 $\varphi_2(x, y)$. 作变换

$$\xi = \varphi_1(x, y), \quad \eta = \varphi_2(x, y),$$

则有 $a_{11}^* \equiv 0$. 由 $\Delta \equiv 0$ 知 $\Delta^* \equiv 0$, 所以 $a_{12}^* \equiv 0$. 可以证明此时 $a_{22}^* \neq 0$, 于是方程 (1.3.1) 化简成

$$u_{\eta\eta} = Au_\xi + Bu_\eta + Cu + D.$$

如果再令

$$v = u \exp\left(-\frac{1}{2}\int_{\eta_0}^{\eta} B(\xi, \tau)\mathrm{d}\tau\right),$$

又可以进一步化简成

$$v_{\eta\eta} = A_1 v_\xi + C_1 v + D_1. \tag{1.3.9}$$

结论 如果在点 (x_0, y_0) 处 $\Delta = a_{12}^2 - a_{11}a_{22} = 0$, 则称方程 (1.3.1) 在点 (x_0, y_0) 处是**抛物型**的. 如果方程 (1.3.1) 在点 (x_0, y_0) 的邻域内是抛物型的, 那么在该邻域内它可以化简成形如方程 (1.3.9) 的标准形式. 如果方程 (1.3.1) 在每一点 $(x, y) \in \Omega$ 处都是抛物型的, 则称它在 Ω 中是抛物型的.

(3) 在点 (x_0, y_0) 的邻域内 $\Delta < 0$. 此时与方程 (1.3.7) 对应的二次方程无实根, 但有两个共轭复根: $\alpha(x, y) \pm \mathrm{i}\beta(x, y)$. 利用 $\dfrac{\mathrm{d}y}{\mathrm{d}x} = \alpha(x, y) \pm \mathrm{i}\beta(x, y)$ 解出方程 (1.3.7) 的两个通积分

$$\varphi(x, y) = \varphi_1(x, y) \pm \mathrm{i}\varphi_2(x, y) = C_\pm,$$

其中 φ_1, φ_2 都是实值函数. 如果 $\varphi_x^2 + \varphi_y^2 \neq 0$, 可以证明 φ_1 和 φ_2 函数无关. 作变换

$$\xi = \varphi_1(x, y), \quad \eta = \varphi_2(x, y),$$

简单计算知 $a_{11}^* = a_{22}^*$, $a_{12}^* = 0$. 此时, 方程 (1.3.1) 化简成

$$u_{\xi\xi} + u_{\eta\eta} = Au_\xi + Bu_\eta + Cu + D. \tag{1.3.10}$$

结论 如果在点 (x_0, y_0) 处 $\Delta = a_{12}^2 - a_{11}a_{22} < 0$, 则称方程 (1.3.1) 在点 (x_0, y_0) 处是**椭圆型**的. 如果方程 (1.3.1) 在点 (x_0, y_0) 的邻域内是椭圆型的, 那么在该邻域内它可以化简成形如方程 (1.3.10) 的标准形式. 如果方程 (1.3.1) 在每一点 $(x, y) \in \Omega$ 处都是椭圆型的, 则称它在 Ω 中是椭圆型的.

如果方程 (1.3.1) 在 Ω 的某一部分上是某一种类型的（比如双曲型的）, 而在另一部分上是另一种类型的（比如椭圆型的）, 则称它在 Ω 中是**混合型**的.

例 1.3.1 $yu_{xx} + u_{yy} - u_x = 0$.

解 当 $y > 0$ 时是椭圆型方程, 当 $y < 0$ 时是双曲型方程, 当 $y = 0$ 时是抛物型方程.

例 1.3.2 $x^2 u_{xx} + 2xy u_{xy} + y^2 u_{yy} = 0$, $(x, y) \in \Omega$, $(0, 0) \notin \Omega$.

解 当 $x = 0$, $y \neq 0$ 时, 方程成为 $u_{yy} = 0$; 当 $y = 0$, $x \neq 0$ 时, 方程成为 $u_{xx} = 0$; 当 $x \neq 0$, $y \neq 0$ 时, 因为 $\Delta = a_{12}^2 - a_{11}a_{22} = x^2 y^2 - x^2 y^2 = 0$, 所以方程是抛物型方程, 对应的特征方程是

$$x^2 \mathrm{d}y^2 - 2xy\,\mathrm{d}x\mathrm{d}y + y^2 \mathrm{d}x^2 = 0,$$

即

$$(x\,\mathrm{d}y - y\,\mathrm{d}x)^2 = 0, \quad 或 \quad \frac{\mathrm{d}y}{\mathrm{d}x} = \frac{y}{x}.$$

由此解出一簇积分曲线（特征线）$y = Cx$. 作变换

$$\xi = \frac{x}{y}, \quad \eta = y,$$

可将原方程化简成

$$u_{\eta\eta} = 0.$$

例 1.3.3　$u_{xx} - 2\cos x u_{xy} - (3 + \sin^2 x)u_{yy} - yu_y = 0.$

解　因为 $\Delta = \cos^2 x + 3 + \sin^2 x = 4 > 0$, 方程是双曲型方程, 对应的特征方程是

$$\mathrm{d}y^2 + 2\cos x\,\mathrm{d}x\mathrm{d}y - (3 + \sin^2 x)\mathrm{d}x^2 = 0.$$

把它分解为两个方程

$$\frac{\mathrm{d}y}{\mathrm{d}x} = -\cos x - 2, \quad \frac{\mathrm{d}y}{\mathrm{d}x} = -\cos x + 2.$$

解得两簇特征线（积分曲线）

$$y + \sin x + 2x = C_1, \quad y + \sin x - 2x = C_2.$$

选取变换

$$\xi = y + \sin x + 2x, \quad \eta = y + \sin x - 2x,$$

可把原方程化简为

$$u_{\xi\eta} + \frac{\xi + \eta}{32}\,(u_\xi + u_\eta) = 0.$$

如果再令 $t = \frac{1}{2}(\xi + \eta), s = \frac{1}{2}(\xi - \eta)$, 上面的方程还可以化简成更简单的形式. 请读者自己算一算.

注 1.3.1　在将一般形式的偏微分方程化成标准型的过程中, 如果采用的变换不同, 得到的标准形式也会不同. 但是主阶项（高阶项）的形式不会改变.

1.3.2　多个自变量的二阶线性偏微分方程的分类

对于二阶线性偏微分方程, 如果自变量的个数多于 2, 一般来讲, 不能像两个自变量的情形那样在一个区域中把它化简成标准型, 但仍可类似地对方程进行分类.

先回顾两个自变量的二阶线性偏微分方程的分类情况. 对于两个自变量的情形, 实际上是根据 $\Delta = a_{12}^2 - a_{11}a_{22}$ 的符号来分类的. 再从另一个角度来分析, 写出偏微分方程 (1.3.1) 的主部系数组成的矩阵

$$\boldsymbol{A} = \begin{pmatrix} a_{11} & a_{12} \\ a_{12} & a_{22} \end{pmatrix}$$

以及对应的二次型
$$Q(\lambda_1, \lambda_2) = a_{11}\lambda_1^2 + 2a_{12}\lambda_1\lambda_2 + a_{22}\lambda_2^2.$$

记 $\boldsymbol{A}$ 的两个特征值为 λ_1, λ_2, 则有

$$\lambda_1\lambda_2 = \det \boldsymbol{A} = -\Delta.$$

若方程在点 (x_0, y_0) 处是双曲型的, 即 $\Delta > 0$, 则在该点处 $\lambda_1\lambda_2 < 0$. 这说明二次型 $Q(\lambda_1, \lambda_2)$ 在点 (x_0, y_0) 处既不是正定的也不是负定的, 并且还是非退化的. 若方程在点 (x_0, y_0) 处是抛物型的, 即 $\Delta = 0$, 则在该点处 $\lambda_1\lambda_2 = 0$. 因此在该点处 λ_1 和 λ_2 中必有一个为零（事实上也只能有一个为零, 因为 a_{11}, a_{12}, a_{22} 不同时为零）. 这说明二次型 $Q(\lambda_1, \lambda_2)$ 在点 (x_0, y_0) 处是退化的. 若方程在点 (x_0, y_0) 处是椭圆型的, 即 $\Delta < 0$, 则在该点处 $\lambda_1\lambda_2 > 0$. 这说明二次型 $Q(\lambda_1, \lambda_2)$ 在点 (x_0, y_0) 处是正定（或负定）的.

　　对于多个自变量的二阶线性偏微分方程, 我们也按照这种方式进行分类. 给定一般形式的多个自变量的二阶线性偏微分方程

$$\sum_{i,j=1}^{n} a_{ij}(\boldsymbol{x})u_{x_ix_j} + \sum_{i=1}^{n} b_i(\boldsymbol{x})u_{x_i} + c(\boldsymbol{x})u = f(\boldsymbol{x}), \tag{1.3.11}$$

其中 $a_{ij}(\boldsymbol{x}) = a_{ji}(\boldsymbol{x})$, $b_i(\boldsymbol{x})$, $i, j = 1, \cdots, n$, $c(\boldsymbol{x})$ 以及 $f(\boldsymbol{x})$ 都是 $\Omega \subset \mathbb{R}^n$ 中的连续函数, 并且 $a_{ij}(\boldsymbol{x})$ $(i, j = 1, \cdots, n)$ 不同时为零.

　　类似于两个自变量的情形, 我们引入主部系数矩阵 $\boldsymbol{A} = (a_{ij})_{n \times n}$ 及对应的二次型

$$Q(\boldsymbol{\lambda}) = \sum_{i,j=1}^{n} a_{ij}(\boldsymbol{x})\lambda_i\lambda_j,$$

其中 $\boldsymbol{\lambda} = (\lambda_1, \lambda_2, \cdots, \lambda_n)$.

　　定义　若在点 $\boldsymbol{x}_0 = (x_1^0, \cdots, x_n^0) \in \Omega$ 处, 二次型 $Q(\boldsymbol{\lambda})$ 是正定或负定的, 则称偏微分方程 (1.3.11) 在点 $\boldsymbol{x}_0$ 处是**椭圆型**的; 若在点 $\boldsymbol{x}_0$ 处, 二次型 $Q(\boldsymbol{\lambda})$ 是退化的（即 $\boldsymbol{A}$ 的特征值中至少有一个为零）, 并且非零特征值都同号, 则称偏微分方程 (1.3.11) 在点 $\boldsymbol{x}_0$ 处是**抛物型**的. 若在点 $\boldsymbol{x}_0$ 处, 二次型 $Q(\boldsymbol{\lambda})$ 既不是退化的, 也不是正定或负定的, 并且矩阵 $\boldsymbol{A}$ 的特征值中有 $n-1$ 个同号, 另一个与它们反号, 则称偏微分方程 (1.3.11) 在点 $\boldsymbol{x}_0$ 处是**双曲型**的.

　　还需要补充一种情况, 即二次型 $Q(\boldsymbol{\lambda})$ 在点 $\boldsymbol{x}_0$ 处既不是退化的, 也不是正定或负定的, 又不是双曲型的, 就称偏微分方程 (1.3.11) 在点 $\boldsymbol{x}_0$ 处是**超双曲型**的. 这时矩阵 $\boldsymbol{A}$ 的特征值中至少有两个为正, 两个为负.

　　与两个自变量的情形类似, 我们可以定义一个偏微分方程在一个区域 Ω 中是椭圆型的、抛物型的、双曲型的、超双曲型的或混合型的.

　　例 1.3.4　对于高维 Poisson 方程

$$\frac{\partial^2 u}{\partial x_1^2} + \frac{\partial^2 u}{\partial x_2^2} + \cdots + \frac{\partial^2 u}{\partial x_n^2} = f,$$

相应的二次型

$$Q(\boldsymbol{\lambda}) = \lambda_1^2 + \cdots + \lambda_n^2$$

是正定的, 因此 Poisson 方程是椭圆型方程. 对于高维波动方程

$$\frac{\partial^2 u}{\partial t^2} = a^2 \left(\frac{\partial^2 u}{\partial x_1^2} + \frac{\partial^2 u}{\partial x_2^2} + \cdots + \frac{\partial^2 u}{\partial x_n^2} \right) + f,$$

有 $n+1$ 个自变量 $(\boldsymbol{x}, t) = (x_1, \cdots, x_n, t)$, 相应的二次型

$$Q(\boldsymbol{\lambda}) = \lambda_0^2 - a^2(\lambda_1^2 + \cdots + \lambda_n^2)$$

既不是退化的, 也不是正定或负定的, 并且矩阵 $\boldsymbol{A}$ 的 $n+1$ 个特征值中有 n 个同号（均为 $-a^2$）, 另一个（是 1）与它们反号, 因此波动方程是双曲型方程. 对于高维热传导方程

$$\frac{\partial u}{\partial t} = a^2 \left(\frac{\partial^2 u}{\partial x_1^2} + \frac{\partial^2 u}{\partial x_2^2} + \cdots + \frac{\partial^2 u}{\partial x_n^2} \right) + f,$$

有 $n+1$ 个自变量 $(\boldsymbol{x}, t) = (x_1, \cdots, x_n, t)$, 相应的二次型

$$Q(\boldsymbol{\lambda}) = -a^2(\lambda_1^2 + \lambda_2^2 + \cdots + \lambda_n^2)$$

是退化的, 有一个特征值是零, 其余的 n 个特征值都同号（均为 $-a^2$）, 所以热传导方程是抛物型方程.

习　题　1

1.1　有一长度为 l 且两端固定的均匀而柔软的细弦做微小横振动, 在振动过程中不计重力但计阻力, 阻力的大小与速度成正比, 比例常数为 R. 试导出此弦的微小横振动所满足的偏微分方程.

1.2　一均匀细杆的表面绝热, 内部热源是 $f_0(x, t)$. 试导出杆的温度分布所满足的偏微分方程.

1.3　一根长度为 l 的均匀细弦的左端固定, 右端自由滑动. 在右端点把弦垂直提起高度 h, 等弦静止后放手任其自由振动. 试推导弦振动满足的定解问题.

1.4　有一个半径为 r、线密度为 ρ 的均匀圆柱体. 假设该圆柱体的同一横截面上的温度是相同的, 圆柱体的侧面与周围介质有热交换, 且满足牛顿热交换定律. 记圆柱体的比热是 c, 热传导系数是 k, 周围介质的温度是 $\theta(t)$, 热交换系数是 k_1. 试导出温度分布 u 满足的偏微分方程.

1.5　有一平面薄板, 内部无热源, 上下两面绝热, 通过边界与周围介质有热交换, 周围介质的温度是 $g_0(x, y, t)$. 试推导温度满足的定解问题.

1.6 一根长度为 l 的均匀细弦, 两端固定, 沿弦的中点垂直提起高度 h, 等弦稳定后再放开任其自由振动. 导出弦的振动满足的定解问题.

1.7 有一长为 l 且侧面绝热的均匀细杆, 内部热源是 $f_0(x,t)$, 初始温度是 $\varphi(x)$, 两端满足下列条件之一:

(1) 一端绝热, 另一端保持常温 u_0;

(2) 两端分别有恒定的热流密度 q_1 和 q_2 进入;

(3) 一端温度为 $\mu(t)$, 另一端与温度为 $\theta(t)$ 的介质有热交换.

分别写出上述 3 种传热过程的定解问题.

1.8 判断下述方程的类型:

(1) $y^2 u_{xx} + x^3 u_{yy} = 0$;

(2) $u_{xx} + (x+y)u_{yy} = 0$;

(3) $u_{xx} + (x^2 + y)u_{yy} = 0$;

(4) $x u_{xx} + u_{yy} = f(x,y)$.

1.9 化简下列方程为标准形式:

(1) $u_{xx} + 2u_{xy} + 3u_{yy} + u_x + u_y = 0$;

(2) $u_{xx} - y u_{yy} = 0$;

(3) $u_{xx} - 4u_{xy} + 4u_{yy} = \sin y$.

1.10 确定下列方程的通解:

(1) $u_{xx} + 3u_{xy} + 2u_{yy} = 0$;

(2) $u_{xx} + u_{xy} = 0$;

(3) $x^2 u_{xx} - 2xy u_{xy} + y^2 u_{yy} + 2x u_x = 0$.

1.11 证明两个自变量的二阶常系数双曲型方程一定可以经过自变量的变换及函数变换 $u = e^{\lambda\xi + \mu\eta}v$, 将它化简成 $v_{\xi\xi} - v_{\eta\eta} + hv = f$ 的形式.

1.12 证明方程

$$(1-x)^4 u_{tt} = \left[(1-x)^4 u_x\right]_x + 2(1-x)^2 u, \quad x \neq 1$$

的通解可以表示成

$$u(x,t) = \frac{F(x-t) + G(x+t)}{(1-x)^2},$$

其中 F, G 为任意的二次连续可微函数.

第2章 Fourier 级数方法 —— 特征展开法和分离变量法

2.1 引 言

我们知道, 数学分析中有幂级数、Fourier 级数以及幂级数展开和 Fourier 级数展开. 常微分方程中有幂级数解. 这些事实说明, 在适当的条件下, 一个函数可以按照某个函数空间中的一个函数系 (一族基) 展开. 幂级数展开是按函数系 $\{1, x, x^2, \cdots\}$ 展开, Fourier 级数展开是按函数系 $\{\cos n\pi x, \sin n\pi x\}$ 展开.

给定一个二元函数 $u(x, t)$. 如果对于 $t = t_1$, $u(x, t_1)$ 关于 x 可以展开成 Fourier 级数 $u(x, t_1) = \sum_{n=0}^{\infty} (a_n \cos n\pi x + b_n \sin n\pi x)$, 那么 a_n, b_n 应该与 t_1 有关. 如果对于任意的 t, $u(x, t)$ 都可以关于 x 展开成 Fourier 级数, 比如说余弦级数:

$$u(x, t) = \sum_{n=0}^{\infty} a_n \cos n\pi x,$$

那么 $a_n = a_n(t)$ 应是 t 的函数. 实际上, 函数系 $\{\cos n\pi x\}_{n=0}^{\infty}$ 是某个特征值问题的特征函数系 (由特征函数构成的函数系), 上式是函数 $u(x, t)$ 按照特征函数系 $\{\cos n\pi x\}_{n=0}^{\infty}$ 的展开式.

回顾一下常微分方程的幂级数解法. 给定一个常微分方程的初值问题 (仅以二阶方程为例)

$$\begin{cases} y'' + y' + by = f(x), \\ y(0) = y_0, \quad y'(0) = y_1. \end{cases}$$

假设 $f(x)$ 可以展成幂级数

$$f(x) = \sum_{n=0}^{\infty} f_n x^n.$$

令

$$y(x) = \sum_{n=0}^{\infty} a_n x^n,$$

其中 a_n 是待定的常数. 把 $f(x)$ 和 $y(x)$ 的展开式代入方程, 并利用初值条件得 $a_0 = y_0$, $a_1 = y_1$, 以及

$$\sum_{n=0}^{\infty} \big[(n+1)(n+2)a_{n+2} + (n+1)a_{n+1} + ba_n\big]x^n = \sum_{n=0}^{\infty} f_n x^n.$$

比较 x^n 的系数, 推出

$$(n+1)(n+2)a_{n+2} + (n+1)a_{n+1} + ba_n = f_n, \quad n = 0, 1, 2, \cdots.$$

依次可定出 $a_2, a_3, \cdots$.

受此启发, 对于一个给定的线性偏微分方程的定解问题 (齐次边界条件), 人们自然考虑, 是否能够找到一个对应的特征函数系 $\{X_n(x)\}_{n=1}^{\infty}$, 把待求的解 $u(x, t)$ 按照该函数系展开:

$$u(x, t) = \sum_{n=1}^{\infty} \hat{T}_n(t)X_n(x), \tag{2.1.1}$$

而后利用初始条件确定出系数函数 $T_n(t)$. 这种求解方法称为**特征展开法** 或**特征函数展开法**.

换一个角度看, 式 (2.1.1) 实际上是一些变量分离形式的函数 $T_n(t)X_n(x)$ 的和 (叠加). 因此, 我们也可以设法求出定解问题 (齐次方程和齐次边界条件) 的一列具有变量分离形式的特解 $T_n(t)X_n(x)$, 而后做叠加, 再利用初始条件确定出叠加系数. 这种求解方法称为**分离变量法**.

特征展开法和分离变量法实质上是一回事, 通常把它们称为 **Fourier 级数方法**.

Fourier 级数方法的理论依据是线性方程的叠加原理和 Sturm-Liouville 特征值 (本征值) 理论, 其基本思想是把偏微分方程的求解问题转化为常微分方程的求解问题. Fourier 级数方法的适用范围较广, 各类线性方程在有界区域上的定解问题都可以利用该方法求解. 为了节省篇幅, 对于弦振动方程和热传导方程的初边值问题, 我们只介绍特征展开法; 对于 Laplace 方程的边值问题, 只介绍分离变量法.

本书中多次出现双曲函数, 为了方便读者, 我们列出这些函数的定义:

双曲正弦: $\sinh x = \operatorname{sh} x = \dfrac{\mathrm{e}^x - \mathrm{e}^{-x}}{2}$,

双曲余弦: $\cosh x = \operatorname{ch} x = \dfrac{\mathrm{e}^x + \mathrm{e}^{-x}}{2}$,

双曲正切: $\tanh x = \operatorname{th} x = \dfrac{\mathrm{e}^x - \mathrm{e}^{-x}}{\mathrm{e}^x + \mathrm{e}^{-x}} = \dfrac{\operatorname{sh} x}{\operatorname{ch} x}$,

双曲余切: $\coth x = \operatorname{cth} x = \dfrac{\mathrm{e}^x + \mathrm{e}^{-x}}{\mathrm{e}^x - \mathrm{e}^{-x}} = \dfrac{\operatorname{ch} x}{\operatorname{sh} x}$,

双曲正割: $\operatorname{sech} x = \dfrac{1}{\operatorname{ch} x} = \dfrac{2}{\mathrm{e}^x + \mathrm{e}^{-x}}$,

双曲余割: $\operatorname{csch} x = \dfrac{1}{\operatorname{sh} x} = \dfrac{2}{\mathrm{e}^x - \mathrm{e}^{-x}}$.

2.2　预 备 知 识

本节叙述常系数以及可以化为常系数的二阶线性常微分方程的通解, 线性方程的叠加原理以及正交函数系的有关结果.

2.2.1　二阶线性常微分方程的通解

1. 齐次方程的通解

给定一个常系数二阶线性齐次常微分方程

$$ay'' + by' + cy = 0, \tag{2.2.1}$$

它对应的特征方程 $ak^2 + bk + c = 0$ 有两个根 k_1, k_2. 根据 k_1, k_2 的不同情况, 关于方程 (2.2.1) 的通解, 有下面的结论:

(1) 当 k_1, k_2 为实数且 $k_1 \neq k_2$ 时,

$$y(x) = C_1 e^{k_1 x} + C_2 e^{k_2 x};$$

(2) 当 $k_1 = k_2 = k$ 为实数时,

$$y(x) = (C_1 + C_2 x)e^{kx};$$

(3) 当 $k_1 = \mu + i\nu$, $k_2 = \mu - i\nu$ 时,

$$y(x) = e^{\mu x}(C_1 \cos \nu x + C_2 \sin \nu x).$$

对于二阶 Euler 方程

$$ax^2 y'' + bxy' + cy = 0,$$

若令 $x = e^t$, 可将其化简成常系数微分方程:

$$a\ddot{y} + (b - a)\dot{y} + cy = 0, \quad \text{其中} \quad \dot{y} = \frac{\mathrm{d}y}{\mathrm{d}t}, \quad \ddot{y} = \frac{\mathrm{d}^2 y}{\mathrm{d}t^2}.$$

2. 常数变易法 (齐次化原理)

考虑常系数二阶线性非齐次常微分方程的初值问题

$$\begin{cases} y'' + by' + cy = f, \\ y(0) = y_0, \quad y'(0) = y_1. \end{cases} \tag{2.2.2}$$

把它分解成初值问题

$$\begin{cases} x'' + bx' + cx = 0, \\ x(0) = y_0, \quad x'(0) = y_1 \end{cases} \tag{2.2.3}$$

和

$$\begin{cases} z'' + bz' + cz = f, \\ z(0) = z'(0) = 0, \end{cases} \tag{2.2.4}$$

那么 $y(t) = x(t) + z(t)$ 就是问题 (2.2.2) 的解. 问题 (2.2.3) 是一个齐次方程的初值问题, 可以通过齐次方程的通解定出它的解. 对于非齐次方程的初值问题 (2.2.4), 可以利用下面的齐次化原理 (常数变易法) 来求解.

定理 2.2.1 如果 $w(t; \tau)$ 是齐次方程的初值问题

$$\begin{cases} w'' + bw' + cw = 0, \\ w(0; \tau) = 0, \quad w'(0; \tau) = f(\tau) \end{cases} \tag{2.2.5}$$

的解, 其中 $\tau \geqslant 0$ 是参数. 那么函数

$$z(t) = \int_0^t w(t - \tau; \tau) \mathrm{d}\tau$$

是初值问题 (2.2.4) 的解.

证明 直接计算知

$$\begin{aligned} z'(t) &= w(0; t) + \int_0^t w'(t - \tau; \tau) \mathrm{d}\tau \\ &= \int_0^t w'(t - \tau; \tau) \mathrm{d}\tau, \\ z''(t) &= w'(t - \tau; \tau)\big|_{\tau=t} + \int_0^t w''(t - \tau; \tau) \mathrm{d}\tau \\ &= f(t) + \int_0^t w''(t - \tau; \tau) \mathrm{d}\tau. \end{aligned}$$

由此得, $z(0) = z'(0) = 0$, 并且

$$z'' + bz' + cz = f(t) + \int_0^t \big[w''(t - \tau; \tau) + bw'(t - \tau; \tau) + cw(t - \tau; \tau) \big] \mathrm{d}\tau = f(t).$$

定理得证.

如果齐次方程

$$z'' + bz' + cz = 0$$

的基本解组是 $z_1(t), z_2(t)$, 那么问题 (2.2.5) 的解可以写成

$$w(t; \tau) = \frac{z_1(0) z_2(t) - z_2(0) z_1(t)}{z_1(0) z_2'(0) - z_2(0) z_1'(0)} f(\tau).$$

从而问题 (2.2.4) 的解可以表示成

$$z(t) = \int_0^t \frac{z_1(0)z_2(t-\tau) - z_2(0)z_1(t-\tau)}{z_1(0)z_2'(0) - z_2(0)z_1'(0)} f(\tau)\mathrm{d}\tau. \tag{2.2.6}$$

此式通常称为常微分方程的**常数变易公式**.

对于双曲型方程和抛物型方程, 也有类似的齐次化原理. 见习题 2.5 和习题 2.6.

2.2.2　线性方程的叠加原理

自然界中的线性现象具有叠加性质, 即多个因素同时引起的效果等于各个因素分别引起的效果之和. 对于线性偏微分方程的定解问题, 有下面的结论:

定理 2.2.2（叠加原理）　设 u_i 满足线性问题

$$Lu_i = f_i, \quad Bu_i = g_i, \quad i = 1, 2, \cdots,$$

其中 L, B 分别是线性偏微分算子和线性定解条件算子. 若级数 $\sum\limits_{i=1}^{\infty} C_i u_i$ 收敛且可以逐项微分, 同时级数 $\sum\limits_{i=1}^{\infty} C_i f_i$ 和 $\sum\limits_{i=1}^{\infty} C_i g_i$ 都收敛, 则 $u = \sum\limits_{i=1}^{\infty} C_i u_i$ 是定解问题

$$Lu = \sum_{i=1}^{\infty} C_i f_i, \quad Bu = \sum_{i=1}^{\infty} C_i g_i$$

的解.

2.2.3　正交函数系

定义 2.2.1　一列函数 $\{\varphi_n\}_{n=1}^{\infty}$ 构成的函数系称为在 $[a, b]$ 上正交, 如果

$$\int_a^b \varphi_n(x)\varphi_m(x)\mathrm{d}x \begin{cases} = 0, & n \neq m, \\ \neq 0, & n = m. \end{cases}$$

给定一个函数 $\varphi(x)$, 若积分 $\int_a^b \varphi^2(x)\mathrm{d}x$ 存在, 则称 $\varphi(x)$ **平方可积**, 记为 $\varphi \in L^2([a,b])$. 数

$$\|\varphi\|_2 = \left(\int_a^b \varphi^2(x)\mathrm{d}x \right)^{1/2}$$

称为 φ 在 $L^2([a,b])$ 中的**范数**.

一个正交函数系 $\{\varphi_n\}_{n=1}^{\infty}$, 若满足 $\|\varphi_n\|_2 = 1, n = 1, 2, \cdots$, 则称 $\{\varphi_n\}_{n=1}^{\infty}$ 为**标准正交系**. 所有正交系都可以标准化.

称函数系 $\{\varphi_n\}_{n=1}^{\infty}$ 在区间 (a, b) 上带**权函数** $r(x)$ 正交, 如果

$$\int_a^b r(x)\varphi_n(x)\varphi_m(x)\mathrm{d}x \begin{cases} = 0, & n \neq m, \\ \neq 0, & n = m. \end{cases}$$

正交函数系 $\{\varphi_n\}_{n=1}^\infty$ 称为是**完备**的, 如果对每一个 $f \in L^2([a,b])$, 由

$$\int_a^b f(x)\varphi_n(x)\mathrm{d}x = 0, \quad n = 1, 2, \cdots$$

可推出 $f = 0$ $(f(x) \equiv 0)$.

定理 2.2.3 如果正交函数系 $\{\varphi_n\}_{n=1}^\infty$ 是完备的, 那么对每一个 $f \in L^2([a,b])$, 有展开式:

$$f(x) \sim \sum_{n=1}^\infty C_n\varphi_n(x),$$

其中

$$C_n = \frac{1}{\|\varphi_n\|_2^2} \int_a^b f(x)\varphi_n(x)\mathrm{d}x, \quad n = 1, 2, \cdots.$$

同时还成立

$$\int_a^b f^2(x)\mathrm{d}x = \sum_{n=1}^\infty C_n^2\|\varphi_n\|_2^2,$$

$$\lim_{m\to\infty} \int_a^b \left| f(x) - \sum_{n=1}^m C_n\varphi_n(x) \right|^2 \mathrm{d}x = 0.$$

C_n 称为 f 的 **Fourier 系数**. 如果 $\{\varphi_n\}_{n=1}^\infty$ 是完备的标准正交函数系, 则成立 **Parseval 等式**:

$$\int_a^b f^2(x)\mathrm{d}x = \sum_{n=1}^\infty C_n^2.$$

2.3 特征值问题

对于两端固定的有界弦的自由振动问题

$$u_{tt} - a^2 u_{xx} = 0, \quad 0 < x < l, \quad t > 0, \tag{2.3.1}$$

$$u(0, t) = u(l, t) = 0, \quad t \geqslant 0, \tag{2.3.2}$$

$$u(x, 0) = \varphi(x), \ u_t(x, 0) = \psi(x), \quad 0 \leqslant x \leqslant l, \tag{2.3.3}$$

假设它的解可以按照某个函数系 $\{X_n(x)\}_{n=1}^\infty$ 展开成

$$u(x, t) = \sum_{n=1}^\infty T_n(t)X_n(x). \tag{2.3.4}$$

利用初始条件 (2.3.3) 知

$$\varphi(x) = \sum_{n=1}^{\infty} T_n(0) X_n(x), \qquad \psi(x) = \sum_{n=1}^{\infty} T_n'(0) X_n(x),$$

即函数 φ 和 ψ 都可以按照函数系 $\{X_n(x)\}_{n=1}^{\infty}$ 展开. 如果对于任意的"好函数" φ 和 ψ, 问题 (2.3.1)～(2.3.3) 都有形如 (2.3.4) 的解, 那么函数系 $\{X_n(x)\}_{n=1}^{\infty}$ 应该是完备的.

将 $u(x,t)$ 的展开式 (2.3.4) 代入 (2.3.1) 式得

$$\sum_{n=1}^{\infty} \left[T_n''(t) X_n(x) - a^2 T_n(t) X_n''(x) \right] = 0.$$

如果 $T_n(t)$, $X_n(x)$ 满足

$$T_n''(t) X_n(x) - a^2 T_n(t) X_n''(x) = 0, \tag{2.3.5}$$

$$X_n(0) = X_n(l) = 0,$$

那么由 (2.3.4) 式给出的函数 $u(x,t)$ 满足 (2.3.1) 式和 (2.3.2) 式. 式 (2.3.5) 可以写成

$$\frac{X_n''(x)}{X_n(x)} = \frac{T_n''(t)}{a^2 T_n(t)}.$$

上式左端只依赖于 x, 右端只依赖于 t, 所以它应该是常数, 记为 $-\lambda_n$, 即

$$\frac{X_n''(x)}{X_n(x)} = \frac{T_n''(t)}{a^2 T_n(t)} = -\lambda_n.$$

因此 $X_n(x)$ 和 $T_n(t)$ 分别满足

$$\begin{cases} X_n''(x) + \lambda_n X_n(x) = 0, \\ X_n(0) = X_n(l) = 0, \end{cases} \tag{2.3.6}$$

和

$$T_n''(t) + a^2 \lambda_n T_n(t) = 0.$$

因为 $X_n(x) \not\equiv 0$, 这就需要确定对于什么样的 λ_n, 问题 (2.3.6) 有非零解 $X_n(x)$. 这样的问题就是下面要引入的**特征值问题**. 因此, 要确定形如 (2.3.4) 的解, 首要任务是确定问题 (2.3.6) 的所有可能的非零解 $X_n(x)$, 并保证由其构成的函数系 $\{X_n(x)\}_{n=1}^{\infty}$ 是完备的.

2.3.1　Sturm-Liouville 问题

1. 问题的提法

给定区间 (a, b) 上的二阶线性常微分方程

$$(p(x)u')' - q(x)u + \lambda r(x)u = 0, \quad a < x < b, \tag{2.3.7}$$

其中 λ 是未知参数, $p(x) \in C^1([a,b])$, 在 (a,b) 内 $p(x) > 0$; $q(x) \in C([a,b])$, $q(x) \geqslant 0$; $r(x) \in C([a,b])$, 且在 (a,b) 内 $r(x) > 0$. 方程 (2.3.7) 称为 **Sturm-Liouville 方程**. 当

$a < b$ 为有限数且在 $[a, b]$ 上 $p(x), r(x) > 0$ 时, 称问题 (2.3.7) 为**正则的**, 否则就称问题 (2.3.7) 为**奇异的**.

根据 $p(x)$ 在端点 $x = a, b$ 处的不同取值, 我们来确定问题 (2.3.7) 的边界条件:

当 $p(a)p(b) \neq 0$ 时, 边界条件是

$$a_1 u(a) - a_2 u'(a) = 0, \quad b_1 u(b) + b_2 u'(b) = 0,$$

其中 $a_1, a_2, b_1, b_2 \geqslant 0$, 并且 $a_1 + a_2 > 0, b_1 + b_2 > 0$. 如果此时还有 $p(a) = p(b)$, 那么还可以提周期边界条件:

$$u(a) = u(b), \quad u'(a) = u'(b).$$

当 $p(a) = 0, p(b) \neq 0$ 时, 边界条件是

$$|u(a)| < \infty, \quad b_1 u(b) + b_2 u'(b) = 0, \quad b_1, b_2 \geqslant 0, b_1 + b_2 > 0.$$

对于 $p(b) = 0, p(a) \neq 0$ 的情况, 或者 $p(a) = p(b) = 0$ 的情况, 可类似地提边界条件.

Sturm-Liouville 方程 (2.3.7), 若带上上述边界条件之一, 就得到一个二阶线性常微分方程的**两点边值问题**, 称该问题为 **Sturm-Liouville 问题**, 简称为 **S-L 问题**. 我们知道 $u = 0$ 一定是它的解 (平凡解). 现在要问: 是否存在参数 λ 的一些值, 使得此两点边值问题有非零解? 这类问题称为**特征值问题**, 而使得 S-L 问题有非零解的参数 λ 的值就称为此问题的**特征值**, 相应的非零解称为是与特征值 λ 相对应的**特征函数**.

2. 基本结论

因为特征值问题是一个专门课题, 详细讨论该理论已经超出了本课程的知识范围. 作为应用, 这里只叙述相关结论.

(1) 对正则的 S-L 问题, 对应于同一个特征值的特征函数必线性相关 (周期边界条件除外);

(2) 对应于不同特征值的特征函数必定带权函数 $r(x)$ 正交 (无论正则与否);

(3) 若 $r(x) > 0$, 则 S-L 问题的所有特征值都是实的, 且相应的特征函数也可以取成实的;

(4) S-L 问题有可数多个特征值, 且当 $r(x) > 0$ 时, 可以排列成

$$-\infty < \lambda_1 < \lambda_2 < \cdots < \lambda_n < \cdots,$$

同时还有 $\lambda_n \to \infty$. 特征函数的全体构成一个完备正交函数系;

(5) 特征值问题

$$\begin{cases} u'' + \lambda u = 0, \quad 0 < x < l, \\ -\alpha_1 u'(0) + \beta_1 u(0) = 0, \quad \alpha_2 u'(l) + \beta_2 u(l) = 0, \\ \alpha_i, \beta_i \geqslant 0, \quad \alpha_i + \beta_i > 0, \quad i = 1, 2 \end{cases}$$

的所有特征值都是非负的, 且当 β_1, β_2 不同时为零时, 所有特征值都是正的;

(6) 对于高维的特征值问题, 也有与 (5) 相似的结论.

2.3.2　例子

例 2.3.1　求解特征值问题

$$\begin{cases} u'' + \lambda u = 0, & 0 < x < l, \\ u(0) = u(l) = 0. \end{cases} \tag{2.3.8}$$

解　当 $\lambda \leqslant 0$ 时, 问题 (2.3.8) 的方程两边乘 u, 再分部积分得

$$-\int_0^l (u'(x))^2 \mathrm{d}x + \lambda \int_0^l u^2(x) \mathrm{d}x = 0.$$

所以, 当 $\lambda < 0$ 时, $u(x) \equiv 0$; 当 $\lambda = 0$ 时, $u'(x) \equiv 0$. 再由 $u(0) = 0$ 知 $u(x) \equiv 0$. 因此, 当 $\lambda \leqslant 0$ 时, 问题无非零解, 所以 $\lambda \leqslant 0$ 不是特征值.

当 $\lambda > 0$ 时, 记 $\lambda = \beta^2$, $\beta > 0$. 问题 (2.3.8) 的方程的通解是

$$u(x) = C_1 \cos \beta x + C_2 \sin \beta x.$$

根据 $u(0) = 0$ 知 $C_1 = 0$. 再由 $u(l) = 0$ 又推知 $C_2 \sin \beta l = 0$. 要使 $u(x)$ 是非零解, 必有 $\sin \beta l = 0$, 即 $\beta = \dfrac{n\pi}{l}$. 于是

$$\lambda_n = \left(\frac{n\pi}{l}\right)^2, \quad n = 1, 2, \cdots$$

是特征值问题 (2.3.8) 的全部特征值, $u_n(x) = \sin \dfrac{n\pi x}{l}$ $(n = 1, 2, \cdots)$ 是对应的特征函数.

例 2.3.2　求解特征值问题

$$\begin{cases} u'' + \lambda u = 0, & 0 < x < l, \\ u(0) = u'(l) = 0. \end{cases} \tag{2.3.9}$$

解　同上可证, $\lambda \leqslant 0$ 不是特征值. 设 $\lambda = \beta^2$, $\beta > 0$, 问题 (2.3.9) 的方程的通解是

$$u(x) = C_1 \cos \beta x + C_2 \sin \beta x.$$

利用 $u(0) = 0$ 知 $C_1 = 0$. 利用 $u'(l) = 0$ 知 $C_2 \cos \beta l = 0$. 要使 $u(x)$ 是非零解, 必有 $\cos \beta l = 0$, 即 $\beta = \dfrac{(2n-1)\pi}{2l}$. 于是

$$\lambda_n = \left(\frac{(2n-1)\pi}{2l}\right)^2, \quad n = 1, 2, \cdots$$

是特征值问题 (2.3.9) 的全部特征值, $u_n(x) = \sin \dfrac{(2n-1)\pi x}{2l}$ $(n = 1, 2, \cdots)$ 是对应的特征函数.

例 2.3.3　求解特征值问题

$$\begin{cases} u'' + \lambda u = 0, & 0 < x < l, \\ u(0) = 0, \quad u'(l) + \sigma u(l) = 0, \end{cases} \tag{2.3.10}$$

其中常数 $\sigma > 0$.

解　同上可证, $\lambda \leqslant 0$ 不是特征值. 记 $\lambda = \beta^2$, $\beta \neq 0$. 问题 (2.3.10) 的方程的通解是

$$u(x) = A\cos\beta x + B\sin\beta x.$$

利用边界条件 $u(0) = 0$ 可以推出 $A = 0$. 利用边界条件 $u'(l) + \sigma u(l) = 0$ 同上可以推知, 若使 $u(x)$ 是非零解, 必有

$$\beta\cos\beta l + \sigma\sin\beta l = 0.$$

由此解出 $\tan\beta l = -\beta/\sigma$. 记 $\gamma = \beta l$, 则有

$$\tan\gamma = -\frac{1}{\sigma l}\gamma.$$

该方程的根就是曲线 $y_1 = \tan\gamma$ 与直线 $y_2 = -\dfrac{1}{\sigma l}\gamma$ 的交点的横坐标. 它们有无穷多个交点, 即方程 $\tan\gamma = -\dfrac{1}{\sigma l}\gamma$ 有无穷多个根, 见图 2.1. 因为它的正根与负根对称 (只相差一个符号), 因此可以只考虑正根. 记它的所有正根依次为

$$\gamma_1, \gamma_2, \cdots, \gamma_n, \cdots,$$

这样就得到特征值问题 (2.3.10) 的全部特征值

$$\lambda_n = \beta_n^2 = \frac{\gamma_n^2}{l^2}, \quad n = 1, 2, \cdots$$

和对应的特征函数

$$u_n(x) = \sin\beta_n x = \sin\sqrt{\lambda_n}\, x, \quad n = 1, 2, \cdots.$$

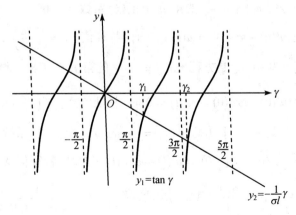

图　2.1

对于二阶方程的特征值问题

$$\begin{cases} u'' + \lambda u = 0, \quad 0 < x < l, \\ u \text{ 在 } x = 0 \text{ 及 } x = l \text{ 处的边界条件,} \end{cases} \tag{2.3.11}$$

下面列出各种边界条件下的全部特征值和对应的特征函数:

(1) 边界条件是 $u(0) = u(l) = 0$ 时, 特征值 $\lambda_n = \left(\dfrac{n\pi}{l}\right)^2$, 特征函数 $u_n(x) = \sin\dfrac{n\pi x}{l}$;

(2) 边界条件是 $u(0) = u'(l) = 0$ 时, 特征值 $\lambda_n = \left(\dfrac{(2n-1)\pi}{2l}\right)^2$, 特征函数 $u_n(x) = \sin\dfrac{(2n-1)\pi}{2l}x$;

(3) 边界条件是 $u'(0) = u(l) = 0$ 时, 特征值 $\lambda_n = \left(\dfrac{(2n-1)\pi}{2l}\right)^2$, 特征函数 $u_n(x) = \cos\dfrac{(2n-1)\pi}{2l}x$;

(4) 边界条件是 $u'(0) = u'(l) = 0$ 时, 特征值 $\lambda_n = \left(\dfrac{n\pi}{l}\right)^2$, 特征函数 $u_n(x) = \cos\dfrac{n\pi x}{l}$;

(5) 边界条件是 $u(0) = u(l), u'(0) = u'(l)$ 时, 特征值 $\lambda_n = \left(\dfrac{2n\pi}{l}\right)^2$, 特征函数 $u_n(x) = \left\{\sin\dfrac{2n\pi x}{l}, \cos\dfrac{2n\pi x}{l}\right\}$;

(6) 边界条件是 $u(0) = u'(l) + \sigma u(l) = 0$ 时, 特征值 $\lambda_n = \left(\dfrac{\gamma_n}{l}\right)^2$, 特征函数 $u_n(x) = \sin\dfrac{\gamma_n x}{l}$, 其中 γ_n 是方程 $\tan\gamma = -\dfrac{\gamma}{\sigma l}$ 的第 n 个正根, 常数 $\sigma > 0$;

(7) 边界条件是 $u'(0) = u'(l) + \sigma u(l) = 0$ 时, 特征值 $\lambda_n = \left(\dfrac{\gamma_n}{l}\right)^2$, 特征函数 $u_n(x) = \cos\dfrac{\gamma_n x}{l}$, 其中 γ_n 是方程 $\cot\gamma = \dfrac{\gamma}{\sigma l}$ 的第 n 个正根, 常数 $\sigma > 0$;

(8) 边界条件是 $u'(0) - \sigma u(0) = u(l) = 0$ 时, 特征值 $\lambda_n = \left(\dfrac{\gamma_n}{l}\right)^2$, 特征函数 $u_n(x) = \dfrac{\gamma_n}{\sigma l}\cos\dfrac{\gamma_n x}{l} + \sin\dfrac{\gamma_n x}{l}$, 其中 γ_n 是方程 $\tan\gamma = -\dfrac{\gamma}{\sigma l}$ 的第 n 个正根, 常数 $\sigma > 0$;

(9) 边界条件是 $u'(0) - \sigma u(0) = u'(l) = 0$ 时, 特征值 $\lambda_n = \left(\dfrac{\gamma_n}{l}\right)^2$, 特征函数 $u_n(x) = \dfrac{\gamma_n}{\sigma l}\cos\dfrac{\gamma_n x}{l} + \sin\dfrac{\gamma_n x}{l}$, 其中 γ_n 是方程 $\cot\gamma = \dfrac{\gamma}{\sigma l}$ 的第 n 个正根, 常数 $\sigma > 0$;

(10) 边界条件是 $u'(0) - \sigma_1 u(0) = u'(l) + \sigma_2 u(l) = 0$ 时, 特征值 $\lambda_n = \left(\dfrac{\gamma_n}{l}\right)^2$, 特征函数 $u_n(x) = \dfrac{\gamma_n}{\sigma_1 l}\cos\dfrac{\gamma_n x}{l} + \sin\dfrac{\gamma_n x}{l}$, 其中 γ_n 是方程 $\cot\gamma = \dfrac{1}{(\sigma_1 + \sigma_2)l}\left(\gamma - \dfrac{\sigma_1\sigma_2 l^2}{\gamma}\right)$ 的第 n 个正根, 常数 $\sigma_1, \sigma_2 > 0$.

这里需要说明, 只有第 4 和第 5 两种情况, 即 $u'(0) = u'(l) = 0$ 和周期边界条件, $\lambda_0 = 0$ 才是特征值, n 从 0 开始计数. 其他情况, n 都是从 1 开始计数. 但是对于周期边界条件, 当 $n = 0$ 时, $\sin \dfrac{n\pi x}{l} = 0$, 它不是特征函数.

由 2.3.1 节的结论知, 特征值问题 (2.3.11) 的全部特征函数构成的函数系, 是一个完备的正交函数系. 因此, $L^2([0, l])$ 中的每一个函数都可以按照这个特征函数系展开.

2.4 特征展开法

本节利用特征展开法求解齐次边界条件的定解问题. 利用特征展开法的关键是找到一个特征函数系 (它是某个特征值问题的全部特征函数), 使得未知函数、初始函数和自由项都可以按照此函数系展开.

2.4.1 弦振动方程的初边值问题

考察弦振动方程的初边值问题

$$\begin{cases} u_{tt} - a^2 u_{xx} = f(x, t), & 0 < x < l, \ t > 0, \\ u(0, t) = u(l, t) = 0, & t \geqslant 0, \\ u(x, 0) = \varphi(x), \quad u_t(x, 0) = \psi(x), & 0 \leqslant x \leqslant l. \end{cases} \tag{2.4.1}$$

首先, 对于齐次问题

$$\begin{cases} v_{tt} - v_{xx} = 0, & 0 < x < l, \ t > 0, \\ v(0, t) = v(l, t) = 0, & t \geqslant 0, \end{cases}$$

从 2.3 节开头的推导我们已经知道, 它对应的特征值问题是

$$\begin{cases} X''(x) + \lambda X(x) = 0, \\ X(0) = X(l) = 0. \end{cases}$$

由例 2.3.1 知, 该特征值问题的特征函数系是 $\left\{ \sin \alpha_n x \right\}_{n=1}^{\infty}$, 其中 $\alpha_n = n\pi/l$.

将函数 $u(x, t)$, $f(x, t)$, $\varphi(x)$ 和 $\psi(x)$ 关于 x 按特征函数系 $\left\{ \sin \alpha_n x \right\}_{n=1}^{\infty}$ 展开:

$$u(x, t) = \sum_{n=1}^{\infty} u_n(t) \sin \alpha_n x, \quad f(x, t) = \sum_{n=1}^{\infty} f_n(t) \sin \alpha_n x,$$

$$\varphi(x) = \sum_{n=1}^{\infty} c_n \sin \alpha_n x, \quad \psi(x) = \sum_{n=1}^{\infty} d_n \sin \alpha_n x,$$

那么

$$\begin{cases} f_n(t) = \dfrac{2}{l} \displaystyle\int_0^l f(x,t) \sin \alpha_n x \, \mathrm{d}x, \\[2mm] c_n = \dfrac{2}{l} \displaystyle\int_0^l \varphi(x) \sin \alpha_n x \, \mathrm{d}x, \\[2mm] d_n = \dfrac{2}{l} \displaystyle\int_0^l \psi(x) \sin \alpha_n x \, \mathrm{d}x. \end{cases} \tag{2.4.2}$$

把上面的展开式代入问题 (2.4.1) 的方程和初始条件得

$$\sum_{n=1}^{\infty} \left[u_n''(t) + (a\alpha_n)^2 u_n(t) - f_n(t) \right] \sin \alpha_n x = 0, \quad t > 0,$$

$$\sum_{n=1}^{\infty} \left[u_n(0) - c_n \right] \sin \alpha_n x = 0, \quad \sum_{n=1}^{\infty} \left[u_n'(0) - d_n \right] \sin \alpha_n x = 0.$$

根据特征函数系的正交性, 知

$$\begin{cases} u_n''(t) + (a\alpha_n)^2 u_n(t) = f_n(t), \quad t > 0, \\[2mm] u_n(0) = c_n, \quad u_n'(0) = d_n, \qquad n = 1, 2, \cdots. \end{cases}$$

因为齐次方程

$$u_n''(t) + (a\alpha_n)^2 u_n(t) = 0$$

的基本解组是 $\cos a\alpha_n t$ 和 $\sin a\alpha_n t$, 所以齐次方程的初值问题

$$\begin{cases} v_n''(t) + (a\alpha_n)^2 v_n(t) = 0, \quad t > 0, \\[2mm] v_n(0) = c_n, \quad v_n'(0) = d_n, \quad n = 1, 2, \cdots \end{cases}$$

的解

$$v_n(t) = c_n \cos a\alpha_n t + \frac{d_n}{a\alpha_n} \sin a\alpha_n t.$$

利用叠加原理和常数变易公式推出

$$u_n(t) = c_n \cos a\alpha_n t + \frac{d_n}{a\alpha_n} \sin a\alpha_n t + \frac{1}{a\alpha_n} \int_0^t f_n(\tau) \sin a\alpha_n (t-\tau) \mathrm{d}\tau.$$

于是

$$u(x,t) = \sum_{n=1}^{\infty} \left(c_n \cos a\alpha_n t + \frac{d_n}{a\alpha_n} \sin a\alpha_n t \right) \sin \alpha_n x$$

$$+ \sum_{n=1}^{\infty} \frac{1}{a\alpha_n} \sin \alpha_n x \int_0^t f_n(\tau) \sin a\alpha_n (t-\tau) \mathrm{d}\tau, \tag{2.4.3}$$

其中 c_n, d_n 和 $f_n(t)$ 由 (2.4.2) 式给出.

由公式 (2.4.3) 给出的函数只是初边值问题 (2.4.1) 的一个形式解, 不一定是古典解, 亦即在古典的意义下不一定满足初边值问题 (2.4.1) (甚至关于自变量 x, t 的偏导数都不一定存在). 如果对函数 φ, ψ 和 f 加上适当的光滑性条件, 可以证明这个形式解的确是一个古典解. 这就是下面的结论.

定理 2.4.1 若 $\varphi(x) \in C^3([0, l])$, $\psi(x) \in C^2([0, l])$, $f(x, t) \in C^2([0, l] \times [0, \infty))$, 且满足相容性条件:

$$\varphi(0) = \varphi(l) = 0, \quad \psi(0) = \psi(l) = 0,$$
$$a^2 \varphi''(0) + f(0, 0) = a^2 \varphi''(l) + f(l, 0) = 0.$$

那么由公式 (2.4.3) 给出的函数是初边值问题 (2.4.1) 的古典解.

证明 为简便起见, 我们只讨论 $f(x, t) \equiv 0$ 的情况. 利用分部积分, 计算知

$$d_n = \frac{2}{l} \int_0^l \psi(x) \sin \frac{n\pi x}{l} \mathrm{d}x = -\frac{2l}{(n\pi)^2} \int_0^l \psi''(x) \sin \frac{n\pi x}{l} \mathrm{d}x = -\frac{l^2}{(n\pi)^2} b_n,$$

其中

$$b_n = \frac{2}{l} \int_0^l \psi''(x) \sin \frac{n\pi x}{l} \mathrm{d}x.$$

于是, $d_n = O\left(\dfrac{1}{n^2}\right)$. 同理可得

$$c_n = -\frac{l^3}{(n\pi)^3} a_n, \quad a_n = \frac{2}{l} \int_0^l \varphi'''(x) \cos \frac{n\pi x}{l} \mathrm{d}x.$$

因此

$$|u_n(x, t)| \leqslant |c_n| + \left| \frac{l d_n}{n\pi a} \right| = O\left(\frac{1}{n^3}\right).$$

这说明级数 $\sum\limits_{n=1}^{\infty} u_n(x, t)$ 绝对且一致收敛. 同理可知

$$\left| \frac{\partial}{\partial x} u_n(x, t) \right| \leqslant C(n|c_n| + |d_n|) = O\left(\frac{1}{n^2}\right), \tag{2.4.4}$$

$$\left| \frac{\partial^2}{\partial x^2} u_n(x, t) \right| \leqslant C(n^2|c_n| + n|d_n|) \leqslant C_1 \left(\frac{1}{n}|a_n| + \frac{1}{n}|b_n| \right)$$

$$\leqslant C_2 \left(a_n^2 + b_n^2 + \frac{1}{n^2} \right). \tag{2.4.5}$$

估计式 (2.4.4) 说明级数 $\sum\limits_{n=1}^{\infty} \dfrac{\partial}{\partial x} u_n(x, t)$ 绝对且一致收敛. 利用 Parseval 等式得

$$\sum_{n=1}^{\infty}(a_n^2+b_n^2)=C^*\left(\int_0^l(\varphi'''(x))^2\mathrm{d}x+\int_0^l(\psi''(x))^2\mathrm{d}x\right).$$

再由估计式 (2.4.5) 可以推知, 级数 $\sum_{n=1}^{\infty}\dfrac{\partial^2}{\partial x^2}u_n(x,t)$ 绝对且一致收敛. 同理可证, 级数 $\sum_{n=1}^{\infty}\dfrac{\partial}{\partial t}u_n(x,t)$ 和 $\sum_{n=1}^{\infty}\dfrac{\partial^2}{\partial t^2}u_n(x,t)$ 都绝对且一致收敛. 因而, 求导和求极限运算都可以与求和运算交换顺序. 又因为 $u_n(x,t)$ 满足方程和边界条件, 所以 $u(x,t)=\sum_{n=1}^{\infty}u_n(x,t)$ 也满足方程和边界条件, 故是原方程的解. 定理得证.

　　注 2.4.1　　本节的开头已经讲到, 利用特征展开法的关键是找到一个特征函数系, 它是某个特征值问题的全部特征函数. 从上面关于问题 (2.4.1) 的求解过程我们已经看到, 这个特征值问题完全由齐次方程和齐次边界条件所决定. 对于其他类型的边界条件和抛物型方程也是如此.

　　例 2.4.1　　求解初边值问题

$$\begin{cases} u_{tt}-u_{xx}=\dfrac{1}{2}xt, & 0<x<\pi,\ t>0,\\[2mm] u(0,t)=u_x(\pi,t)=0, & t\geqslant 0,\\[2mm] u(x,0)=\sin\dfrac{x}{2},\ u_t(x,0)=0, & 0\leqslant x\leqslant\pi. \end{cases}$$

　　解　　根据注 2.4.1, 同上可知, 与该定解问题对应的特征值问题是

$$\begin{cases} X''(x)+\lambda X(x)=0, & 0<x<\pi,\\[2mm] X(0)=X'(\pi)=0. \end{cases}$$

由例 2.3.2 知, 其特征函数系是 $\{\sin\alpha_n x\}_{n=1}^{\infty}$, 其中 $\alpha_n=(2n-1)/2$. 把函数 $\varphi(x)=\sin\dfrac{x}{2}$, $\psi(x)=0$ 和 $f(x,t)=\dfrac{1}{2}xt$ 关于 x 按特征函数系 $\{\sin\alpha_n x\}_{n=1}^{\infty}$ 展开, 可以算出 $c_1=1$, $c_n=0$, $n\geqslant 2$,

$$d_n=0,\quad f_n(t)=\frac{(-1)^{n-1}}{\pi\alpha_n^2}t,\quad n=1,2,\cdots.$$

直接代入公式 (2.4.3), 计算得

$$u(x,t)=\left(\cos\frac{t}{2}+\frac{16}{\pi}t-\frac{32}{\pi}\sin\frac{t}{2}\right)\sin\frac{x}{2}+\sum_{n=2}^{\infty}\frac{(-1)^{n-1}}{\pi\alpha_n^4}\left(t-\frac{\sin\alpha_n t}{\alpha_n}\right)\sin\alpha_n x$$

$$=\cos\frac{t}{2}\sin\frac{x}{2}+\sum_{n=1}^{\infty}\frac{(-1)^{n-1}}{\pi\alpha_n^4}\left(t-\frac{\sin\alpha_n t}{\alpha_n}\right)\sin\alpha_n x.$$

2.4.2 热传导方程的初边值问题

考察热传导方程的初边值问题

$$\begin{cases} u_t - a^2 u_{xx} = f(x,t), & 0 < x < l,\ t > 0, \\ u_x(0,t) = u(l,t) = 0, & t \geqslant 0, \\ u(x,0) = \varphi(x), & 0 \leqslant x \leqslant l. \end{cases} \tag{2.4.6}$$

根据注 2.4.1, 同上可知, 与该定解问题对应的特征值问题是

$$\begin{cases} X''(x) + \lambda X(x) = 0, \\ X'(0) = X(l) = 0. \end{cases}$$

由 2.3.2 节的结果知, 其特征函数系是 $\left\{ \cos \beta_n x \right\}_{n=1}^{\infty}$, 其中 $\beta_n = \dfrac{(2n-1)\pi}{2l}$. 把 $u(x,t)$, $f(x,t)$ 和 $\varphi(x)$ 都关于 x 按特征函数系 $\left\{ \cos \beta_n x \right\}_{n=1}^{\infty}$ 展开:

$$u(x,t) = \sum_{n=1}^{\infty} u_n(t) \cos \beta_n x, \quad f(x,t) = \sum_{n=1}^{\infty} f_n(t) \cos \beta_n x, \quad \varphi(x) = \sum_{n=1}^{\infty} c_n \cos \beta_n x,$$

那么

$$f_n(t) = \frac{2}{l} \int_0^l f(x,t) \cos \beta_n x \,\mathrm{d}x, \quad c_n = \frac{2}{l} \int_0^l \varphi(x) \cos \beta_n x \,\mathrm{d}x. \tag{2.4.7}$$

把上面的展开式代入问题 (2.4.6) 的方程和初始条件得

$$\sum_{n=1}^{\infty} \left[u_n'(t) + (a\beta_n)^2 u_n(t) - f_n(t) \right] \cos \beta_n x = 0, \quad t > 0,$$

$$\sum_{n=1}^{\infty} \left[u_n(0) - c_n \right] \cos \beta_n x = 0.$$

根据特征函数系的正交性便可推出

$$\begin{cases} u_n'(t) + (a\beta_n)^2 u_n(t) = f_n(t), & t > 0, \\ u_n(0) = c_n, & n = 1, 2, \cdots. \end{cases}$$

此问题的解是

$$u_n(t) = c_n \mathrm{e}^{-(a\beta_n)^2 t} + \int_0^t \mathrm{e}^{(a\beta_n)^2(s-t)} f_n(s)\mathrm{d}s.$$

从而

$$u(x,t) = \sum_{n=1}^{\infty} \left(c_n \mathrm{e}^{-(a\beta_n)^2 t} + \int_0^t \mathrm{e}^{(a\beta_n)^2(s-t)} f_n(s)\mathrm{d}s \right) \cos \beta_n x,$$

其中 c_n 和 $f_n(t)$ 由 (2.4.7) 式给出.

利用同样的方法可以推出, 热传导方程的初边值问题

$$
\begin{cases}
u_t = a^2 u_{xx} + f(x,t), & 0 < x < l, \ t > 0, \\
u(0,t) = u(l,t) = 0, & t \geqslant 0, \\
u(x,0) = 0, & 0 \leqslant x \leqslant l
\end{cases}
\tag{2.4.8}
$$

的解可以写成

$$
u(x,t) = \int_0^t \int_0^l \left(\frac{2}{l} \sum_{n=1}^{\infty} \exp\left\{ -\left(\frac{n\pi a}{l}\right)^2 (t-s) \right\} \sin\frac{n\pi y}{l} \sin\frac{n\pi x}{l} \right) f(y,s) \mathrm{d}y \mathrm{d}s
$$

$$
\stackrel{\text{def}}{=\!=} \int_0^t \int_0^l G(x,y,t-s) f(y,s) \mathrm{d}y \mathrm{d}s.
$$

函数

$$
G(x,y,t-s) = \frac{2}{l} \sum_{n=1}^{\infty} \exp\left\{ -\left(\frac{n\pi a}{l}\right)^2 (t-s) \right\} \sin\frac{n\pi x}{l} \sin\frac{n\pi y}{l}
$$

称为抛物型方程的初边值问题 (2.4.8) 的 **Green 函数**.

例 2.4.2　有一均匀细杆, 长为 l, 杆的侧面绝热. 在端点 $x = 0$ 处杆的温度是零, 在 $x = l$ 处杆与周围介质有热交换, 热交换系数是 $\sigma > 0$. 周围介质温度是零, 初始温度是 $\varphi(x)$. 求杆上的温度分布.

解　根据第 1 章的结果我们知道, 杆上的温度分布满足初边值问题:

$$
\begin{cases}
u_t - a^2 u_{xx} = 0, & 0 < x < l, \ t > 0, \\
u|_{x=0} = 0, \ (u_x + \sigma u)|_{x=l} = 0, & t \geqslant 0, \\
u(x,0) = \varphi(x), & 0 \leqslant x \leqslant l.
\end{cases}
\tag{2.4.9}
$$

我们用特征展开法求解. 同上, 根据它的边界条件可以看出, 该初边值问题对应的特征值问题是

$$
\begin{cases}
X''(x) + \lambda X(x) = 0, & 0 < x < l, \\
X(0) = 0, \quad X'(l) + \sigma X(l) = 0.
\end{cases}
$$

由例 2.3.3 知, 其特征函数系是 $\left\{ \sin\beta_n x \right\}_{n=1}^{\infty}$, 其中 $\beta_n = \gamma_n/l$, γ_n 是方程 $\tan\gamma = -\dfrac{\gamma}{\sigma l}$ 的第 n 个正根.

把函数 $u(x,t)$ 和 $\varphi(x)$ 关于 x 都按函数系 $\left\{ \sin\beta_n x \right\}_{n=1}^{\infty}$ 展开:

$$u(x,t) = \sum_{n=1}^{\infty} u_n(t) \sin \beta_n x, \quad \varphi(x) = \sum_{n=1}^{\infty} c_n \sin \beta_n x,$$

其中

$$c_n = \frac{\displaystyle\int_0^l \varphi(x) \sin \beta_n x \, \mathrm{d}x}{\displaystyle\int_0^l \sin^2 \beta_n x \, \mathrm{d}x}, \quad n = 1, 2, \cdots.$$

同上, 把这些展开式代入问题 (2.4.9) 的方程和初始条件, 得到一系列常微分方程的初值问题

$$\begin{cases} u_n'(t) + (a\beta_n)^2 u_n(t) = 0, & t > 0, \\ u_n(0) = c_n, & n = 1, 2, \cdots, \end{cases}$$

由此解出

$$u_n(t) = c_n \mathrm{e}^{-(a\beta_n)^2 t}.$$

于是问题 (2.4.9) 的解可以写成

$$u(x,t) = \sum_{n=1}^{\infty} c_n \mathrm{e}^{-(a\beta_n)^2 t} \sin \beta_n x. \tag{2.4.10}$$

对初值 $\varphi(x)$ 加上适当的光滑性条件, 就可以推知所求的形式解 $u(x,t)$ 是问题 (2.4.9) 的古典解.

定理 2.4.2 如果 $\varphi \in C^2([0, l])$ 且满足相容性条件:

$$\varphi(0) = \varphi'(l) + \sigma\varphi(l) = 0.$$

则由 (2.4.10) 式给出的函数 $u(x,t)$ 是问题 (2.4.9) 的一个古典解.

2.5 分离变量法 —— Laplace 方程的边值问题

本节利用分离变量法求解 Laplace 方程的边值问题. 前面已经讲过, 分离变量法和特征展开法实质上是一回事, 要点是先求解特征值问题. 因为前面讨论的弦振动方程和热传导方程的空间变量 x 都是一维, 那里的特征值问题比较简单. Laplace 方程的边值问题对应的特征值问题要比前面的复杂得多.

2.5.1 圆域内 Laplace 方程的边值问题

有一半径为 ρ_0 的薄圆盘, 内部无热源, 上、下两面绝热, 周围边缘温度分布已知. 求恒温状态时圆盘内的温度分布.

由第 1 章的讨论知, 温度达到恒温状态时, 其分布 u 与时间 t 无关, 应满足 Laplace 方程的边值问题（区域用极坐标形式）

$$\begin{cases} \Delta u = 0, & \rho < \rho_0, \\ u|_{\rho=\rho_0} = f(\theta). \end{cases} \tag{2.5.1}$$

将 Laplace 方程用极坐标形式表示, 并考虑到圆盘中心的温度值有限, 以及 (ρ, θ) 与 $(\rho, 2\pi + \theta)$ 表示同一点（当然温度值相同）, 所以有

$$\begin{cases} \Delta u = \dfrac{1}{\rho} \dfrac{\partial}{\partial \rho} \left(\rho \dfrac{\partial u}{\partial \rho} \right) + \dfrac{1}{\rho^2} \dfrac{\partial^2 u}{\partial \theta^2} = 0, & \rho < \rho_0, \\ u(\rho_0, \theta) = f(\theta), \\ |u(0, \theta)| < \infty, \\ u(\rho, \theta) = u(\rho, 2\pi + \theta). \end{cases}$$

分离变量, 令 $u(\rho, \theta) = R(\rho)\Phi(\theta)$, 代入方程得

$$R''\Phi + \frac{1}{\rho} R'\Phi + \frac{1}{\rho^2} R\Phi'' = 0,$$

即

$$\frac{\rho^2 R'' + \rho R'}{R} = -\frac{\Phi''}{\Phi}.$$

上式左端仅是 ρ 的函数, 右端仅是 θ 的函数, 所以它们是常数. 设这个常数为 λ, 得到两个特征值问题

$$\begin{cases} \Phi'' + \lambda \Phi = 0, \\ \Phi(\theta) = \Phi(2\pi + \theta) \end{cases} \tag{2.5.2}$$

和

$$\begin{cases} \rho^2 R'' + \rho R' - \lambda R = 0, & 0 < \rho < \rho_0, \\ |R(0)| < \infty. \end{cases}$$

先解哪一个特征值问题, 主要是看哪个问题可以定出特征值与特征函数. 由于周期边界条件具有可加性, 并且第一个问题中的方程比第二个问题中的方程简单, 同时第二个问题的定解条件不具有可加性（不能叠加）, 所以只能先解第一个特征值问题 (2.5.2).

同于 2.3.2 节中的例子可推知, 特征值问题 (2.5.2) 的特征值 $\lambda \geqslant 0$. 当 $\lambda = 0$ 时, 问题 (2.5.2) 有常数解 $\Phi_0(\theta) = a_0$. 当 $\lambda > 0$ 时, 取 $\lambda = \beta^2$, 得其通解

$$\Phi_\beta(\theta) = a_\beta \cos \beta\theta + b_\beta \sin \beta\theta.$$

为使 $\Phi_\beta(\theta)$ 以 2π 为周期, β 必须是整数 n. 取 $n = 1, 2, \cdots$ (为什么只取正整数, 请读者思考), 则有

$$\Phi_n(\theta) = a_n \cos n\theta + b_n \sin n\theta, \quad n = 1, 2, \cdots.$$

至此已求出全部特征值 $\lambda_n = \beta_n^2 = n^2$ 和特征函数 $\Phi_n(\theta), n = 0, 1, 2, \cdots$. 将 $\lambda = \lambda_n$ 代入 R 的方程得

$$\rho^2 R'' + \rho R' - n^2 R = 0, \quad 0 < \rho < \rho_0; \quad |R(0)| < \infty.$$

这是一个 Euler 方程 (若令 $\rho = e^s$, 可化简成 $\ddot{R} - n^2 R = 0$), 它的通解是

$$R_0(\rho) = C_0 + D_0 \ln \rho, \qquad n = 0,$$

$$R_n(\rho) = C_n \rho^n + D_n \rho^{-n}, \quad n = 1, 2, \cdots.$$

为使 $|R_n(0)| < \infty$, 必须要求 $D_n = 0, \quad n = 0, 1, 2, \cdots$. 于是

$$R_n(\rho) = C_n \rho^n, \quad n = 0, 1, 2, \cdots.$$

叠加后得到

$$u(\rho, \theta) = \sum_{n=0}^{\infty} R_n(\rho) \Phi_n(\theta) = \frac{A_0}{2} + \sum_{n=1}^{\infty} \rho^n (A_n \cos n\theta + B_n \sin n\theta).$$

下面确定系数 A_n 和 B_n. 利用边界条件知

$$f(\theta) = \frac{A_0}{2} + \sum_{n=1}^{\infty} \rho_0^n (A_n \cos n\theta + B_n \sin n\theta),$$

即 $A_0, \rho_0^n A_n, \rho_0^n B_n$ 是 $f(\theta)$ 的 Fourier 展开系数. 因此

$$A_0 = \frac{1}{\pi} \int_0^{2\pi} f(\theta) \mathrm{d}\theta, \quad A_n = \frac{1}{\pi \rho_0^n} \int_0^{2\pi} f(\theta) \cos n\theta \, \mathrm{d}\theta,$$

$$B_n = \frac{1}{\pi \rho_0^n} \int_0^{2\pi} f(\theta) \sin n\theta \, \mathrm{d}\theta, \quad n = 1, 2, \cdots.$$

将其代入 $u(\rho, \theta)$ 的表达式即得问题 (2.5.1) 的形式解.

定理 2.5.1 如果 $f(\theta)$ 在 $[0, 2\pi]$ 上连续, 则上面求出的形式解 $u(\rho, \theta)$ 是边值问题 (2.5.1) 的古典解.

把 A_0, A_n 和 B_n 的表达式代入 $u(\rho, \theta)$ 的展开式得

$$u(\rho, \theta) = \frac{1}{2\pi} \int_0^{2\pi} f(\tau) \mathrm{d}\tau + \frac{1}{\pi} \sum_{n=1}^{\infty} \left(\frac{\rho}{\rho_0}\right)^n \int_0^{2\pi} f(\tau)(\cos n\tau \cos n\theta + \sin n\tau \sin n\theta) \mathrm{d}\tau$$

$$= \frac{1}{2\pi} \int_0^{2\pi} \left(1 + 2 \sum_{n=1}^{\infty} \left(\frac{\rho}{\rho_0}\right)^n \cos n(\theta - \tau)\right) f(\tau) \mathrm{d}\tau.$$

因为当 $0 \leqslant \rho < \rho_0$ 时, 成立等式

$$1 + 2\sum_{n=1}^{\infty} \left(\frac{\rho}{\rho_0}\right)^n \cos n(\theta - \tau) = \frac{\rho_0^2 - \rho^2}{\rho_0^2 + \rho^2 - 2\rho\rho_0 \cos(\theta - \tau)},$$

所以

$$u(\rho, \theta) = \frac{1}{2\pi} \int_0^{2\pi} \frac{\rho_0^2 - \rho^2}{\rho_0^2 + \rho^2 - 2\rho\rho_0 \cos(\theta - \tau)} f(\tau)\mathrm{d}\tau.$$

这就是圆域上 Laplace 方程的 **Poisson 公式**. 利用该公式易证定理 2.5.1. 特别地, 取 $\rho = 0$, 就有

$$u(\mathbf{0}) = \frac{1}{2\pi} \int_0^{2\pi} f(\tau)\mathrm{d}\tau.$$

该式称为圆域上 Laplace 方程的**平均值公式**.

2.5.2   矩形上的 Laplace 方程的边值问题

考虑由下述定解问题描述的矩形平板 $(0 \leqslant x \leqslant a, 0 \leqslant y \leqslant b)$ 上的温度分布的平衡状态:

$$\begin{cases} u_{xx} + u_{yy} = 0, & 0 < x < a, \ 0 < y < b, \\ u(0, y) = 0, \ u(a, y) = 0, & 0 \leqslant y \leqslant b, \\ u(x, 0) = f(x), \ u(x, b) = 0, & 0 \leqslant x \leqslant a, \end{cases} \tag{2.5.3}$$

其中 $f(x)$ 是已知的连续函数, 且满足相容性条件 $f(0) = f(a) = 0$.

分离变量, 令 $u(x, y) = X(x)Y(y)$, 代入方程得

$$X''(x)Y(y) + X(x)Y''(y) = 0, \quad \text{即} \quad \frac{X''(x)}{X(x)} = -\frac{Y''(y)}{Y(y)}.$$

同上知, 该比值是常数, 记为 $-\lambda$, 即

$$\begin{cases} X''(x) + \lambda X(x) = 0, \\ Y''(y) - \lambda Y(y) = 0. \end{cases}$$

利用边界条件知, $X(0) = X(a) = 0$. 这样就得到特征值问题

$$\begin{cases} X''(x) + \lambda X(x) = 0, & 0 < x < a, \\ X(0) = X(a) = 0. \end{cases}$$

由例 2.3.1 知,

$$\lambda_n = \left(\frac{n\pi}{a}\right)^2 \stackrel{\text{def}}{=\!=} \beta_n^2, \quad \beta_n > 0, \quad n = 1, 2, \cdots$$

是其全部特征值, 对应的特征函数是

$$X_n(x) = \sin\beta_n x, \quad n = 1, 2, \cdots.$$

方程 $Y'' - \beta_n^2 Y = 0$ 的通解为

$$Y_n(y) = C_n \mathrm{e}^{\beta_n y} + D_n \mathrm{e}^{-\beta_n y}, \quad n = 1, 2, \cdots.$$

至此, 得到一列特解

$$u_n(x,y) = X_n(x)Y_n(y) = (C_n \mathrm{e}^{\beta_n y} + D_n \mathrm{e}^{-\beta_n y})\sin\beta_n x, \quad n = 1, 2, \cdots.$$

叠加后得到

$$u(x,y) = \sum_{n=1}^{\infty}(C_n \mathrm{e}^{\beta_n y} + D_n \mathrm{e}^{-\beta_n y})\sin\beta_n x.$$

下面利用 Fourier 级数来确定系数 C_n 和 D_n. 由边界条件知

$$\begin{cases} u(x,0) = f(x) = \sum_{n=1}^{\infty}(C_n + D_n)\sin\beta_n x, \\ u(x,b) = 0 = \sum_{n=1}^{\infty}(C_n \mathrm{e}^{\beta_n b} + D_n \mathrm{e}^{-\beta_n b})\sin\beta_n x, \end{cases}$$

所以

$$C_n + D_n = f_n, \quad C_n \mathrm{e}^{\beta_n b} + D_n \mathrm{e}^{-\beta_n b} = 0,$$

其中

$$f_n = \frac{2}{a}\int_0^a f(z)\sin\beta_n z\,\mathrm{d}z.$$

解之得

$$C_n = -\frac{\mathrm{e}^{-\beta_n b}}{\mathrm{e}^{\beta_n b} - \mathrm{e}^{-\beta_n b}}f_n, \quad D_n = \frac{\mathrm{e}^{\beta_n b}}{\mathrm{e}^{\beta_n b} - \mathrm{e}^{-\beta_n b}}f_n.$$

从而

$$u(x,y) = \frac{2}{a}\sum_{n=1}^{\infty}\left[\frac{\mathrm{sh}\beta_n(b-y)}{\mathrm{sh}\beta_n b}\int_0^a f(z)\sin\beta_n z\,\mathrm{d}z\right]\sin\beta_n x$$

为问题 (2.5.3) 的形式解, 其中 $\beta_n = n\pi/a$.

例 2.5.1 求解二维特征值问题

$$\begin{cases} u_{xx} + u_{yy} + \lambda u = 0, \quad 0 < x < a, \ 0 < y < b, \\ u|_{x=0,a} = u|_{y=0,b} = 0. \end{cases} \tag{2.5.4}$$

解　分离变量, 令 $u(x, y) = X(x)Y(y)$, 代入问题 (2.5.4) 的方程得

$$X''(x)Y(y) + X(x)Y''(y) + \lambda X(x)Y(y) = 0,$$

故有

$$\frac{Y''(y)}{Y(y)} + \lambda = -\frac{X''(x)}{X(x)}.$$

同上知, 该比值是常数, 记为 μ. 再结合问题 (2.5.4) 中的边界条件, 就得到两个特征值问题

$$X''(x) + \mu X(x) = 0, \quad X(0) = X(a) = 0,$$

$$Y''(y) + \beta Y(y) = 0, \quad Y(0) = Y(b) = 0,$$

其中 $\beta = \lambda - \mu$. 同于 2.3 节, 可以求出这两个问题的特征值和特征函数分别是

$$\mu_m = \left(\frac{m\pi}{a}\right)^2, \quad X_m(x) = \sqrt{\frac{2}{a}} \sin \frac{m\pi x}{a}, \quad m = 1, 2, \cdots,$$

$$\beta_n = \left(\frac{n\pi}{b}\right)^2, \quad Y_n(y) = \sqrt{\frac{2}{b}} \sin \frac{n\pi y}{b}, \quad n = 1, 2, \cdots.$$

由此得到特征值问题 (2.5.4) 的全部特征值和对应的特征函数

$$\lambda_{mn} = \mu_m + \beta_n = \left(\frac{m^2}{a^2} + \frac{n^2}{b^2}\right)\pi^2, \quad m, n = 1, 2 \cdots,$$

$$U_{mn}(x, y) = X_m(x)Y_n(y) = \frac{2}{\sqrt{ab}} \sin \frac{m\pi x}{a} \sin \frac{n\pi y}{b}, \quad m, n = 1, 2 \cdots.$$

注意, 如果 a 和 b 可通约, 即存在整数 k 和 l 使得 $ka = bl$, 则对不同的 m, n, 会有相同的值 λ_{mn}. 例如, 取 m_1, n_1 使得

$$\frac{n}{m_1} = \frac{k}{l} = \frac{n_1}{m} = \frac{b}{a},$$

则有

$$\left(\frac{m^2}{a^2} + \frac{n^2}{b^2}\right)\pi^2 = \lambda_{mn} = \lambda_{m_1 n_1} = \left(\frac{m_1^2}{a^2} + \frac{n_1^2}{b^2}\right)\pi^2.$$

此时, 对于同一个特征值 λ_{mn}, 就会有多个对应的特征函数

$$V_{mn}(x, y) = \frac{2}{\sqrt{ab}} \sin \frac{m\pi x}{a} \sin \frac{n\pi y}{b}, \quad V_{m_1 n_1}(x, y) = \frac{2}{\sqrt{ab}} \sin \frac{m_1\pi x}{a} \sin \frac{n_1\pi y}{b},$$

即特征值 λ_{mn} 是多重的.

2.6 非齐次边界条件的处理

前面介绍了处理带有齐次边界条件的定解问题的方法. 对于带有非齐次边界条件的初边值问题, 我们将寻求适当的变换, 使之归结为齐次边界条件的情形.

设有初边值问题

$$\begin{cases} u_{tt} - a^2 u_{xx} = f(x,t), & 0 < x < l,\ t > 0, \\ u(0,t) = u_1(t),\ u(l,t) = u_2(t), & t \geqslant 0, \\ u(x,0) = \varphi(x),\ u_t(x,0) = \psi(x), & 0 \leqslant x \leqslant l. \end{cases} \tag{2.6.1}$$

作变换 $u(x,t) = v(x,t) + w(x,t)$, 使得函数 $v(x,t)$ 满足齐次边界条件, 即要求

$$w(0,t) = u_1(t), \quad w(l,t) = u_2(t). \tag{2.6.2}$$

因为两点定一线, 所以可取 $w(x,t) = A(t)x + B(t)$. 利用条件 (2.6.2) 可以定出

$$A(t) = \frac{1}{l}[u_2(t) - u_1(t)], \quad B(t) = u_1(t).$$

于是

$$w(x,t) = \frac{1}{l}[u_2(t) - u_1(t)]x + u_1(t).$$

接下来, 把 $u = v + w$ 及所求出的 w 代入问题 (2.6.1), 就得到 v 所满足的齐次边界条件的初边值问题. 再利用特征展开法或者分离变量法和齐次化原理求解 $v(x,t)$, 最终得到问题 (2.6.1) 的解 $u(x,t)$.

类似地, 可将其他类型的非齐次边界条件齐次化. 如果边界条件是下述情形之一, 则可分别取出相应的函数 $w(x,t)$.

(1) 边界条件为 $u(0,t) = u_1(t)$, $u_x(l,t) = u_2(t)$ 时, 可取

$$w(x,t) = u_2(t)x + u_1(t);$$

(2) 边界条件为 $u_x(0,t) = u_1(t)$, $u(l,t) = u_2(t)$ 时, 可取

$$w(x,t) = u_1(t)(x - l) + u_2(t);$$

(3) 边界条件为 $u_x(0,t) = u_1(t)$, $u_x(l,t) = u_2(t)$ 时, 可取

$$w(x,t) = \frac{u_2(t) - u_1(t)}{2l}x^2 + u_1(t)x;$$

(4) 边界条件为 $u(0,t) = u_1(t)$, $(u_x + \sigma u)(l,t) = u_2(t)$ 时, 可取

$$w(x,t) = \frac{u_2(t) - \sigma u_1(t)}{1 + \sigma l}x + u_1(t);$$

(5) 边界条件为 $u_x(0,t) = u_1(t)$, $(u_x + \sigma u)(l,t) = u_2(t)$ 时, 可取

$$w(x,t) = u_1(t)x + \frac{1}{\sigma}[u_2(t) - (1 + \sigma l)u_1(t)];$$

(6) 边界条件为 $(u_x - \sigma u)(0,t) = u_1(t)$, $u(l,t) = u_2(t)$ 时, 可取

$$w(x,t) = \frac{u_1(t) + \sigma u_2(t)}{1 + \sigma l}x + \frac{u_2(t) - lu_1(t)}{1 + \sigma l};$$

(7) 边界条件为 $(u_x - \sigma u)(0,t) = u_1(t)$, $u_x(l,t) = u_2(t)$ 时, 可取

$$w(x,t) = u_2(t)x + \frac{1}{\sigma}[u_2(t) - u_1(t)];$$

(8) 边界条件为 $(u_x - \sigma_1 u)(0,t) = u_1(t)$, $(u_x + \sigma_2 u)(l,t) = u_2(t)$ 时, 可取

$$w(x,t) = \frac{\sigma_1 u_2(t) + \sigma_2 u_1(t)}{\sigma_1 + \sigma_2 + \sigma_1 \sigma_2 l}x + \frac{u_2(t) - (1 + \sigma_2 l)u_1(t)}{\sigma_1 + \sigma_2 + \sigma_1 \sigma_2 l}.$$

对某些特殊问题 (例如, 方程右端的非齐次项和边界条件都与 t 无关), 可以寻求适当的变换, 把方程和边界条件同时齐次化. 我们通过具体的例子来介绍这种方法.

例 2.6.1   求解初边值问题

$$\begin{cases} u_{tt} - a^2 u_{xx} = A, & 0 < x < l, \ t > 0, \\ u(0,t) = 0, \ u(l,t) = B, \ t \geqslant 0, \\ u(x,0) = u_t(x,0) = 0, & 0 \leqslant x \leqslant l, \end{cases} \quad (2.6.3)$$

其中 A, B 都是常数.

解   因为方程和边界条件中的非齐次项都与 t 无关, 所以可令

$$u(x,t) = v(x,t) + w(x).$$

代入方程得

$$v_{tt} - a^2 v_{xx} = a^2 w''(x) + A.$$

为使 v 的方程和边界条件都是齐次的, 我们取 w 是问题

$$\begin{cases} a^2 w''(x) + A = 0, & 0 \leqslant x \leqslant l, \\ w(0) = 0, \ w(l) = B \end{cases}$$

的解. 由此解出

$$w(x) = -\frac{A}{2a^2}x^2 + \left(\frac{Al}{2a^2} + \frac{B}{l}\right)x.$$

对于这样确定的 $w(x)$, 函数 $v(x,t)$ 满足

$$\begin{cases} v_{tt} - a^2 v_{xx} = 0, & 0 < x < l, \ t > 0, \\ v(0,t) = v(l,t) = 0, & t \geqslant 0, \\ v(x,0) = -w(x), \ v_t(x,0) = 0, & 0 \leqslant x \leqslant l. \end{cases}$$

利用特征展开法或者分离变量法可求出 $v(x,t)$, 最后得到问题 (2.6.3) 的解 $u(x,t)=v(x,t)+w(x)$.

例 2.6.2 *求解初边值问题*

$$\begin{cases} u_t - u_{xx} = -bu, & 0 < x < l, \ t > 0, \\ u_x(0,t) = 0, \ u(l,t) = k, & t \geqslant 0, \\ u(x,0) = \dfrac{k}{l^2} x^2, & 0 \leqslant x \leqslant l, \end{cases} \tag{2.6.4}$$

其中 b, k 都是常数, $b \geqslant 0$.

解 先把边界条件齐次化. 令 $u(x,t) = k + v(x,t)$, 则 v 满足

$$\begin{cases} v_t - v_{xx} = -bv - bk, & 0 < x < l, \ t > 0, \\ v_x(0,t) = v(l,t) = 0, & t \geqslant 0, \\ v(x,0) = \dfrac{k}{l^2} x^2 - k, & 0 \leqslant x \leqslant l. \end{cases} \tag{2.6.5}$$

利用特征展开法求解此问题. 同于 2.4.2 节, 与此问题对应的特征函数系是 $\left\{ \cos \beta_n x \right\}_{n=1}^{\infty}$, 其中 $\beta_n = \dfrac{(2n-1)\pi}{2l}$. 把 $v(x,t)$, $-bk$ 和 $\dfrac{k}{l^2} x^2 - k$ 关于 x 都按特征函数系 $\left\{ \cos \beta_n x \right\}_{n=1}^{\infty}$ 展开:

$$v(x,t) = \sum_{n=1}^{\infty} v_n(t) \cos \beta_n x, \quad -bk = \sum_{n=1}^{\infty} f_n \cos \beta_n x, \quad \frac{k}{l^2} x^2 - k = \sum_{n=1}^{\infty} c_n \cos \beta_n x,$$

那么

$$f_n = -\frac{2}{l} \int_0^l bk \cos \beta_n x \, \mathrm{d}x = (-1)^n \frac{4bk}{(2n-1)\pi},$$

$$c_n = \frac{2}{l} \int_0^l \left(\frac{k}{l^2} x^2 - k \right) \cos \beta_n x \, \mathrm{d}x = (-1)^n \frac{32k}{(2n-1)^3 \pi^3}.$$

把这些展开式代入问题 (2.6.5) 得

$$\sum_{n=1}^{\infty} \left[v_n'(t) + \left(b + \beta_n^2 \right) v_n(t) - f_n \right] \cos \beta_n x = 0, \quad t > 0,$$

$$\sum_{n=1}^{\infty} \left[v_n(0) - c_n \right] \cos \beta_n x = 0.$$

根据特征函数系的正交性可以推知

$$
\begin{cases}
v_n'(t) + \left(b + \beta_n^2\right) v_n(t) = f_n, & t > 0, \\
v_n(0) = c_n, & n = 1,\, 2,\, \cdots.
\end{cases}
$$

此问题的解是

$$
v_n(t) = c_n \mathrm{e}^{-(b+\beta_n^2)t} + \frac{f_n}{b+\beta_n^2}\left(1 - \mathrm{e}^{-(b+\beta_n^2)t}\right).
$$

于是

$$
v(x,t) = \sum_{n=1}^{\infty} (-1)^n \left[\frac{32k}{(2n-1)^3\pi^3}\mathrm{e}^{-(b+\beta_n^2)t} + \frac{4bk}{(b+\beta_n^2)(2n-1)\pi}\left(1 - \mathrm{e}^{-(b+\beta_n^2)t}\right) \right] \cos \beta_n x.
$$

最后得出问题 (2.6.4) 的解 $u(x,t) = k + v(x,t)$.

2.7　物理意义、驻波法与共振

Fourier 级数方法有明显的物理意义, 我们仅以两端固定的一维弦振动方程的初边值问题 (2.4.1) 为例加以说明.

当 $f(x,t) = 0$ 时, 初边值问题 (2.4.1) 的级数解 (2.4.3) 中的每一项可以写成如下形式:

$$
u_n(x,t) = \left(C_n \cos \frac{n\pi a t}{l} + D_n \sin \frac{n\pi a t}{l} \right) \sin \frac{n\pi x}{l} = A_n \cos(\omega_n t - \theta_n) \sin \frac{n\pi x}{l},
$$

其中

$$
A_n = \sqrt{C_n^2 + D_n^2}, \quad \omega_n = \frac{n\pi a}{l}, \quad \theta_n = \arctan \frac{D_n}{C_n}.
$$

这里的 $u_n(x,t)$ 称为振动元素. 对于每一个固定的点 x, $u_n(x,t)$ 表示一个简谐振动, 振幅是 $A_n \sin \dfrac{n\pi x}{l}$, 角频率是 ω_n, 初相位是 θ_n, 且角频率和初相位都与点 x 无关, 只是振幅随点的位置的改变而改变.

在点

$$
x = 0,\ \frac{1}{n}l,\ \frac{2}{n}l,\ \cdots,\ \frac{n-1}{n}l,\ l
$$

处, 振动元素 $u_n(x,t)$ 的振幅为零, 且不随时间而改变. 而在点

$$
x = \frac{1}{2n}l,\ \frac{3}{2n}l,\ \cdots,\ \frac{2n-1}{2n}l
$$

处, 振幅达到最大. 这种波称为**驻波**, 这些点称为**节点**, 见图 2.2. 因此, 在物理上也把特征展开法和分离变量法称为**驻波法**, 得到的解是一系列具有特定频率的驻波的叠加.

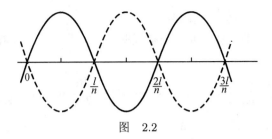

图 2.2

如果用弦振动来描述弦乐器（例如胡琴）的演奏, 此时解 $u(x,t)$ 表示乐器发出的声音. 那么弦的**基音**是由最低频率 $\omega_1 = \dfrac{a\pi}{l} = \dfrac{\pi}{l}\sqrt{T/\rho}$（$T$ 表示张力, ρ 表示密度）所对应的第一**单音** $u_1(x,t)$ 所确定的. 一般来说, $A_1 = \sqrt{C_1^2 + D_1^2}$ 要比 $A_n = \sqrt{C_n^2 + D_n^2}$ $(n \geqslant 2)$ 大得多, 因此它决定了声音的音调. 在发出基音的同一时刻, 弦所发出的其余的 "单音" $u_n(x,t)$ $(n \geqslant 2)$ 称为**泛音**, 它们构成了声音的音色. 不同的弦乐器在同一个音调下所发出的声音之所以不同, 是因为虽然它们具有同一个基音频率, 但它们却有着完全不同的泛音, 由此引起了音色的差异. 当用手指压住弦线时, 受振动的弦长 l 顿时变短, 手指的用力导致弦线的张力 T 变大, 因而基音频率 $\omega_1 = \dfrac{\pi}{l}\sqrt{T/\rho}$ 增大, 音调亦随之升高. 手指的不同用力, 导致张力 T 的不同变化; 手指所压部位不同, 导致受振动的弦长 l 的变化不同, 因此基音频率不同, 演奏出的声音也就不同. 在强迫外力不变的情况下, 乐手靠手指的技巧就可以演奏出优美的音乐. 此外, 人们通常用拧紧弦线的方法来调整音调, 其实就是通过改变弦的张力 T 来促使基音频率发生变化（这一点可以从基音的表达式看出来）. 张力愈大, 基音频率愈高. 不同的弦线有粗细之分, 它们反映了弦线在密度上的差异, 因此两根不同的弦线在相同的条件下（即 l, T 相同）, 细弦线比粗弦线发出更高的声调.

用 Fourier 级数方法得到的解的表达式还可以用来揭示在强迫振动中所产生的**共振现象**. 例如, 初边值问题

$$\begin{cases} u_{tt} - a^2 u_{xx} = f(x)\sin\omega t, & 0 < x < l,\ t > 0, \\ u(0,t) = u(l,t) = 0, & t \geqslant 0, \\ u(x,0) = u_t(x,0) = 0, & 0 \leqslant x \leqslant l. \end{cases}$$

根据公式 (2.4.3) 我们知道, 当 $\omega \neq \omega_n$ $(n = 1, 2, \cdots)$ 时,

$$
\begin{aligned}
u(x,t) &= \sum_{n=1}^{\infty} \frac{lB_n}{n\pi a} \sin\frac{n\pi x}{l} \int_0^t \sin\omega\tau \sin\frac{n\pi a}{l}(t-\tau)\mathrm{d}\tau \\
&= \sum_{n=1}^{\infty} \frac{B_n}{\omega_n(\omega^2 - \omega_n^2)}(\omega\sin\omega_n t - \omega_n\sin\omega t)\sin\frac{n\pi x}{l}, \quad (2.7.1)
\end{aligned}
$$

其中 $\omega_n = \dfrac{n\pi a}{l}$, $B_n = \dfrac{2}{l}\displaystyle\int_0^l f(x)\sin\frac{n\pi x}{l}\mathrm{d}x$. 当 $f(x) \in C^1([0,l])$, 且 $f(0) = f(l) = 0$ 时,

这个形式解确实是上述初边值问题的解.

当 ω 趋于某一个**特征频率** (或称**固有频率**) $\omega_k = \dfrac{k\pi a}{l}$ 时, 级数 (2.7.1) 中的第 k 项的系数将有极限:

$$\lim_{\omega \to \omega_k} \frac{B_k}{\omega_k(\omega^2 - \omega_k^2)}(\omega \sin \omega_k t - \omega_k \sin \omega t) = \frac{B_k}{2\omega_k^2}\sin \omega_k t - \frac{B_k}{2\omega_k}t \cos \omega_k t.$$

从而当 $\omega = \omega_k$ 时, (2.7.1) 式可以写成

$$u(x,t) = \sum_{n \neq k} \frac{B_n}{\omega_n(\omega_k^2 - \omega_n^2)}(\omega_k \sin \omega_n t - \omega_n \sin \omega_k t)\sin \frac{n\pi x}{l}$$

$$+ \left(\frac{B_k}{2\omega_k^2}\sin \omega_k t - \frac{B_k}{2\omega_k}t\cos \omega_k t\right)\sin \frac{k\pi x}{l}.$$

由此看出, 对应于固有频率为 ω_k 的第 k 个振动元素 $u_k(x,t)$, 其振幅随时间 t 一起无限增大, 这种现象称为**共振**. 在物理上, 这表示一根两端固定的弦线, 如果在一个周期外力的作用下做强迫振动, 假如这个周期外力的频率与弦线的某一特征频率相等, 那么弦线将产生共振, 即弦线上某些点处的振幅将随着时间的增大而趋于无穷, 这就必然导致弦线在某一时刻出现断裂. 因此对很多工程问题 (例如建坝、建屋、桥梁的设计等) 来说, 共振现象必须设法避免. 为此必须预先知道这个问题的固有频率, 即去求某一个特征值问题的解. 但是在有些问题中, 例如在电磁振荡理论中, 人们又经常利用共振现象来调频, 所以特征值问题无论在建筑工程方面, 还是在无线电、电子工程等方面都有着重要的应用.

习　题　2

2.1　证明每一个正交函数系中的两个函数是线性无关的.

2.2　证明下列函数系在给定的区间上是正交的.

(1) $1, \sin x, \cos x, \sin 2x, \cos 2x, \cdots, \sin nx, \cos nx, \quad -\pi \leqslant x \leqslant \pi$;

(2) $1, \sin \dfrac{\pi x}{l}, \cos \dfrac{\pi x}{l}, \sin \dfrac{2\pi x}{l}, \cos \dfrac{2\pi x}{l}, \cdots, \sin \dfrac{n\pi x}{l}, \cos \dfrac{n\pi x}{l}, \quad 0 \leqslant x \leqslant 2l$.

2.3　求解下列特征值问题:

(1) $\begin{cases} u'' + \lambda u = 0, \quad 0 < x < l, \\ u(0) = u(l), \quad u'(0) = u'(l); \end{cases}$

(2) $\begin{cases} u'' + \lambda u = 0, \quad 0 < x < l, \\ u'(0) = u'(l) + \sigma u(l) = 0, \end{cases}$

其中 $\sigma > 0$ 是常数;

(3)
$$\begin{cases} u'' + 2u' + \lambda u = 0, & 0 < x < 1, \\ u'(0) = u(1) = 0; \end{cases}$$

(4)
$$\begin{cases} x^2 u'' + 3xu' + \lambda u = 0, & 1 < x < e, \\ u(1) = u(e) = 0. \end{cases}$$

2.4 在区间 $[0, l]$ 上给定特征值问题

$$\begin{cases} (k(x)y')' + \lambda \rho(x)y(x) = 0, \\ y(0) = y(l) = 0, \end{cases}$$

其中 $k(x) > k_0 \geqslant 0$, $\rho(x) > \rho_0 \geqslant 0$. 试证其特征值为正, 且对应于不同特征值的特征函数带权函数 $\rho(x)$ 正交.

2.5 证明双曲型方程的齐次化原理 (Duhamel 原理): 如果 $w(x, t; \tau)$ 是齐次方程的初边值问题

$$\begin{cases} w_{tt} - a^2 w_{xx} = 0, & 0 < x < l, \ t > 0, \\ w(0, t; \tau) = w(l, t; \tau) = 0, & t \geqslant 0, \\ w(x, 0; \tau) = 0, \ w_t(x, 0; \tau) = f(x, \tau), & 0 \leqslant x \leqslant l \end{cases}$$

的解, 其中 $\tau \geqslant 0$ 是参数, 那么函数

$$u(x, t) = \int_0^t w(x, t - \tau; \tau)\mathrm{d}\tau$$

是初边值问题

$$\begin{cases} u_{tt} - a^2 u_{xx} = f(x, t), & 0 < x < l, \ t > 0, \\ u(0, t) = u(l, t) = 0, & t \geqslant 0, \\ u(x, 0) = u_t(x, 0) = 0, & 0 \leqslant x \leqslant l \end{cases}$$

的解.

2.6 证明抛物型方程的齐次化原理 (Duhamel 原理): 如果 $w(x, t; \tau)$ 是齐次方程的初边值问题

$$\begin{cases} w_t = a^2 w_{xx}, & 0 < x < l, \ t > 0, \\ w(0, t; \tau) = w(l, t; \tau) = 0, & t \geqslant 0, \\ w(x, 0; \tau) = f(x, \tau), & 0 \leqslant x \leqslant l \end{cases}$$

的解, 其中 $\tau \geqslant 0$ 是参数, 则函数

$$u(x, t) = \int_0^t w(x, t - \tau; \tau)\mathrm{d}\tau$$

是初边值问题

$$\begin{cases} u_t = a^2 u_{xx} + f(x,t), & 0 < x < l, \ t > 0, \\ u(0,t) = u(l,t) = 0, & t \geqslant 0, \\ u(x,0) = 0, & 0 \leqslant x \leqslant l \end{cases}$$

的解.

2.7　利用特征展开法解下列弦振动方程的初边值问题:

$$(1) \begin{cases} u_{tt} - u_{xx} = x + \sin x, & 0 < x < \pi, \ t > 0, \\ u(0,t) = u(\pi,t) = 0, & t \geqslant 0, \\ u|_{t=0} = \dfrac{1}{2}\sin 2x, \ u_t|_{t=0} = 0, & 0 \leqslant x \leqslant \pi; \end{cases}$$

$$(2) \begin{cases} u_{tt} - a^2 u_{xx} = 0, & 0 < x < l, \ t > 0, \\ u_x(0,t) = 0, u(l,t) = 0, & t \geqslant 0, \\ u|_{t=0} = \cos\dfrac{\pi}{2l}x, & 0 \leqslant x \leqslant l, \\ u_t|_{t=0} = \cos\dfrac{3\pi}{2l}x + \cos\dfrac{5\pi}{2l}x, & 0 \leqslant x \leqslant l; \end{cases}$$

$$(3) \begin{cases} u_{tt} - u_{xx} = \sin\dfrac{2\pi x}{l}\sin\dfrac{2\pi t}{l}, & 0 < x < l, \ t > 0, \\ u(0,t) = u(l,t) = 0, & t \geqslant 0, \\ u(x,0) = u_t(x,0) = 0, & 0 \leqslant x \leqslant l. \end{cases}$$

2.8　有一段长为 π 的细棒, 它的表面和两端都绝热, 一端在原点, 初始温度是 x, 内部有常温的热源 $C > 0$. 求棒内的温度分布.

2.9　利用特征展开法解下列热传导方程的初边值问题:

$$(1) \begin{cases} u_t - a^2 u_{xx} = 0, & 0 < x < l, \ t > 0, \\ u(0,t) = u(l,t) = 0, & t \geqslant 0, \\ u(x,0) = x(l-x), & 0 \leqslant x \leqslant l; \end{cases}$$

$$(2) \begin{cases} u_t - a^2 u_{xx} = \cos x, & 0 < x < \pi, \ t > 0, \\ u_x(0,t) = u_x(\pi,t) = 0, & t \geqslant 0, \\ u(x,0) = \cos 2x, & 0 \leqslant x \leqslant \pi; \end{cases}$$

$$(3) \begin{cases} u_t - a^2 u_{xx} = 0, & 0 < x < l, \ t > 0, \\ u_x(0,t) = u(l,t) = 0, & t \geqslant 0, \\ u(x,0) = x, & 0 \leqslant x \leqslant l. \end{cases}$$

2.10　长度为 l 的均匀细杆的初始温度为 x, 在端点 $x = 0$ 处的温度为零, 而在端点 $x = l$ 及侧面上皆与周围介质有热交换, 介质的温度为零度. 此时杆上的温度分布函数 $u(x, t)$ 满足

$$\begin{cases} u_t = a^2 u_{xx} - b^2 u, & 0 < x < l,\ t > 0, \\ u(0, t) = 0,\ (u_x + \sigma u)|_{x=l} = 0, & t \geqslant 0, \\ u(x, 0) = x, & 0 \leqslant x \leqslant l. \end{cases}$$

试用特征展开法求解 $u(x, t)$.

2.11　利用圆域内 Dirichlet 边值问题解的表达式, 解边值问题

$$\begin{cases} u_{xx} + u_{yy} = 0, & x^2 + y^2 < a^2, \\ u|_{x^2+y^2=a^2} = \theta(\pi - \theta), & 0 \leqslant \theta < 2\pi. \end{cases}$$

2.12　有一个半径为 a 的半圆形薄板, 其表面绝热, 在板的圆周边界上保持温度 $u(a, \theta) = T\theta(\pi - \theta)$, 而在其直径边界上的温度为零. 求薄板稳定状态的温度分布.

2.13　求解边值问题

$$\begin{cases} -\Delta u = xy, & x^2 + y^2 < a^2, \\ u|_{x^2+y^2=a^2} = 0. \end{cases}$$

2.14　求解下列矩形域上的边值问题:

(1)
$$\begin{cases} u_{xx} + u_{yy} = k\cos x \cos y, & 0 < x < \pi,\ 0 < y < \pi, \\ u_x(0, y) = u_x(\pi, y) = 0, & 0 \leqslant y \leqslant \pi, \\ u_y(x, 0) = u_y(x, \pi) = 0, & 0 \leqslant x \leqslant \pi, \end{cases}$$

其中 k 是常数;

(2)
$$\begin{cases} u_{xx} + u_{yy} = 0, & 0 < x < a,\ 0 < y < b, \\ u(0, y) = 0,\ u(a, y) = ay, & 0 \leqslant y \leqslant b, \\ u(x, 0) = 0,\ u(x, b) = 0, & 0 \leqslant x \leqslant a. \end{cases}$$

2.15　求解边值问题

$$\begin{cases} u_{xx} + u_{yy} = -2, & 0 < x, y < 1, \\ u(0, y) = u(1, y) = y(1 - y), & 0 \leqslant y \leqslant 1, \\ u(x, 0) = u(x, 1) = x(1 - x), & 0 \leqslant x \leqslant 1. \end{cases}$$

2.16　利用特征展开法解 Laplace 方程的边值问题

$$\begin{cases} u_{xx} + u_{yy} = 0, & 0 < x < \pi,\ y > 0, \\ u|_{x=0} = u|_{x=\pi} = 0, & y \geqslant 0, \\ u|_{y=0} = \sin 2x,\ \lim\limits_{y\to\infty} u = 0, & 0 \leqslant x \leqslant \pi. \end{cases}$$

2.17　利用分离变量法求解下列初边值问题:

(1)
$$\begin{cases} u_{tt} = a^2 u_{xx}, & 0 < x < l, \ t > 0, \\ u(0,t) = u(l,t) = 0, \ t \geqslant 0, \\ u|_{t=0} = x(l-x), & u_t|_{t=0} = 0, \ 0 \leqslant x \leqslant l; \end{cases}$$

(2)
$$\begin{cases} u_t = u_{xx}, & 0 < x < 2, \ t > 0, \\ u(0,t) = u(2,t) = 0, \ t \geqslant 0, \\ u(x,0) = \dfrac{1}{2}\sin \pi x, & 0 \leqslant x \leqslant 2. \end{cases}$$

2.18　求解二维波动方程在矩形域中的初边值问题

$$\begin{cases} u_{tt} - (u_{xx} + u_{yy}) = 0, & 0 < x < 1, \ 0 < y < \pi, \ t > 0, \\ u|_{t=0} = x, \ u_t|_{t=0} = y, & 0 \leqslant x \leqslant 1, \ 0 \leqslant y \leqslant \pi, \\ u|_{x=0,1} = u|_{y=0,\pi} = 0, & t \geqslant 0. \end{cases}$$

2.19　求解下列初边值问题:

(1)
$$\begin{cases} u_{tt} = a^2 u_{xx} + x, & 0 < x < l, \ t > 0, \\ u(0,t) = t, \ u_x(l,t) = 0, & t \geqslant 0, \\ u(x,0) = u_t(x,0) = 0, & 0 \leqslant x \leqslant l; \end{cases}$$

(2)
$$\begin{cases} u_{tt} - a^2 u_{xx} = A\operatorname{ch} x, & 0 < x < l, \ t > 0 \\ u(0,t) = 0, \ u(l,t) = k, & t \geqslant 0, \\ u(x,0) = u_t(x,0) = 0, & 0 \leqslant x \leqslant l, \end{cases}$$

其中 A, k 为常数;

(3)
$$\begin{cases} u_t = u_{xx}, & 0 < x < 1, \ t > 0, \\ u(0,t) = 1, \ u(1,t) = At, & t \geqslant 0, \\ u(x,0) = 0, & 0 \leqslant x \leqslant 1, \end{cases}$$

其中 A 是常数.

2.20　有一块沿四周无限扩展的平板, 板的密度均匀, 厚度是 l, 内部无热源. 已知初始时刻平板的温度是 A (常数), 平板的下底面绝热, 热量从上底面以等速度 β 向外部扩散. 求平板的温度分布 (假设密度、比热和热传导系数都是 1).

2.21　求解下列初边值问题:

(1)
$$\begin{cases} u_{tt} - a^2 u_{xx} = -\dfrac{\omega^2 x}{l}\cos \omega t, & 0 < x < l, \ t > 0, \\ u(0,t) = \omega t, \ u(l,t) = \cos \omega t, & t \geqslant 0, \\ u|_{t=0} = x/l, \ u_t|_{t=0} = \omega(1 - x/l), & 0 \leqslant x \leqslant l, \end{cases}$$

这里的 ω 是常数（提示：先把边界条件齐次化）；

$$
(2) \begin{cases}
u_{tt} - u_{xx} = u_x, & 0 < x < l, \ t > 0, \\
u(0,t) = t, \ u(l,t) = 0, & t \geqslant 0, \\
u(x,0) = u_t(x,0) = 0, & 0 \leqslant x \leqslant l,
\end{cases}
$$

提示：作变换 $u = v\mathrm{e}^{-x/2}$；

$$
(3) \begin{cases}
u_{tt} - u_{xx} = \mathrm{e}^x, & 0 < x < l, \ t > 0, \\
u(0,t) = 0, \ u(l,t) = t, & t \geqslant 0, \\
u(x,0) = u_t(x,0) = 0, & 0 \leqslant x \leqslant l.
\end{cases}
$$

2.22　求解初边值问题

$$
\begin{cases}
u_t - u_{xx} = 1 - u, & 0 < x < l, \ t > 0, \\
u(0,t) = 1, \ u(l,t) = 2, & t \geqslant 0, \\
u(x,0) = 1, & 0 \leqslant x \leqslant l.
\end{cases}
$$

2.23　求解初边值问题

$$
\begin{cases}
u_t + u_{xxxx} = 0, & 0 < x < \pi, \ t > 0, \\
u(x,0) = x, & 0 \leqslant x \leqslant \pi, \\
u(0,t) = u(\pi,t) = u_{xx}(0,t) = u_{xx}(\pi,t) = 0, & t \geqslant 0.
\end{cases}
$$

第 3 章　积分变换法

第 2 章介绍了处理有界区域上的定解问题的 Fourier 级数方法 —— 特征展开法和分离变量法. 本章介绍利用积分变换来处理初值问题和半无界问题的方法 —— 积分变换法.

3.1　Fourier 变换的概念和性质

首先叙述微积分中的 Fourier 积分的定义:

定义 3.1.1　如果广义积分 $\dfrac{1}{\pi} \displaystyle\int_0^\infty \mathrm{d}\lambda \int_{\mathbb{R}} f(y) \cos \lambda(x-y) \mathrm{d}y$ 对所有的 $x \in \mathbb{R}$ 都收敛, 就称该积分为 f 的 Fourier 积分.

下面的定理 3.1.1 和定理 3.1.2 是微积分中的基本结论, 我们只作叙述, 不再证明.

定理 3.1.1（Fourier 积分定理）　设 $f \in C(\mathbb{R})$, f 分段光滑且 $f \in L^1(\mathbb{R})$. 则 f 的 Fourier 积分就是其自身, 即

$$f(x) = \frac{1}{\pi} \int_0^\infty \mathrm{d}\lambda \int_{\mathbb{R}} f(y) \cos \lambda(x-y) \mathrm{d}y, \quad x \in \mathbb{R}.$$

利用 $\cos \lambda(x-y) = \dfrac{1}{2}\left(\mathrm{e}^{\mathrm{i}\lambda(x-y)} + \mathrm{e}^{-\mathrm{i}\lambda(x-y)}\right)$, 可得

$$f(x) = \frac{1}{2\pi} \int_{\mathbb{R}} \int_{\mathbb{R}} f(y) \mathrm{e}^{\mathrm{i}\lambda(x-y)} \mathrm{d}y\mathrm{d}\lambda = \frac{1}{2\pi} \int_{\mathbb{R}} \left(\int_{\mathbb{R}} f(y) \mathrm{e}^{-\mathrm{i}\lambda y} \mathrm{d}y \right) \mathrm{e}^{\mathrm{i}x\lambda} \mathrm{d}\lambda. \tag{3.1.1}$$

定义 3.1.2　由积分 $\displaystyle\int_{\mathbb{R}} f(y)\mathrm{e}^{-\mathrm{i}\lambda y}\mathrm{d}y$ 确定的 λ 的函数称为 f 的 **Fourier 变换**, 有时也称为 f 的**像函数**. 通常记为 $\mathscr{F}[f](\lambda)$, 或 $\mathscr{F}[f]$, 或 $\mathscr{F}[f(x)]$, 或 $\widehat{f}(\lambda)$, 即

$$\widehat{f}(\lambda) = \int_{\mathbb{R}} f(y) \mathrm{e}^{-\mathrm{i}\lambda y} \mathrm{d}y.$$

根据等式 (3.1.1), 有

$$f(x) = \frac{1}{2\pi} \int_{\mathbb{R}} \widehat{f}(\lambda) \mathrm{e}^{\mathrm{i}x\lambda} \mathrm{d}\lambda. \tag{3.1.2}$$

此式称为 $\widehat{f}(\lambda)$ 的 **Fourier 逆变换**, 记为 $\mathscr{F}^{-1}[\widehat{f}](x)$, 或 $\mathscr{F}^{-1}[\widehat{f}]$. 有时也称 f 为 $\widehat{f}$ 的**像原函数**或**原函数**.

定理 3.1.2 设 $f \in L^1(\mathbb{R})$, 并且 f 在 $\mathbb{R}$ 上连续、分段光滑, 则 f 的 Fourier 变换存在, $\widehat{f}(\lambda)$ 的逆变换也存在. 同时 (3.1.2) 式成立. 公式 (3.1.2) 称为**反演公式**.

例 3.1.1 求函数 $e^{-|x|}$ 的 Fourier 变换.

解 按照定义, 有

$$
\begin{aligned}
\mathscr{F}[e^{-|x|}] &= \int_{\mathbb{R}} e^{-|x|} e^{-i\lambda x} dx \\
&= \int_{-\infty}^{0} e^{x} e^{-i\lambda x} dx + \int_{0}^{\infty} e^{-x} e^{-i\lambda x} dx \\
&= \int_{0}^{\infty} e^{-x} e^{i\lambda x} dx + \int_{0}^{\infty} e^{-x} e^{-i\lambda x} dx \\
&= 2 \int_{0}^{\infty} e^{-x} \cos \lambda x \, dx = \frac{2}{1+\lambda^2}.
\end{aligned}
$$

例 3.1.2 求函数 $\dfrac{\sin ax}{x}$ 的 Fourier 变换, 其中 a 是正常数.

解 按定义, 有

$$
\mathscr{F}\left[\frac{\sin ax}{x}\right] = \int_{\mathbb{R}} \frac{\sin ax}{x} e^{-i\lambda x} dx = \int_{0}^{\infty} \frac{\sin(a+\lambda)x + \sin(a-\lambda)x}{x} dx.
$$

利用 $\displaystyle\int_{0}^{\infty} \frac{\sin ax}{x} dx = \frac{\pi}{2} \operatorname{sgn} a$, 可得

$$
\mathscr{F}\left[\frac{\sin ax}{x}\right] = \begin{cases} \pi, & -a < \lambda < a, \\ \dfrac{\pi}{2}, & \lambda = \pm a, \\ 0, & \lambda < -a \text{ 或 } \lambda > a. \end{cases}
$$

类似地, 可以定义多元函数的 Fourier 变换. 设 $f \in L^1(\mathbb{R}^n)$, 且 f 连续、分片光滑. 如果令

$$
\widehat{f}(\boldsymbol{\lambda}) = \int_{\mathbb{R}^n} f(\boldsymbol{x}) e^{-i\boldsymbol{\lambda} \cdot \boldsymbol{x}} d\boldsymbol{x},
$$

利用多元函数的 Fourier 积分定理知, 对所有的 $\boldsymbol{x} \in \mathbb{R}^n$, 成立

$$
f(\boldsymbol{x}) = \frac{1}{(2\pi)^n} \int_{\mathbb{R}^n} \widehat{f}(\boldsymbol{\lambda}) e^{i\boldsymbol{x} \cdot \boldsymbol{\lambda}} d\boldsymbol{\lambda},
$$

其中

$$
\boldsymbol{\lambda} = (\lambda_1, \lambda_2, \cdots, \lambda_n) \in \mathbb{R}^n, \quad \boldsymbol{x} = (x_1, x_2, \cdots, x_n) \in \mathbb{R}^n,
$$

$$
\boldsymbol{\lambda} \cdot \boldsymbol{x} = \boldsymbol{x} \cdot \boldsymbol{\lambda} = x_1\lambda_1 + x_2\lambda_2 + \cdots + x_n\lambda_n,
$$

$$
d\boldsymbol{x} = dx_1 \cdots dx_n, \qquad d\boldsymbol{\lambda} = d\lambda_1 \cdots d\lambda_n.
$$

函数 $\widehat{f}(\boldsymbol{\lambda})$ 称为 f 的 n 维 **Fourier 变换**. 函数 $f(\boldsymbol{x})$ 称为 $\widehat{f}(\boldsymbol{\lambda})$ 的 **Fourier 逆变换**, 记为 $\mathscr{F}^{-1}[\widehat{f}\,](\boldsymbol{x})$, 或 $\mathscr{F}^{-1}[\widehat{f}\,]$.

下面给出 Fourier 变换及其逆变换的基本性质 (一维情形). 我们总假设所讨论的函数的 Fourier 变换 (逆变换) 存在.

性质 1(线性性质)　　Fourier 变换及其逆变换都是线性变换, 即对于任意的函数 f, g 与常数 α, β, 成立

$$\mathscr{F}[\alpha f + \beta g] = \alpha \mathscr{F}[f] + \beta \mathscr{F}[g] = \alpha \widehat{f}(\lambda) + \beta \widehat{g}(\lambda),$$

$$\mathscr{F}^{-1}[\alpha \widehat{f} + \beta \widehat{g}] = \alpha \mathscr{F}^{-1}[\widehat{f}\,] + \beta \mathscr{F}^{-1}[\widehat{g}\,] = \alpha f + \beta g.$$

性质 2(位移性质)　　对于任意的函数 f 及常数 b, 成立

$$\mathscr{F}[f(x-b)] = \mathrm{e}^{-\mathrm{i}b\lambda} \mathscr{F}[f(x)], \quad \mathscr{F}[f(x)\mathrm{e}^{\mathrm{i}bx}] = \widehat{f}(\lambda - b).$$

证明　　事实上,

$$\mathscr{F}[f(x-b)] = \int_{\mathbb{R}} f(x-b)\mathrm{e}^{-\mathrm{i}\lambda x}\mathrm{d}x = \int_{\mathbb{R}} f(t)\mathrm{e}^{-\mathrm{i}\lambda(b+t)}\mathrm{d}t = \mathrm{e}^{-\mathrm{i}b\lambda}\mathscr{F}[f(x)].$$

同理可证第二个等式. 证毕.

性质 3(相似性质)　　对于任意的函数 f 及常数 $a \neq 0$, 有 $\mathscr{F}[f(ax)] = \dfrac{1}{|a|}\widehat{f}\left(\dfrac{\lambda}{a}\right)$.

证明　　由定义, 有

$$\mathscr{F}[f(ax)] = \int_{\mathbb{R}} f(ax)\mathrm{e}^{-\mathrm{i}\lambda x}\mathrm{d}x.$$

当 $a > 0$ 时,

$$\mathscr{F}[f(ax)] = \int_{\mathbb{R}} f(t)\mathrm{e}^{-\mathrm{i}\lambda t/a}\frac{\mathrm{d}t}{a} = \frac{1}{a}\int_{\mathbb{R}} f(t)\mathrm{e}^{-\mathrm{i}(\lambda/a)t}\mathrm{d}t = \frac{1}{a}\widehat{f}\left(\frac{\lambda}{a}\right).$$

当 $a < 0$ 时,

$$\mathscr{F}[f(ax)] = \int_{\infty}^{-\infty} f(t)\mathrm{e}^{-\mathrm{i}\lambda t/a}\frac{\mathrm{d}t}{a} = -\frac{1}{a}\int_{\mathbb{R}} f(t)\mathrm{e}^{-\mathrm{i}(\lambda/a)t}\mathrm{d}t = \frac{1}{|a|}\widehat{f}\left(\frac{\lambda}{a}\right).$$

故结论成立. 证毕.

性质 4(微分性质)　　设 $f, f' \in L^1(\mathbb{R}) \bigcap C(\mathbb{R})$, 则

$$\mathscr{F}[f'(x)] = \mathrm{i}\lambda \widehat{f}(\lambda).$$

证明　　根据 $f, f' \in L^1(\mathbb{R})$ 容易推出 $\lim\limits_{|x|\to\infty} f(x) = 0$. 于是

$$\mathscr{F}[f'(x)] = \int_{\mathbb{R}} f'(x)\mathrm{e}^{-\mathrm{i}\lambda x}\mathrm{d}x = \mathrm{e}^{-\mathrm{i}\lambda x}f(x)\Big|_{-\infty}^{\infty} + \mathrm{i}\lambda \int_{\mathbb{R}} f(x)\mathrm{e}^{-\mathrm{i}\lambda x}\mathrm{d}x = \mathrm{i}\lambda\widehat{f}(\lambda).$$

结论得证.

一般地, 若 $f, f', \cdots, f^{(n)} \in L^1(\mathbb{R}) \bigcap C(\mathbb{R})$, 则有

$$\mathscr{F}[f^{(n)}(x)] = (\mathrm{i}\lambda)^n \widehat{f}(\lambda).$$

注 3.1.1 利用 Fourier 变换的微分性质, 可以把一个常微分方程转化成代数方程, 把一个偏微分方程转化成常微分方程. 读者可以从后面的例子中了解其具体细节, 体会该性质的优点和重要性.

性质 5（乘多项式性质） 设 $f(x), xf(x) \in L^1(\mathbb{R})$, 则有

$$\mathscr{F}[xf(x)] = \mathrm{i}\frac{\mathrm{d}}{\mathrm{d}\lambda}\widehat{f}(\lambda).$$

证明 由定义知

$$\mathscr{F}[xf(x)] = \int_{\mathbb{R}} xf(x)\mathrm{e}^{-\mathrm{i}\lambda x}\mathrm{d}x = \mathrm{i}\frac{\mathrm{d}}{\mathrm{d}\lambda}\int_{\mathbb{R}} f(x)\mathrm{e}^{-\mathrm{i}\lambda x}\mathrm{d}x = \mathrm{i}\frac{\mathrm{d}}{\mathrm{d}\lambda}\widehat{f}(\lambda).$$

结论得证.

一般地, 如果 $f(x), xf(x), \cdots, x^k f(x) \in L^1(\mathbb{R})$, 那么

$$\mathscr{F}[x^k f(x)] = \mathrm{i}^k \frac{\mathrm{d}^k}{\mathrm{d}\lambda^k}\widehat{f}(\lambda).$$

性质 6（对称性质） 若 $f(x) \in L^1(\mathbb{R})$, 则

$$\mathscr{F}^{-1}[f(x)] = \frac{1}{2\pi}\widehat{f}(-\lambda).$$

性质 7（积分性质） $\mathscr{F}\left[\displaystyle\int_{-\infty}^{x} f(y)\mathrm{d}y\right] = -\frac{\mathrm{i}}{\lambda}\widehat{f}(\lambda).$

证明 因为

$$\frac{\mathrm{d}}{\mathrm{d}x}\int_{-\infty}^{x} f(y)\mathrm{d}y = f(x),$$

所以

$$\mathscr{F}\left[\frac{\mathrm{d}}{\mathrm{d}x}\int_{-\infty}^{x} f(y)\mathrm{d}y\right] = \widehat{f}(\lambda).$$

另一方面, 由微分性质得

$$\mathscr{F}\left[\frac{\mathrm{d}}{\mathrm{d}x}\int_{-\infty}^{x} f(y)\mathrm{d}y\right] = \mathrm{i}\lambda\mathscr{F}\left[\int_{-\infty}^{x} f(y)\mathrm{d}y\right].$$

于是

$$\mathscr{F}\left[\int_{-\infty}^{x} f(y)\mathrm{d}y\right] = -\frac{\mathrm{i}}{\lambda}\widehat{f}(\lambda).$$

故结论成立. 证毕.

例 3.1.3 求函数 $g(x) = \mathrm{e}^{-a|x|}$ 的 Fourier 变换, 其中 a 是正常数.

解 记 $f(x) = \mathrm{e}^{-|x|}$, 则有 $g(x) = f(ax)$. 依次利用相似性质及例 3.1.1, 得

$$\mathscr{F}[g(x)] = \frac{1}{a}\widehat{f}\left(\frac{\lambda}{a}\right) = \frac{1}{a} \cdot \frac{2}{1 + (\lambda/a)^2} = \frac{2a}{a^2 + \lambda^2}.$$

例 3.1.4 求函数 $\mathscr{F}(\lambda) = \mathrm{e}^{-t|\lambda|}$ 的 Fourier 逆变换, 其中 $t > 0$ 为参数.

解 利用 $\mathscr{F}[\mathrm{e}^{-a|x|}] = \dfrac{2a}{a^2 + \lambda^2}$ 和对称性质 $\mathscr{F}^{-1}[f(x)] = \dfrac{1}{2\pi}\widehat{f}(-\lambda)$, 得

$$\mathscr{F}^{-1}[\mathrm{e}^{-t|\lambda|}] = \frac{1}{2\pi} \cdot \frac{2t}{t^2 + (-x)^2} = \frac{t}{\pi(t^2 + x^2)}.$$

例 3.1.5 求函数 $f(x) = \mathrm{e}^{-x^2}$ 的 Fourier 变换.

解 根据定义和乘多项式性质, 得

$$\widehat{f}(\lambda) = \int_{\mathbb{R}} \mathrm{e}^{-x^2}\mathrm{e}^{-\mathrm{i}\lambda x}\mathrm{d}x = -\frac{1}{\mathrm{i}\lambda}\mathrm{e}^{-x^2}\mathrm{e}^{-\mathrm{i}\lambda x}\Big|_{-\infty}^{\infty} + \frac{2\mathrm{i}}{\lambda}\int_{\mathbb{R}} x\mathrm{e}^{-x^2}\mathrm{e}^{-\mathrm{i}\lambda x}\mathrm{d}x$$

$$= \frac{2\mathrm{i}}{\lambda}\mathscr{F}[xf(x)] = -\frac{2}{\lambda} \cdot \frac{\mathrm{d}}{\mathrm{d}\lambda}\widehat{f}(\lambda).$$

同时, 由概率积分知

$$\widehat{f}(0) = \int_{\mathbb{R}} \mathrm{e}^{-x^2}\mathrm{d}x = \sqrt{\pi}.$$

于是, $f(x)$ 的 Fourier 变换 $\widehat{f}(\lambda)$ 满足常微分方程的初值问题

$$\begin{cases} \dfrac{\mathrm{d}}{\mathrm{d}\lambda}\widehat{f}(\lambda) + \dfrac{\lambda}{2}\widehat{f}(\lambda) = 0, \\ \widehat{f}(0) = \sqrt{\pi}. \end{cases}$$

解之得

$$\widehat{f}(\lambda) = \sqrt{\pi}\,\mathrm{e}^{-\frac{\lambda^2}{4}}.$$

利用相似性质我们还知道, 对于任意的正常数 A, 有

$$\mathscr{F}[\mathrm{e}^{-Ax^2}] = \sqrt{\frac{\pi}{A}}\,\mathrm{e}^{-\frac{\lambda^2}{4A}}.$$

特别地, 对于 $a > 0$ 和 $t > 0$, 取 $A = (4a^2t)^{-1}$, 得

$$\mathscr{F}\left[\exp\left(-\frac{x^2}{4a^2t}\right)\right] = 2a\sqrt{\pi t}\,\mathrm{e}^{-(a\lambda)^2 t}.$$

于是

$$\mathscr{F}^{-1}[\mathrm{e}^{-(a\lambda)^2 t}] = \frac{1}{2a\sqrt{\pi t}}\exp\left(-\frac{x^2}{4a^2t}\right). \tag{3.1.3}$$

由此又可以推出, 当 $\lambda \in \mathbb{R}^n$ 时

$$\mathscr{F}^{-1}[\mathrm{e}^{-a^2|\boldsymbol{\lambda}|^2 t}] = \left(\frac{1}{2\pi}\right)^n \int_{\mathbb{R}^n} \mathrm{e}^{-a^2|\boldsymbol{\lambda}|^2 t} \mathrm{e}^{\mathrm{i}\boldsymbol{x}\cdot\boldsymbol{\lambda}} \mathrm{d}\boldsymbol{\lambda}$$

$$= \left(\frac{1}{2\pi} \int_{\mathbb{R}} \mathrm{e}^{-(a\lambda_1)^2 t} \mathrm{e}^{\mathrm{i}x_1\lambda_1} \mathrm{d}\lambda_1\right) \cdots \left(\frac{1}{2\pi} \int_{\mathbb{R}} \mathrm{e}^{-(a\lambda_n)^2 t} \mathrm{e}^{\mathrm{i}x_n\lambda_n} \mathrm{d}\lambda_n\right)$$

$$= \mathscr{F}^{-1}[\mathrm{e}^{-(a\lambda_1)^2 t}] \cdots \mathscr{F}^{-1}[\mathrm{e}^{-(a\lambda_n)^2 t}]$$

$$= \left(\frac{1}{2a\sqrt{\pi t}}\right)^n \exp\left(-\frac{x_1^2}{4a^2 t}\right) \cdots \exp\left(-\frac{x_n^2}{4a^2 t}\right)$$

$$= \left(\frac{1}{2a\sqrt{\pi t}}\right)^n \exp\left(-\frac{|\boldsymbol{x}|^2}{4a^2 t}\right), \quad x \in \mathbb{R}^n. \tag{3.1.4}$$

性质 8（乘积定理）

$$\int_{\mathbb{R}} f_1(x) f_2(x) \mathrm{d}x = \frac{1}{2\pi} \int_{\mathbb{R}} \widehat{f_1}(\lambda) \widehat{f_2}(-\lambda) \mathrm{d}\lambda, \qquad \int_{\mathbb{R}} \widehat{f_1}(x) f_2(x) \mathrm{d}x \int_{\mathbb{R}} f_1(\lambda) \widehat{f_2}(\lambda) \mathrm{d}\lambda.$$

性质 9（能量积分定理, Parseval 等式）

$$\int_{\mathbb{R}} |f(x)|^2 \mathrm{d}x = \frac{1}{2\pi} \int_{\mathbb{R}} |\widehat{f}(\lambda)|^2 \mathrm{d}\lambda.$$

定义 3.1.3（卷积） 设函数 f, g 在 $\mathbb{R}$ 上有定义. 如果积分 $\int_{\mathbb{R}} f(x-t)g(t)\mathrm{d}t$ 对所有的 $x \in \mathbb{R}$ 都收敛, 就称该积分为 f 与 g 的卷积, 记为

$$(f * g)(x) = \int_{\mathbb{R}} f(x-t)g(t)\mathrm{d}t.$$

同理可以定义多元函数的卷积: 设函数 f, g 在 $\mathbb{R}^n$ 上有定义. 若积分 $\int_{\mathbb{R}^n} f(\boldsymbol{x}-\boldsymbol{y})g(\boldsymbol{y})\mathrm{d}\boldsymbol{y}$ 对所有的 $\boldsymbol{x} \in \mathbb{R}^n$ 都收敛, 则称该积分为 f 与 g 的卷积, 记为

$$(f * g)(\boldsymbol{x}) = \int_{\mathbb{R}^n} f(\boldsymbol{x}-\boldsymbol{y})g(\boldsymbol{y})\mathrm{d}\boldsymbol{y}.$$

卷积有如下性质:

(1) 交换律　$f * g = g * f$;

(2) 结合律　$f * (g * h) = (f * g) * h$;

(3) 分配律　$f * (g + h) = f * g + f * h$.

性质 10（卷积定理）　设 $f(x), g(x) \in L^1(\mathbb{R}) \bigcap C(\mathbb{R})$, 则

$$\mathscr{F}[f * g] = \widehat{f}(\lambda)\widehat{g}(\lambda), \quad \mathscr{F}[fg] = \frac{1}{2\pi}\widehat{f}(\lambda) * \widehat{g}(\lambda), \quad \mathscr{F}^{-1}[\widehat{f}(\lambda)\widehat{g}(\lambda)] = f * g.$$

证明　利用 Fubini 定理, 有

$$
\begin{aligned}
\mathscr{F}[f * g] &= \int_{\mathbb{R}} \left(\int_{\mathbb{R}} f(t)g(x-t)\mathrm{d}t \right) \mathrm{e}^{-\mathrm{i}\lambda x}\mathrm{d}x \\
&= \int_{\mathbb{R}} \left(f(t)\mathrm{e}^{-\mathrm{i}\lambda t} \int_{\mathbb{R}} g(x-t)\mathrm{e}^{-\mathrm{i}\lambda(x-t)}\mathrm{d}x \right)\mathrm{d}t \\
&= \int_{\mathbb{R}} f(t)\mathrm{e}^{-\mathrm{i}\lambda t}\widehat{g}(\lambda)\mathrm{d}t \\
&= \widehat{f}(\lambda)\widehat{g}(\lambda).
\end{aligned}
$$

同理可证另两个关系式. 证毕.

3.2　Fourier 变换的应用

本节介绍利用 Fourier 变换求解初值问题的方法, 即 Fourier 变换法, 有时也称为 Fourier 积分法.

3.2.1　一维热传导方程的初值问题

首先考察齐次方程的初值问题

$$
\begin{cases}
u_t - a^2 u_{xx} = 0, & x \in \mathbb{R}, \ t > 0, \\
u(x,0) = \varphi(x), & x \in \mathbb{R}.
\end{cases}
\tag{3.2.1}
$$

对问题 (3.2.1) 中的方程和初始条件关于 x 施行 Fourier 变换, 记 $\widehat{u}(\lambda,t) = \mathscr{F}[u]$, $\widehat{\varphi}(\lambda) = \mathscr{F}[\varphi]$, 则有

$$
\begin{cases}
\dfrac{\mathrm{d}}{\mathrm{d}t}\widehat{u}(\lambda,t) = (\mathrm{i}\lambda)^2 a^2 \widehat{u} = -(a\lambda)^2 \widehat{u}, & t > 0, \\
\widehat{u}(\lambda,0) = \widehat{\varphi}(\lambda).
\end{cases}
$$

把 λ 看成参数, 从上面的初值问题解出

$$
\widehat{u}(\lambda,t) = \widehat{\varphi}(\lambda)\mathrm{e}^{-(a\lambda)^2 t}.
$$

利用卷积定理和 (3.1.3) 式得

$$
\begin{aligned}
u(x,t) &= \mathscr{F}^{-1}[\widehat{\varphi}(\lambda)\mathrm{e}^{-(a\lambda)^2 t}] \\
&= \varphi(x) * \mathscr{F}^{-1}[\mathrm{e}^{-(a\lambda)^2 t}] \\
&= \frac{1}{2a\sqrt{\pi t}} \int_{\mathbb{R}} \exp\left(-\frac{(x-y)^2}{4a^2 t} \right) \varphi(y)\mathrm{d}y.
\end{aligned}
\tag{3.2.2}
$$

若记

$$G(x,t) = \frac{1}{2a\sqrt{\pi t}} \exp\left(-\frac{x^2}{4a^2 t}\right),$$

则有

$$u(x,t) = \int_{\mathbb{R}} G(x-y,\,t)\varphi(y)\mathrm{d}y.$$

函数 $G(x,\,t)$ 称为**热核**, 或初值问题 (3.2.1) 的**解核**, 也称为一维热传导方程的初值问题的**基本解**.

定理 3.2.1   如果初值函数 φ 连续且有界, 则由 (3.2.2) 式给出的 $u(x,t)$ 是初值问题 (3.2.1) 的古典解, 并且当 $t > 0$ 时, $u(x,t)$ 关于 x, t 无穷次连续可微.

再考虑非齐次方程的初值问题

$$\begin{cases} u_t - a^2 u_{xx} = f(x,t), & x \in \mathbb{R}, \ \ t > 0, \\ u(x,0) = \varphi(x), & x \in \mathbb{R}. \end{cases} \tag{3.2.3}$$

把它分解成

$$\begin{cases} v_t - a^2 v_{xx} = 0, & x \in \mathbb{R}, \ \ t > 0, \\ v(x,0) = \varphi(x), & x \in \mathbb{R} \end{cases} \tag{3.2.4}$$

和

$$\begin{cases} w_t - a^2 w_{xx} = f(x,t), & x \in \mathbb{R}, \ \ t > 0, \\ w(x,0) = 0, & x \in \mathbb{R}. \end{cases} \tag{3.2.5}$$

利用求解公式 (3.2.2) 和齐次化原理 (同于习题 2.6), 可以得到问题 (3.2.4) 和问题 (3.2.5) 的解分别为

$$v(x,t) = \frac{1}{2a\sqrt{\pi t}} \int_{\mathbb{R}} \exp\left(-\frac{(x-y)^2}{4a^2 t}\right)\varphi(y)\mathrm{d}y,$$

$$w(x,t) = \int_0^t \frac{1}{2a\sqrt{\pi(t-s)}}\left[\int_{\mathbb{R}} \exp\left(-\frac{(x-y)^2}{4a^2(t-s)}\right)f(y,s)\mathrm{d}y\right]\mathrm{d}s.$$

再利用叠加原理可得初值问题 (3.2.3) 的解

$$u(x,t) = \frac{1}{2a\sqrt{\pi t}} \int_{\mathbb{R}} \exp\left(-\frac{(x-y)^2}{4a^2 t}\right)\varphi(y)\mathrm{d}y$$

$$+ \int_0^t \frac{1}{2a\sqrt{\pi(t-s)}}\left[\int_{\mathbb{R}} \exp\left(-\frac{(x-y)^2}{4a^2(t-s)}\right)f(y,s)\mathrm{d}y\right]\mathrm{d}s. \tag{3.2.6}$$

定理 3.2.2   如果 φ 在 $\mathbb{R}$ 上连续有界, f 在 $\mathbb{R} \times \mathbb{R}_+$ 上连续有界, 则由 (3.2.6) 式给出的 $u(x,t)$ 是问题 (3.2.3) 的古典解.

例 3.2.1　求解初值问题

$$\begin{cases} u_t - u_{xx} = 0, & x \in \mathbb{R}, \ t > 0, \\ u(x,0) = \begin{cases} 0, & x < 0, \\ c, & x \geqslant 0, \end{cases} \end{cases}$$

其中 c 是常数.

　　解　直接利用公式 (3.2.2), 可得

$$u(x,t) = \frac{c}{2\sqrt{\pi t}} \int_0^\infty \exp\left(-\frac{(x-y)^2}{4t}\right) \mathrm{d}y.$$

若令 $\dfrac{y-x}{2\sqrt{t}} = \eta$, 则有

$$u(x,t) = \frac{c}{2\sqrt{\pi t}} \int_{-\frac{x}{2\sqrt{t}}}^\infty 2\sqrt{t}\, \mathrm{e}^{-\eta^2} \mathrm{d}\eta = \frac{c}{\sqrt{\pi}} \left(\int_{-\frac{x}{2\sqrt{t}}}^0 \mathrm{e}^{-\eta^2} \mathrm{d}\eta + \int_0^\infty \mathrm{e}^{-\eta^2} \mathrm{d}\eta \right)$$

$$= \frac{c}{\sqrt{\pi}} \left(\int_{-\frac{x}{2\sqrt{t}}}^0 \mathrm{e}^{-\eta^2} \mathrm{d}\eta + \frac{\sqrt{\pi}}{2} \right) = \frac{c}{\sqrt{\pi}} \left(\int_0^{\frac{x}{2\sqrt{t}}} \mathrm{e}^{-\eta^2} \mathrm{d}\eta + \frac{\sqrt{\pi}}{2} \right).$$

已知误差函数 $\mathrm{erf}\,(s) = \dfrac{2}{\sqrt{\pi}} \displaystyle\int_0^s \mathrm{e}^{-\eta^2} \mathrm{d}\eta$, 故

$$u(x,t) = \frac{c}{2} \left[1 + \mathrm{erf}\left(\frac{x}{2\sqrt{t}} \right) \right].$$

例 3.2.2　试求定解问题

$$\begin{cases} u_t - u_{xx} - tu = 0, & x \in \mathbb{R}, \ t > 0, \\ u(x,0) = \varphi(x), & x \in \mathbb{R} \end{cases}$$

的有界解.

　　解　对方程及初始条件关于 x 施行 Fourier 变换, 有

$$\begin{cases} \widehat{u}_t = -\lambda^2 \widehat{u} + t\widehat{u}, & t > 0, \\ \widehat{u}(\lambda, 0) = \widehat{\varphi}(\lambda). \end{cases}$$

由此解出

$$\widehat{u}(\lambda, t) = \widehat{\varphi}(\lambda) \mathrm{e}^{-\lambda^2 t + t^2/2}.$$

根据卷积定理和 (3.1.3) 式得

$$u(x,t) = \mathrm{e}^{t^2/2} \mathscr{F}^{-1}[\widehat{\varphi}(\lambda)] * \mathscr{F}^{-1}[\mathrm{e}^{-\lambda^2 t}] = \frac{1}{2\sqrt{\pi t}} \mathrm{e}^{t^2/2} \int_{\mathbb{R}} \exp\left(-\frac{(y-x)^2}{4t}\right) \varphi(y) \mathrm{d}y.$$

利用公式 (3.2.6) 求解, 需要计算复杂的积分. 如果函数 $f(x,t)$ 和 $\varphi(x)$ 关于 x 都是实解析函数, 我们还可以给出一种求解初值问题 (3.2.3) 的简单方法（只需要直接计算导数）.

定理 3.2.3 假设 $f(x,t)$ 和 $\varphi(x)$ 关于 x 都是实解析函数, 那么问题 (3.2.3) 的解可以用级数表示成

$$u(x,t) = \sum_{n=0}^{\infty} \frac{(a^2t)^n}{n!}\varphi^{(2n)}(x) + \sum_{n=0}^{\infty}\int_0^t \frac{\left[a^2(t-s)\right]^n}{n!}f_x^{(2n)}(x,s)\mathrm{d}s, \tag{3.2.7}$$

其中 $\varphi^{(2n)}(x)$ 和 $f_x^{(2n)}(x,s)$ 分别是 $\varphi(x)$ 和 $f(x,s)$ 关于 x 的 $2n$ 阶导数.

证明 显然, $u(x,0) = \varphi(x)$. 我们只需证明由 (3.2.7) 式给出的函数 $u(x,t)$ 满足问题 (3.2.3) 中的方程. 分别记 (3.2.7) 式右端的两项为 $A(x,t)$ 和 $B(x,t)$, 直接计算可知

$$A_t = \sum_{n=1}^{\infty}\frac{na^{2n}t^{n-1}}{n!}\varphi^{(2n)}(x) = a^2\sum_{n=0}^{\infty}\frac{(a^2t)^n}{n!}\varphi^{(2n+2)}(x),$$

$$A_{xx} = \sum_{n=0}^{\infty}\frac{(a^2t)^n}{n!}\varphi^{(2n+2)}(x),$$

$$B(x,t) = \int_0^t f(x,s)\mathrm{d}s + \sum_{n=1}^{\infty}\int_0^t \frac{\left[a^2(t-s)\right]^n}{n!}f_x^{(2n)}(x,s)\mathrm{d}s,$$

$$B_t = f(x,t) + \sum_{n=1}^{\infty}\int_0^t \frac{na^{2n}(t-s)^{n-1}}{n!}f_x^{(2n)}(x,s)\mathrm{d}s$$

$$= f(x,t) + a^2\sum_{n=0}^{\infty}\int_0^t \frac{\left[a^2(t-s)\right]^n}{n!}f_x^{(2n+2)}(x,s)\mathrm{d}s,$$

$$B_{xx} = \sum_{n=0}^{\infty}\int_0^t \frac{\left[a^2(t-s)\right]^n}{n!}f_x^{(2n+2)}(x,s)\mathrm{d}s.$$

于是

$$A_t = a^2 A_{xx}, \quad B_t = a^2 B_{xx} + f(x,t), \quad x \in \mathbb{R}, \quad t > 0.$$

从而 $u(x,t)$ 满足问题 (3.2.3) 中的方程. 证毕.

例 3.2.3 求解定解问题

$$\begin{cases} u_t - a^2 u_{xx} = Ax, & x \in \mathbb{R}, \quad t > 0, \\ u(x,0) = \sin\theta x, & x \in \mathbb{R}, \end{cases}$$

其中 A, θ 都是常数.

解　利用公式 (3.2.7) 得

$$u(x,t) = \sum_{n=0}^{\infty} \frac{(a^2 t)^n}{n!} \cdot \frac{\mathrm{d}^{2n}}{\mathrm{d}x^{2n}} \sin \theta x + Axt.$$

直接计算知

$$\frac{\mathrm{d}^2}{\mathrm{d}x^2} \sin \theta x = -\theta^2 \sin \theta x, \quad \cdots, \quad \frac{\mathrm{d}^{2n}}{\mathrm{d}x^{2n}} \sin \theta x = (-\theta^2)^n \sin \theta x, \quad \cdots,$$

于是

$$u(x,t) = \sum_{n=0}^{\infty} \frac{(a^2 t)^n}{n!} (-\theta^2)^n \sin \theta x + Axt = \mathrm{e}^{-(a\theta)^2 t} \sin \theta x + Axt.$$

3.2.2　高维热传导方程的初值问题

先考察齐次方程的初值问题

$$\begin{cases} u_t - a^2 \Delta u = 0, & \boldsymbol{x} \in \mathbb{R}^n, \ t > 0, \\ u(\boldsymbol{x},0) = \varphi(\boldsymbol{x}), & \boldsymbol{x} \in \mathbb{R}^n, \end{cases} \tag{3.2.8}$$

对问题 (3.2.8) 的方程和初始条件关于 $\boldsymbol{x}$ 施行 Fourier 变换, 并记 $\widehat{u}(\boldsymbol{\lambda},t) = \mathscr{F}[u]$, $\widehat{\varphi}(\boldsymbol{\lambda}) = \mathscr{F}[\varphi]$, 则有

$$\widehat{u}_t = -a^2 |\boldsymbol{\lambda}|^2 \widehat{u}, \quad t > 0; \quad \widehat{u}(\boldsymbol{\lambda},0) = \widehat{\varphi}(\boldsymbol{\lambda}), \tag{3.2.9}$$

其中 $|\boldsymbol{\lambda}|^2 = \lambda_1^2 + \cdots + \lambda_n^2$. 把问题 (3.2.9) 看成 $\widehat{u}$ 关于 t 的常微分方程的初值问题, 可解出 $\widehat{u}(\boldsymbol{\lambda},t) = \widehat{\varphi}(\boldsymbol{\lambda})\mathrm{e}^{-a^2 |\boldsymbol{\lambda}|^2 t}$. 利用 (3.1.4) 式得

$$\begin{aligned} u(\boldsymbol{x},t) &= \mathscr{F}^{-1}[\widehat{\varphi}(\boldsymbol{\lambda})\mathrm{e}^{-a^2 |\boldsymbol{\lambda}|^2 t}] = \varphi * \mathscr{F}^{-1}[\mathrm{e}^{-a^2 |\boldsymbol{\lambda}|^2 t}] \\ &= \left(\frac{1}{2a\sqrt{\pi t}} \right)^n \varphi * \exp\left(-\frac{|\boldsymbol{x}|^2}{4a^2 t} \right) \\ &= \left(\frac{1}{2a\sqrt{\pi t}} \right)^n \int_{\mathbb{R}^n} \exp\left(-\frac{|\boldsymbol{x}-\boldsymbol{y}|^2}{4a^2 t} \right) \varphi(\boldsymbol{y}) \mathrm{d}\boldsymbol{y}. \end{aligned}$$

若记

$$G(\boldsymbol{x},t) = \left(\frac{1}{2a\sqrt{\pi t}} \right)^n \exp\left(-\frac{|\boldsymbol{x}|^2}{4a^2 t} \right),$$

则 $u(\boldsymbol{x},t)$ 可以写成

$$u(\boldsymbol{x},t) = \int_{\mathbb{R}^n} G(\boldsymbol{x}-\boldsymbol{y},t)\varphi(\boldsymbol{y}) \mathrm{d}\boldsymbol{y}.$$

函数 $G(\boldsymbol{x},t)$ 称为高维热传导方程的初值问题的**Green 函数**, 也称为高维热传导方程的初值问题的**基本解**.

同于一维非齐次热传导方程的初值问题的处理方法, 可以求出高维非齐次热传导方程的初值问题

$$\begin{cases} u_t - a^2 \Delta u = f(\boldsymbol{x}, t), & \boldsymbol{x} \in \mathbb{R}^n, \ t > 0, \\ u(\boldsymbol{x}, 0) = \varphi(\boldsymbol{x}), & \boldsymbol{x} \in \mathbb{R}^n \end{cases} \tag{3.2.10}$$

的解

$$u(\boldsymbol{x}, t) = \int_{\mathbb{R}^n} G(\boldsymbol{x} - \boldsymbol{y}, t) \varphi(\boldsymbol{y}) \mathrm{d}\boldsymbol{y} + \int_0^t \int_{\mathbb{R}^n} G(\boldsymbol{x} - \boldsymbol{y}, t - s) f(\boldsymbol{y}, s) \mathrm{d}\boldsymbol{y} \mathrm{d}s.$$

同于定理 3.2.3, 如果 $\varphi(\boldsymbol{x})$ 和 $f(\boldsymbol{x}, t)$ 关于 $\boldsymbol{x}$ 都是实解析函数, 那么问题 (3.2.10) 的解可以用级数表示成

$$u(\boldsymbol{x}, t) = \sum_{k=0}^{\infty} \frac{(a^2 t)^k}{k!} \Delta^k \varphi(\boldsymbol{x}) + \sum_{k=0}^{\infty} \int_0^t \frac{[a^2(t-s)]^k}{k!} \Delta_{\boldsymbol{x}}^k f(\boldsymbol{x}, s) \mathrm{d}s, \tag{3.2.11}$$

这里的 Δ, $\Delta_{\boldsymbol{x}}$ 都是关于 $\boldsymbol{x}$ 求导数, $\Delta^k \varphi = \underbrace{\Delta(\Delta(\cdots(\Delta \ \varphi)))}_{k}$.

例 3.2.4 求解定解问题

$$\begin{cases} u_t - \Delta u = x_1 + x_2, & \boldsymbol{x} \in \mathbb{R}^2, \ t > 0, \\ u(x_1, x_2, 0) = x_1^2 + x_1 x_2 + x_2^2, & \boldsymbol{x} \in \mathbb{R}^2. \end{cases}$$

解 直接利用公式 (3.2.11), 有

$$u(\boldsymbol{x}, t) = x_1^2 + x_1 x_2 + x_2^2 + 4t + (x_1 + x_2)t.$$

3.2.3 一维弦振动方程的初值问题

考虑一维齐次弦振动方程的初值问题

$$\begin{cases} u_{tt} - a^2 u_{xx} = 0, & x \in \mathbb{R}, \ t > 0, \\ u(x, 0) = \varphi(x), \ u_t(x, 0) = \psi(x), & x \in \mathbb{R}. \end{cases} \tag{3.2.12}$$

记 $\widehat{u}(\lambda, t) = \mathscr{F}[u]$, $\widehat{\varphi}(\lambda) = \mathscr{F}[\varphi]$, $\widehat{\psi}(\lambda) = \mathscr{F}[\psi]$. 对方程和初始条件关于 x 施行 Fourier 变换, 得

$$\begin{cases} \widehat{u}_{tt} = -a^2 \lambda^2 \widehat{u}(\lambda, t), & t > 0, \\ \widehat{u}(\lambda, 0) = \widehat{\varphi}(\lambda), \ \widehat{u}_t(\lambda, 0) = \widehat{\psi}(\lambda). \end{cases}$$

由此解出

$$\widehat{u}(\lambda, t) = C_1(\lambda)e^{ia\lambda t} + C_2(\lambda)e^{-ia\lambda t},$$

根据 $\widehat{u}(\lambda, t)$ 的初始条件得

$$\widehat{\varphi}(\lambda) = \widehat{u}(\lambda, 0) = C_1(\lambda) + C_2(\lambda),$$
$$\widehat{\psi}(\lambda) = \widehat{u}_t(\lambda, 0) = ia\lambda[C_1(\lambda) - C_2(\lambda)].$$

由此解出 $C_1(\lambda)$ 和 $C_2(\lambda)$, 再将其代入 $\widehat{u}(\lambda, t)$ 的表达式得

$$\widehat{u}(\lambda, t) = \frac{1}{2}\widehat{\varphi}(\lambda)\left(e^{ia\lambda t} + e^{-ia\lambda t}\right) - \frac{i}{2a\lambda}\widehat{\psi}(\lambda)\left(e^{ia\lambda t} - e^{-ia\lambda t}\right). \tag{3.2.13}$$

利用

$$\mathscr{F}^{-1}[\widehat{\varphi}(\lambda)e^{\pm ia\lambda t}] = \frac{1}{2\pi}\int_{\mathbb{R}}\widehat{\varphi}(\lambda)e^{i\lambda(x\pm at)}d\lambda = \varphi(x \pm at),$$

可以求出

$$\mathscr{F}^{-1}\left[\frac{1}{2}\widehat{\varphi}(\lambda)\left(e^{ia\lambda t} + e^{-ia\lambda t}\right)\right] = \frac{1}{2}[\varphi(x+at) + \varphi(x-at)], \tag{3.2.14}$$

$$\begin{aligned}
\mathscr{F}^{-1}\left[\frac{i}{2a\lambda}\widehat{\psi}(\lambda)\left(e^{ia\lambda t} - e^{-ia\lambda t}\right)\right] &= \frac{1}{2\pi}\int_{\mathbb{R}}\frac{i}{2a\lambda}\widehat{\psi}(\lambda)\left(e^{ia\lambda t} - e^{-ia\lambda t}\right)e^{ix\lambda}d\lambda \\
&= \frac{1}{2\pi}\int_{\mathbb{R}}\widehat{\psi}(\lambda)\frac{i}{2a\lambda}\left(\int_{x-at}^{x+at}e^{i\lambda y}i\lambda dy\right)d\lambda \\
&= -\frac{1}{2a}\int_{x-at}^{x+at}\left(\frac{1}{2\pi}\int_{\mathbb{R}}\widehat{\psi}(\lambda)e^{i\lambda y}d\lambda\right)dy \\
&= -\frac{1}{2a}\int_{x-at}^{x+at}\psi(y)dy. \tag{3.2.15}
\end{aligned}$$

最后, 由 (3.2.13) 式、(3.2.14) 式和 (3.2.15) 式得

$$u(x, t) = \frac{1}{2}[\varphi(x+at) + \varphi(x-at)] + \frac{1}{2a}\int_{x-at}^{x+at}\psi(y)dy. \tag{3.2.16}$$

这就是著名的 **d'Alembert 公式**. 容易证明：如果 $\varphi \in C^2(\mathbb{R})$, $\psi \in C^1(\mathbb{R})$, 那么由 (3.2.16) 式给出的 $u(x, t)$ 是问题 (3.2.12) 的古典解.

利用

$$\frac{1}{2}(e^{ia\lambda t} + e^{-ia\lambda t}) = \cos a\lambda t, \qquad \frac{i}{2a\lambda}(e^{ia\lambda t} - e^{-ia\lambda t}) = -\frac{1}{a\lambda}\sin a\lambda t,$$

以及 (3.2.14) 式和 (3.2.15) 式, 得

$$
\begin{cases}
\mathscr{F}^{-1}[\widehat{\varphi}(\lambda)\cos a\lambda t] = \dfrac{1}{2}[\varphi(x+at) + \varphi(x-at)], \\[2mm]
\mathscr{F}^{-1}\left[\widehat{\psi}(\lambda)\dfrac{\sin a\lambda t}{a\lambda}\right] = \dfrac{1}{2a}\displaystyle\int_{x-at}^{x+at}\psi(y)\mathrm{d}y.
\end{cases} \tag{3.2.17}
$$

下面讨论非齐次方程的初值问题

$$
\begin{cases}
u_{tt} - a^2 u_{xx} = f(x,t), & x \in \mathbb{R}, \quad t > 0, \\[1mm]
u(x,0) = \varphi(x), \ u_t(x,0) = \psi(x), & x \in \mathbb{R}.
\end{cases} \tag{3.2.18}
$$

对问题 (3.2.18) 的方程及初始条件关于 x 施行 Fourier 变换, 得

$$
\begin{cases}
\widehat{u}_{tt} = -a^2\lambda^2\widehat{u} + \widehat{f}(\lambda,t), \quad t > 0, \\[1mm]
\widehat{u}(\lambda,0) = \widehat{\varphi}(\lambda), \quad \widehat{u}_t(\lambda,0) = \widehat{\psi}(\lambda).
\end{cases}
$$

这是一个二阶常微分方程的初值问题, 利用常数变易公式可以解出

$$
\widehat{u}(\lambda,t) = \widehat{\varphi}(\lambda)\cos a\lambda t + \frac{1}{a\lambda}\widehat{\psi}(\lambda)\sin a\lambda t + \int_0^t \widehat{f}(\lambda,s)\frac{\sin a\lambda(t-s)}{a\lambda}\mathrm{d}s.
$$

再利用 (3.2.17) 式, 我们有

$$
\begin{aligned}
u(x,t) &= \mathscr{F}^{-1}[\widehat{\varphi}(\lambda)\cos a\lambda t] + \mathscr{F}^{-1}\left[\frac{1}{a\lambda}\widehat{\psi}(\lambda)\sin a\lambda t\right] + \int_0^t \mathscr{F}^{-1}\left[\widehat{f}(\lambda,s)\frac{\sin a\lambda(t-s)}{a\lambda}\right]\mathrm{d}s \\
&= \frac{1}{2}[\varphi(x+at) + \varphi(x-at)] + \frac{1}{2a}\int_{x-at}^{x+at}\psi(y)\mathrm{d}y \\
&\quad + \frac{1}{2a}\int_0^t\int_{x-a(t-s)}^{x+a(t-s)} f(y,s)\mathrm{d}y\mathrm{d}s.
\end{aligned} \tag{3.2.19}
$$

与问题 (3.2.10) 相同, 我们有下面的定理.

定理 3.2.4 对于 n 维波动方程的初值问题

$$
\begin{cases}
u_{tt} - a^2\Delta u = f(\boldsymbol{x},t), & \boldsymbol{x} \in \mathbb{R}^n, \quad t > 0, \\[1mm]
u(\boldsymbol{x},0) = \varphi(\boldsymbol{x}), & \boldsymbol{x} \in \mathbb{R}^n, \\[1mm]
u_t(\boldsymbol{x},0) = \psi(\boldsymbol{x}), & \boldsymbol{x} \in \mathbb{R}^n.
\end{cases}
$$

如果 $\varphi(\boldsymbol{x})$, $\psi(\boldsymbol{x})$ 和 $f(\boldsymbol{x},t)$ 关于 $\boldsymbol{x}$ 都是实解析函数, 那么问题的解可以用级数表示成

$$
u(\boldsymbol{x},t) = \sum_{k=0}^{\infty}\frac{(at)^{2k}}{(2k)!}\Delta^k\varphi(\boldsymbol{x}) + \sum_{k=0}^{\infty}\frac{a^{2k}t^{2k+1}}{(2k+1)!}\Delta^k\psi(\boldsymbol{x}) + \sum_{k=0}^{\infty}\frac{a^{2k}}{(2k+1)!}\int_0^t(t-s)^{2k+1}\Delta_{\boldsymbol{x}}^k f(\boldsymbol{x},s)\mathrm{d}s.
$$

例 3.2.5　求解定解问题

$$\begin{cases} u_{tt} - a^2 u_{xx} = x^2 - a^2 t^2, & x \in \mathbb{R}, \ t > 0, \\ u(x,0) = \sin x, \ u_t(x,0) = x^2, & x \in \mathbb{R}. \end{cases}$$

解　直接利用公式 (3.2.19), 有

$$u(x,t) = \frac{1}{2}[\sin(x+at)+\sin(x-at)] + \frac{1}{2a}\int_{x-at}^{x+at} y^2 \, \mathrm{d}y + \frac{1}{2a}\int_0^t \int_{x-a(t-s)}^{x+a(t-s)} (y^2 - a^2 s^2)\mathrm{d}y\mathrm{d}s$$

$$= \sin x \cos at + x^2 t + \frac{1}{3}a^2 t^3 + \frac{1}{2}x^2 t^2.$$

注 3.2.1　对于高维波动方程的初值问题, 同于高维热传导方程, 也可以利用 Fourier 变换方法求解, 但比较复杂. 这里不作详细讨论, 有兴趣的读者不妨一试.

3.2.4　其他类型的方程

例 3.2.6　求解无界梁的振动问题

$$\begin{cases} u_{tt} + a^2 u_{xxxx} = 0, & x \in \mathbb{R}, \ t > 0, \\ u(x,0) = \varphi(x), \ u_t(x,0) = 0, & x \in \mathbb{R}. \end{cases}$$

解　对方程及初始条件关于 x 施行 Fourier 变换, 得

$$\begin{cases} \dfrac{1}{a^2}\widehat{u}_{tt} + \lambda^4 \widehat{u} = 0, \\ \widehat{u}(\lambda,0) = \widehat{\varphi}(\lambda), \quad \widehat{u}_t(\lambda,0) = 0. \end{cases}$$

它的通解是

$$\widehat{u} = C_1(\lambda)\cos(\lambda^2 at) + C_2(\lambda)\sin(\lambda^2 at).$$

利用初始条件得 $C_1(\lambda) = \widehat{\varphi}(\lambda)$, $C_2(\lambda) = 0$. 于是

$$\widehat{u}(\lambda,t) = \widehat{\varphi}(\lambda)\cos(\lambda^2 at).$$

查表知

$$\mathscr{F}[\cos(Ax^2)] = \left(\frac{\pi}{A}\right)^{1/2}\cos\left(\frac{\lambda^2}{4A} - \frac{\pi}{4}\right),$$

其中常数 $A > 0$. 利用 Fourier 变换的对称性质得

$$\mathscr{F}^{-1}[\cos(A\lambda^2)] = \frac{1}{2\pi}\mathscr{F}[\cos(A\lambda^2)](-x) = \frac{1}{2\sqrt{A\pi}}\cos\left(\frac{x^2}{4A} - \frac{\pi}{4}\right).$$

再利用 Fourier 逆变换的卷积定理, 我们有

$$u(x,t) = \varphi(x) * \mathscr{F}^{-1}[\cos(at\lambda^2)] = \frac{1}{2\sqrt{\pi at}}\int_{\mathbb{R}} \varphi(y)\cos\left(\frac{(y-x)^2}{4at} - \frac{\pi}{4}\right)\mathrm{d}y.$$

例 3.2.7 *求解 Bessel 位势方程*

$$-\Delta u + u = f(\boldsymbol{x}), \quad \boldsymbol{x} \in \mathbb{R}^n,$$

这里的 $f \in L^2(\mathbb{R}^n)$.

解 对方程关于 $\boldsymbol{x}$ 施行 Fourier 变换, 得

$$(1 + |\boldsymbol{\lambda}|^2)\widehat{u}(\boldsymbol{\lambda}) = \widehat{f}(\boldsymbol{\lambda}), \quad \text{即} \quad \widehat{u}(\boldsymbol{\lambda}) = \frac{\widehat{f}(\boldsymbol{\lambda})}{1 + |\boldsymbol{\lambda}|^2}.$$

利用 Fourier 变换的卷积定理可以推知, 方程的解具有如下形式

$$u(\boldsymbol{x}) = f(\boldsymbol{x}) * B(\boldsymbol{x}),$$

这里

$$B(\boldsymbol{x}) = \mathscr{F}^{-1}\left[\frac{1}{1 + |\boldsymbol{\lambda}|^2}\right] = \frac{1}{(2\pi)^n} \int_{\mathbb{R}^n} \frac{\mathrm{e}^{\mathrm{i}\boldsymbol{x}\cdot\boldsymbol{\lambda}}}{1 + |\boldsymbol{\lambda}|^2} \, \mathrm{d}\boldsymbol{\lambda}.$$

利用积分公式

$$\frac{1}{1 + |\boldsymbol{\lambda}|^2} = \int_0^\infty \mathrm{e}^{-t(1+|\boldsymbol{\lambda}|^2)}\mathrm{d}t$$

和 (3.1.4) 式, 可得

$$B(\boldsymbol{x}) = \frac{1}{(2\pi)^n} \int_0^\infty \mathrm{e}^{-t} \left(\int_{\mathbb{R}^n} \mathrm{e}^{-|\boldsymbol{\lambda}|^2 t + \mathrm{i}\boldsymbol{x}\cdot\boldsymbol{\lambda}} \, \mathrm{d}\boldsymbol{\lambda}\right) \mathrm{d}t$$

$$= \int_0^\infty \mathrm{e}^{-t} \mathscr{F}^{-1}[\mathrm{e}^{-|\boldsymbol{\lambda}|^2 t}]\mathrm{d}t$$

$$= \frac{1}{(4\pi)^{n/2}} \int_0^\infty \frac{1}{t^{n/2}} \exp\left(-t - \frac{|\boldsymbol{x}|^2}{4t}\right) \mathrm{d}t.$$

最后得到原方程的解

$$u(\boldsymbol{x}) = \frac{1}{(4\pi)^{n/2}} \int_0^\infty \int_{\mathbb{R}^n} \frac{1}{t^{n/2}} \exp\left(-t - \frac{|\boldsymbol{x} - \boldsymbol{y}|^2}{4t}\right) f(\boldsymbol{y})\mathrm{d}\boldsymbol{y}\,\mathrm{d}t.$$

例 3.2.8 *求解积分方程*

$$\int_{\mathbb{R}} \frac{f(y)}{a^2 + (x - y)^2} \, \mathrm{d}y = \frac{1}{b^2 + x^2}, \quad 0 < a < b.$$

解 方程可写成

$$f(x) * \frac{1}{a^2 + x^2} = \frac{1}{b^2 + x^2}$$

的形式. 上式关于 x 施行 Fourier 变换, 得

$$\widehat{f}(\lambda)\mathscr{F}\left[\frac{1}{a^2 + x^2}\right] = \mathscr{F}\left[\frac{1}{b^2 + x^2}\right].$$

由例 3.1.4 知, 当 $t > 0$ 时

$$\mathscr{F}\left[\frac{t}{t^2 + x^2}\right] = \pi \mathrm{e}^{-t|\lambda|},$$

因此

$$\mathscr{F}\left[\frac{1}{a^2 + x^2}\right] = \frac{\pi}{a}\mathrm{e}^{-a|\lambda|}, \quad \mathscr{F}\left[\frac{1}{b^2 + x^2}\right] = \frac{\pi}{b}\mathrm{e}^{-b|\lambda|}.$$

于是

$$\widehat{f}(\lambda) = \frac{a}{b}\mathrm{e}^{-(b-a)|\lambda|},$$

最后得到

$$f(x) = \frac{a(b-a)}{\pi b[(b-a)^2 + x^2]}.$$

3.3　半无界问题: 对称延拓法

本节的基本思路是利用对称延拓法, 把半无界问题转化成整个空间上的初值问题, 再利用初值问题的求解公式进行求解, 最后定出半无界问题的解. 这里仅以半直线为例, 讨论热传导方程和波动方程.

3.3.1　热传导方程的半无界问题

求解定义在半直线上的热传导方程的定解问题

$$\begin{cases} u_t - a^2 u_{xx} = 0, & x > 0, \ t > 0, \\ u(x,0) = \varphi(x), & x \geqslant 0, \\ u(0,t) = 0, & t \geqslant 0. \end{cases} \tag{3.3.1}$$

为了实施对称延拓, 我们先证明下面的引理.

引理 3.3.1　如果 φ 是奇函数 (偶函数或周期函数), 则初值问题

$$\begin{cases} u_t - a^2 u_{xx} = 0, & x \in \mathbb{R}, \ t > 0, \\ u(x,0) = \varphi(x), & x \in \mathbb{R} \end{cases}$$

的解 $u(x,t)$ 也是 x 的奇函数 (偶函数或周期函数).

证明　仅以奇函数为例. 由公式 (3.2.2) 知

$$u(x,t) = \frac{1}{2a\sqrt{\pi t}} \int_{\mathbb{R}} \varphi(y) \exp\left(-\frac{(x-y)^2}{4a^2 t}\right) \mathrm{d}y,$$

于是

$$u(-x, t) = \frac{1}{2a\sqrt{\pi t}} \int_{\mathbb{R}} \varphi(y) \exp\left(-\frac{(x+y)^2}{4a^2 t}\right) \mathrm{d}y$$

$$\xlongequal{\diamond y = -\eta} \frac{1}{2a\sqrt{\pi t}} \int_{\mathbb{R}} \varphi(-\eta) \exp\left(-\frac{(x-\eta)^2}{4a^2 t}\right) \mathrm{d}\eta$$

$$= -\frac{1}{2a\sqrt{\pi t}} \int_{\mathbb{R}} \varphi(\eta) \exp\left(-\frac{(x-\eta)^2}{4a^2 t}\right) \mathrm{d}\eta$$

$$= -u(x, t).$$

引理得证.

为使问题 (3.3.1) 的解 u 满足 $u(0, t) = 0$, 只要 $u(x, t)$ 是 x 的奇函数即可. 我们做奇延拓 (要求 $\varphi(0) = 0$), 把 $\varphi(x)$ 奇延拓成 $\Phi(x)$. 考虑初值问题

$$\begin{cases} U_t - a^2 U_{xx} = 0, & x \in \mathbb{R}, \ t > 0, \\ U(x, 0) = \Phi(x), & x \in \mathbb{R}. \end{cases}$$

当 $x \geqslant 0$ 时, $u(x, t) = U(x, t)$ 就是问题 (3.3.1) 的解. 下面把 $U(x, t)$ 具体算出来.

$$U(x, t) = \frac{1}{2a\sqrt{\pi t}} \int_{\mathbb{R}} \Phi(y) \exp\left(-\frac{(x-y)^2}{4a^2 t}\right) \mathrm{d}y$$

$$= \frac{1}{2a\sqrt{\pi t}} \int_{-\infty}^{0} \Phi(y) \exp\left(-\frac{(x-y)^2}{4a^2 t}\right) \mathrm{d}y + \frac{1}{2a\sqrt{\pi t}} \int_{0}^{\infty} \Phi(y) \exp\left(-\frac{(x-y)^2}{4a^2 t}\right) \mathrm{d}y$$

$$\xlongequal{\mathrm{def}} A + B.$$

令 $y = -\eta$, 得

$$A = \frac{1}{2a\sqrt{\pi t}} \int_{0}^{\infty} \Phi(-\eta) \exp\left(-\frac{(x+\eta)^2}{4a^2 t}\right) \mathrm{d}\eta = -\frac{1}{2a\sqrt{\pi t}} \int_{0}^{\infty} \Phi(\eta) \exp\left(-\frac{(x+\eta)^2}{4a^2 t}\right) \mathrm{d}\eta.$$

于是当 $x \geqslant 0$, $t > 0$ 时, 问题 (3.3.1) 的解

$$u(x, t) = \frac{1}{2a\sqrt{\pi t}} \int_{0}^{\infty} \varphi(y) \left[\exp\left(-\frac{(x-y)^2}{4a^2 t}\right) - \exp\left(-\frac{(x+y)^2}{4a^2 t}\right)\right] \mathrm{d}y.$$

同理, 对于半直线上的非齐次热传导方程的定解问题

$$\begin{cases} u_t - a^2 u_{xx} = f(x, t), & x > 0, \ t > 0, \\ u(x, 0) = \varphi(x), & x \geqslant 0, \\ u(0, t) = 0, & t \geqslant 0, \end{cases}$$

其中 φ, f 满足 $\varphi(0) = 0$, $f(0,t) = 0$. 用奇延拓方法可以求出它的解

$$u(x,t) = \frac{1}{2a\sqrt{\pi t}} \int_0^\infty \varphi(y) \left[\exp\left(-\frac{(x-y)^2}{4a^2t}\right) - \exp\left(-\frac{(x+y)^2}{4a^2t}\right) \right] \mathrm{d}y$$

$$+ \int_0^t \int_0^\infty \frac{f(y,s)}{2a\sqrt{\pi(t-s)}} \left[\exp\left(-\frac{(x-y)^2}{4a^2(t-s)}\right) - \exp\left(-\frac{(x+y)^2}{4a^2(t-s)}\right) \right] \mathrm{d}y\mathrm{d}s.$$

3.3.2　半无界弦的振动问题

考虑半无界弦的振动问题, 即求解半直线上的一维波动方程的混合问题

$$\begin{cases} u_{tt} - a^2 u_{xx} = f(x,t), & x > 0, \ t > 0, \\ u(x,0) = \varphi(x), \ u_t(x,0) = \psi(x), & x \geqslant 0, \\ u(0,t) = 0, & t \geqslant 0. \end{cases} \tag{3.3.2}$$

首先考虑初值问题 (3.2.18).

引理 3.3.2　若自由项 $f(x,t)$, 以及初始函数 $\varphi(x)$ 和 $\psi(x)$ 都是 x 的奇函数 (偶函数或周期函数), 则由 (3.2.19) 式给出的初值问题 (3.2.18) 的解 $u(x,t)$ 也是 x 的奇函数 (偶函数或周期函数).

证明　仅以奇函数为例. 已知

$$f(x,t) = -f(-x,t), \quad \varphi(x) = -\varphi(-x), \quad \psi(x) = -\psi(-x).$$

于是

$$u(-x,t) = \frac{1}{2}[\varphi(-x+at) + \varphi(-x-at)] + \frac{1}{2a} \int_{-x-at}^{-x+at} \psi(y)\mathrm{d}y$$

$$+ \frac{1}{2a} \int_0^t \int_{-x-a(t-s)}^{-x+a(t-s)} f(y,s)\mathrm{d}y\mathrm{d}s$$

$$= \frac{1}{2}[-\varphi(x-at) - \varphi(x+at)] + \frac{1}{2a} \int_{x-at}^{x+at} \psi(-y)\mathrm{d}y$$

$$+ \frac{1}{2a} \int_0^t \int_{x-a(t-s)}^{x+a(t-s)} f(-y,s)\mathrm{d}y\mathrm{d}s$$

$$= -u(x,t).$$

引理得证.

我们仍用对称延拓法来求解问题 (3.3.2). 要使 $u(0,t) = 0$, 只需 $u(x,t)$ 是 x 的奇函数. 因此, 要求延拓后的 f, φ 和 ψ 都是 x 的奇函数, 这就需要对 f, φ 和 ψ 作奇延拓:

$$F(x,t) = \begin{cases} f(x,t), & x \geqslant 0, \ t \geqslant 0, \\ -f(-x,t), & x < 0, \ t \geqslant 0, \end{cases}$$

$$\Phi(x) = \begin{cases} \varphi(x), & x \geqslant 0, \\ -\varphi(-x), & x < 0, \end{cases} \qquad \Psi(x) = \begin{cases} \psi(x), & x \geqslant 0, \\ -\psi(-x), & x < 0. \end{cases}$$

与 $F(x,t)$, $\Phi(x)$ 和 $\Psi(x)$ 对应的初值问题的解是

$$U(x,t) = \frac{1}{2}[\Phi(x+at) + \Phi(x-at)] + \frac{1}{2a}\int_{x-at}^{x+at} \Psi(y)\mathrm{d}y + \frac{1}{2a}\int_0^t \int_{x-a(t-s)}^{x+a(t-s)} F(y,s)\mathrm{d}y\mathrm{d}s.$$

这个 $U(x,t)$ 限制在 $x \geqslant 0$ 上就是问题 (3.3.2) 的解, 记为 $u(x,t)$. 下面确定它的表达式.

当 $x \geqslant at$ 时, $x-at \geqslant 0$, $x+at \geqslant 0$, 所以

$$u(x,t) = \frac{1}{2}[\varphi(x+at) + \varphi(x-at)] + \frac{1}{2a}\int_{x-at}^{x+at} \psi(y)\mathrm{d}y + \frac{1}{2a}\int_0^t \int_{x-a(t-s)}^{x+a(t-s)} f(y,s)\mathrm{d}y\mathrm{d}s.$$

当 $0 \leqslant x < at$ 时, $x-at < 0$, $x+at > 0$, 所以

$$u(x,t) = \frac{1}{2}[\varphi(x+at) - \varphi(at-x)] + \frac{1}{2a}\int_{x-at}^0 (-\psi(-y))\mathrm{d}y + \frac{1}{2a}\int_0^{x+at} \psi(y)\mathrm{d}y$$

$$+ \frac{1}{2a}\left[\int_0^{t-\frac{x}{a}}\left(\int_{x-a(t-s)}^0 (-f(-y,s))\mathrm{d}y + \int_0^{x+a(t-s)} f(y,s)\mathrm{d}y \right)\mathrm{d}s \right.$$

$$\left. + \int_{t-\frac{x}{a}}^t \int_{x-a(t-s)}^{x+a(t-s)} f(y,s)\mathrm{d}y\mathrm{d}s \right]$$

$$= \frac{1}{2}[\varphi(x+at) - \varphi(at-x)] + \frac{1}{2a}\int_{at-x}^{at+x} \psi(y)\mathrm{d}y$$

$$+ \frac{1}{2a}\left(\int_0^{t-\frac{x}{a}} \int_{a(t-s)-x}^{a(t-s)+x} f(y,s)\mathrm{d}y\mathrm{d}s + \int_{t-\frac{x}{a}}^t \int_{x-a(t-s)}^{x+a(t-s)} f(y,s)\mathrm{d}y\mathrm{d}s \right). \quad (3.3.3)$$

定理 3.3.1 假设 $\varphi \in C^2(\mathbb{R}_+)$, $\psi \in C^1(\mathbb{R}_+)$, $f \in C^1(\mathbb{R}_+^2)$, 并且满足相容性条件:

$$\varphi(0) = \psi(0) = 0, \quad a^2\varphi''(0) + f(0,0) = 0.$$

那么半无界问题 (3.3.2) 的古典解 (二次连续可微的解) $u(x,t)$ 存在, 并且可以用上面的公式表示.

例 3.3.1 求解

$$\begin{cases} u_{tt} - a^2 u_{xx} = \dfrac{1}{2}(x-t), & x > 0, \ t > 0, \\ u(x,0) = \sin x, \ u_t(x,0) = 1 - \cos x, & x \geqslant 0, \\ u(0,t) = 0, & t \geqslant 0. \end{cases}$$

解　直接代入公式可知, 当 $x \geqslant at$ 时,

$$u(x,t) = \frac{1}{2}[\sin(x+at) + \sin(x-at)] + \frac{1}{2a}\int_{x-at}^{x+at}(1-\cos y)\mathrm{d}y$$

$$+\frac{1}{2a}\int_0^t\int_{x-a(t-s)}^{x+a(t-s)}\frac{1}{2}(y-s)\mathrm{d}y\mathrm{d}s$$

$$= \sin x\cos at + t - \frac{1}{a}\cos x\sin at + \frac{1}{4}xt^2 - \frac{1}{12}t^3;$$

当 $0 \leqslant x < at$ 时,

$$u(x,t) = \left(1 - \frac{1}{a}\right)\sin x\cos at + \frac{x}{a} - \frac{1}{12a^3}(x^3 - 3ax^2t - 3a^3xt^2 + 3a^2xt^2).$$

3.4　Laplace 变换的概念和性质

对函数施行 Fourier 变换时, 要求函数定义在 $\mathbb{R}$ 上且绝对可积. 这个条件太强, 适用面窄 (例如, 一般的常数函数、多项式函数等初等函数都不满足这个条件). 自然而然地, 人们就要想办法将其进行推广.

设 $f(t)$ 在 $t \geqslant 0$ 上有定义. 对于复数 p, 定义 f 的 **Laplace 变换** 为

$$\mathscr{L}[f] = \widetilde{f}(p) = \int_0^\infty \mathrm{e}^{-pt}f(t)\mathrm{d}t.$$

有时也称 $\widetilde{f}$ 是 f 的**像函数**.

关于 Laplace 变换的存在性, 有如下定理.

定理 3.4.1　若 $f(t)$ 在 $[0,\infty)$ 上分段连续且不超过指数型增长, 即存在常数 $M > 0$ 和 $\alpha \geqslant 0$, 使得 $|f(t)| \leqslant M\mathrm{e}^{\alpha t}$, 则 $f(t)$ 的 Laplace 变换对于满足 $\mathrm{Re}\,p > \alpha$ 的所有 p 都存在.

例 3.4.1

$$\mathscr{L}[c] = \frac{c}{p}, \qquad\qquad \mathrm{Re}\,p > 0;$$

$$\mathscr{L}[\mathrm{e}^{at}] = \frac{1}{p-a}, \qquad\qquad \mathrm{Re}\,p > a;$$

$$\mathscr{L}[t^2] = \frac{2}{p^3}, \qquad\qquad \mathrm{Re}\,p > 0;$$

$$\mathscr{L}[t^n] = \frac{n!}{p^{n+1}}, \qquad\qquad \mathrm{Re}\,p > 0;$$

$$\mathscr{L}[\sin at] = \frac{a}{p^2+a^2}, \quad \mathrm{Re}\,p > 0;$$

$$\mathscr{L}[\cos at] = \frac{p}{p^2+a^2}, \quad \mathrm{Re}\,p > 0.$$

这些结果都可以按照定义直接验算.

例 3.4.2 Heaviside 单位阶梯函数（通常简称为 Heaviside 函数）是

$$H(t) = \begin{cases} 1, & t > 0, \\ 0, & t < 0. \end{cases}$$

按定义, 对于正常数 a, 有

$$\mathscr{L}[H(t-a)] = \int_0^\infty H(t-a)\mathrm{e}^{-pt}\mathrm{d}t$$

$$= \int_0^a H(t-a)\mathrm{e}^{-pt}\mathrm{d}t + \int_a^\infty H(t-a)\mathrm{e}^{-pt}\mathrm{d}t$$

$$= \int_a^\infty \mathrm{e}^{-pt}\mathrm{d}t = \frac{\mathrm{e}^{-ap}}{p}.$$

如果 $\mathscr{L}[f(t)] = \widetilde{f}(p)$, 则称 $f(t)$ 是 $\widetilde{f}(p)$ 的 **Laplace 逆变换**, 有时也称 $f(t)$ 是 $\widetilde{f}(p)$ 的**像原函数**或**原函数**. 它的形式是

$$f(t) = \mathscr{L}^{-1}[\widetilde{f}\,] = \frac{1}{2\pi\mathrm{i}} \int_{\beta-\mathrm{i}\infty}^{\beta+\mathrm{i}\infty} \widetilde{f}(p)\mathrm{e}^{tp}\mathrm{d}p, \quad t > 0,$$

其中 $\widetilde{f}(p)$ 定义在半平面 $\mathrm{Re}\,p > \beta$ 上. 这是一个复积分, 实际计算非常复杂. 在某些情况下, 可以利用 Laplace 变换的性质来求逆变换. 但是, 在大多数情况下, 都需借助于 Laplace 变换表.

下面给出 Laplace 变换及其逆变换的一些基本性质.

性质 1（线性性质） $\mathscr{L}[\alpha f + \beta g] = \alpha\mathscr{L}[f] + \beta\mathscr{L}[g], \mathscr{L}^{-1}[\alpha\widetilde{f} + \beta\widetilde{g}] = \alpha\mathscr{L}^{-1}[\widetilde{f}\,] + \beta\mathscr{L}^{-1}[\widetilde{g}]$.

性质 2（位移性质） $\mathscr{L}[\mathrm{e}^{at}f(t)] = \widetilde{f}(p-a), \mathrm{Re}\,p > a$. 由此推知 $\mathscr{L}[t^n\mathrm{e}^{at}] = \dfrac{n!}{(p-a)^{n+1}}$, $\mathrm{Re}\,p > a$.

性质 3（相似性质） $\mathscr{L}[f(ct)] = \dfrac{1}{c}\widetilde{f}\left(\dfrac{p}{c}\right), c > 0$.

性质 4（微分性质） 假设在 $[0,\infty)$ 上, $f'(t)$ 分段连续, $f(t)$ 连续且不超过指数型增长. 那么当 $\mathrm{Re}\,p > \alpha$ 时, $f'(t)$ 的 Laplace 变换存在, 且有 $\mathscr{L}[f'(t)] = p\widetilde{f}(p) - f(0)$. 对于高阶导数, 也有类似的结论: 如果在 $[0,\infty)$ 上, $f^{(n)}(t)$ 分段连续, $f(t), f'(t), \cdots, f^{(n-1)}(t)$ 连续, 且不超过指数型增长, 那么 $f^{(n)}(t)$ 的 Laplace 变换存在, 且成立

$$\mathscr{L}[f^{(n)}(t)] = p^n\widetilde{f}(p) - p^{n-1}f(0) - p^{n-2}f'(0) - \cdots - f^{(n-1)}(0), \quad \mathrm{Re}\,p > \alpha.$$

性质 5（积分性质） $\mathscr{L}\left[\int_0^t f(s)\mathrm{d}s\right] = \dfrac{1}{p}\widetilde{f}(p)$.

证明　按照定义, 直接计算得

$$\mathscr{L}\left[\int_0^t f(s)\mathrm{d}s\right] = \int_0^\infty \mathrm{e}^{-pt}\int_0^t f(s)\mathrm{d}s\mathrm{d}t$$

$$= -\left(\frac{\mathrm{e}^{-pt}}{p}\int_0^t f(s)\mathrm{d}s\right)\Big|_0^\infty + \frac{1}{p}\int_0^\infty \mathrm{e}^{-pt}f(t)\mathrm{d}t$$

$$= \frac{1}{p}\widetilde{f}(p).$$

性质 6（乘多项式性质）

$$\mathscr{L}[t^n f(t)] = (-1)^n \frac{\mathrm{d}^n}{\mathrm{d}p^n}\widetilde{f}(p) = (-1)^n \widetilde{f}^{(n)}(p),$$

$$\mathscr{L}^{-1}[\widetilde{f}^{(n)}(p)] = (-1)^n t^n f(t), \quad n = 1, 2, 3, \cdots.$$

例 3.4.3　由例 3.4.1 知 $\mathscr{L}[\cos at] = \dfrac{p}{p^2 + a^2}$, 于是

$$\mathscr{L}[t\cos at] = -\frac{\mathrm{d}}{\mathrm{d}p}\left(\frac{p}{p^2 + a^2}\right) = \frac{p^2 - a^2}{(p^2 + a^2)^2}.$$

性质 7（延迟性质）　$\mathscr{L}[f(t-s)H(t-s)] = \mathrm{e}^{-sp}\widetilde{f}(p)$, 或者 $\mathscr{L}^{-1}[\mathrm{e}^{-sp}\widetilde{f}(p)] = f(t-s)H(t-s)$.

性质 8（初值定理）　$f(0) = \lim\limits_{t\to 0} f(t) = \lim\limits_{p\to\infty} p\widetilde{f}(p)$.

性质 9（终值定理）　$f(\infty) = \lim\limits_{t\to\infty} f(t) = \lim\limits_{p\to 0} p\widetilde{f}(p)$.

定义 3.4.1　称

$$(f * g)(t) = \int_0^t f(t-s)g(s)\mathrm{d}s$$

为函数 f 与 g 的 **卷积**.

需要注意, 这里定义的卷积与 Fourier 变换中定义的卷积是不同的, 原因是函数的定义域不同. Fourier 变换中研究的函数定义在 $\mathbb{R}$ 上, 而 Laplace 变换中研究的函数定义在 $(0, \infty)$.

卷积有下面的性质:

$$f * g = g * f, \quad (f * g) * h = f * (g * h), \quad f * (g + h) = f * g + f * h.$$

性质 10（卷积定理）　$\mathscr{L}[f * g] = \widetilde{f}(p)\widetilde{g}(p)$, 或者 $\mathscr{L}^{-1}[\widetilde{f}(p)\widetilde{g}(p)] = f * g$.

例 3.4.4　求 Laplace 逆变换 $\mathscr{L}^{-1}\left[\dfrac{1}{p^2(1 + p)^2}\right]$.

解 因为

$$\mathscr{L}[t] = \frac{1}{p^2}, \quad \mathscr{L}[te^{-t}] = \frac{1}{(1+p)^2},$$

若记 $f(t) = t$, $g(t) = te^{-t}$, 则有

$$\begin{aligned}
\mathscr{L}^{-1}\left[\frac{1}{p^2(1+p)^2}\right] &= \mathscr{L}^{-1}\left[\frac{1}{p^2} \cdot \frac{1}{(1+p)^2}\right] \\
&= \mathscr{L}^{-1}[\widetilde{f}(p)\widetilde{g}(p)] = (f * g)(t) \\
&= \int_0^t (t-s)se^{-s}\mathrm{d}s \\
&= (t+2)\mathrm{e}^{-t} + t - 2.
\end{aligned}$$

3.5　Laplace 变换的应用

本节将借助于几个具体的例子来介绍 Laplace 变换的应用.

例 3.5.1　考虑半直线上热传导方程的定解问题

$$\begin{cases}
u_t - a^2 u_{xx} = 0, & x > 0, \quad t > 0, \\
u(x, 0) = 0, & x \geqslant 0, \\
u(0, t) = f(t), & \lim_{x \to \infty} |u(x, t)| < \infty.
\end{cases} \tag{3.5.1}$$

解　因为 x, t 都在 $[0, \infty)$ 内变化, 所以采用 Laplace 变换方法来求解. 又因为方程关于 t 是一阶导数, 关于 x 是二阶导数, 且没有给出 u_x 在 $x = 0$ 的值, 故只能关于 t 施行 Laplace 变换. 记 $\widetilde{u}(x, p) = \mathscr{L}[u(x, t)]$, 这里取 $p > 0$. 由于 $u(x, 0) = 0$, 对方程及定解条件关于 t 施行 Laplace 变换, 得

$$\begin{cases}
\widetilde{u}_{xx}(x, p) = \dfrac{p}{a^2}\widetilde{u}(x, p), & x > 0, \\
\widetilde{u}(0, p) = \widetilde{f}(p).
\end{cases}$$

先把 p 看做参数, 求出它的通解是

$$\widetilde{u}(x, p) = C_1(p)\mathrm{e}^{-\frac{\sqrt{p}}{a}x} + C_2(p)\mathrm{e}^{\frac{\sqrt{p}}{a}x}.$$

由 $\lim_{x \to \infty} |u(x, t)| < \infty$ 知 u 有界, 从而 $\widetilde{u}$ 也有界, 故 $C_2(p) = 0$. 利用 $\widetilde{u}(0, p) = \widetilde{f}(p)$ 又推知 $C_1(p) = \widetilde{f}(p)$, 因而

$$\widetilde{u}(x, p) = \widetilde{f}(p)\mathrm{e}^{-\frac{\sqrt{p}}{a}x},$$

所以
$$u(x,t) = \mathscr{L}^{-1}[\widetilde{u}(x,p)] = \mathscr{L}^{-1}[\widetilde{f}(p)\mathrm{e}^{-\frac{\sqrt{p}}{a}x}] = f * \mathscr{L}^{-1}[\mathrm{e}^{-\frac{\sqrt{p}}{a}x}].$$

查表知
$$\mathscr{L}^{-1}\left[\frac{1}{p}\mathrm{e}^{-\frac{\sqrt{p}}{a}x}\right] = \frac{2}{\sqrt{\pi}}\int_{\frac{x}{2a\sqrt{t}}}^{\infty}\mathrm{e}^{-y^2}\mathrm{d}y,$$

利用微分性质得
$$\mathscr{L}^{-1}[\mathrm{e}^{-\frac{\sqrt{p}}{a}x}] = \mathscr{L}^{-1}\left[p\frac{1}{p}\mathrm{e}^{-\frac{\sqrt{p}}{a}x}\right] = \frac{\mathrm{d}}{\mathrm{d}t}\left(\frac{2}{\sqrt{\pi}}\int_{\frac{x}{2a\sqrt{t}}}^{\infty}\mathrm{e}^{-y^2}\mathrm{d}y\right)$$
$$= \frac{x}{2a\sqrt{\pi}t^{3/2}}\exp\left(-\frac{x^2}{4a^2t}\right).$$

最后求出
$$u(x,t) = \frac{x}{2a\sqrt{\pi}}\int_0^t\frac{f(s)}{(t-s)^{3/2}}\exp\left(-\frac{x^2}{4a^2(t-s)}\right)\mathrm{d}s. \tag{3.5.2}$$

定理 3.5.1　若 f 在 $[0,\infty)$ 上连续且有界, 则由 (3.5.2) 式确定的 $u(x,t)$ 是问题 (3.5.1) 的古典解.

例 3.5.2　求解一阶偏微分方程的定解问题
$$\begin{cases} u_t + xu_x = x, & x > 0, \ t > 0, \\ u(0,t) = 0, & t > 0, \\ u(x,0) = 0, & x > 0. \end{cases} \tag{3.5.3}$$

解　两个自变量 x 和 t 的变化范围都是 $[0,\infty)$, 既可以关于 t 施行 Laplace 变换, 也可以关于 x 施行 Laplace 变换. 这里关于 t 施行 Laplace 变换. 利用 Laplace 变换的性质可得 (取 p 是正实数)
$$p\widetilde{u}(x,p) - u(x,0) + x\frac{\mathrm{d}}{\mathrm{d}x}\widetilde{u}(x,p) = \frac{x}{p}. \tag{3.5.4}$$

利用条件 $u(x,0) = 0$, 方程 (3.5.4) 可以写成
$$\frac{\mathrm{d}\widetilde{u}}{\mathrm{d}x} + \frac{p}{x}\widetilde{u} = \frac{1}{p}.$$

由此解出
$$\widetilde{u}(x,p) = \frac{C(p)}{x^p} + \frac{x}{p(p+1)}, \tag{3.5.5}$$

其中 $C(p)$ 是积分常数. 再利用 $u(0,t) = 0$ 知 $\tilde{u}(0,p) = 0$. 由此及 (3.5.5) 式知, $C(p) = 0$ 一定成立. 从而

$$\tilde{u}(x,p) = \frac{x}{p(p+1)} = x\left(\frac{1}{p} - \frac{1}{p+1}\right).$$

所以

$$u(x,t) = \mathscr{L}^{-1}[\tilde{u}(x,p)] = x\mathscr{L}^{-1}\left[\frac{1}{p}\right] - x\mathscr{L}^{-1}\left[\frac{1}{p+1}\right] = x(1 - e^{-t}).$$

对于问题 (3.5.3), 如果关于 x 施行 Laplace 变换, 尽管得到的方程还是一阶偏微分方程, 但不易求解. 读者不妨一试.

例 3.5.3 利用 Laplace 变换求解定解问题

$$\begin{cases} u_{tt} - u_{xx} = k\sin\pi x, & 0 < x < 1, \ t > 0, \\ u(0,t) = u(1,t) = 0, & t > 0, \\ u(x,0) = u_t(x,0) = 0, & 0 \leqslant x \leqslant 1. \end{cases}$$

解 关于 t 施行 Laplace 变换, 得

$$p^2\tilde{u}(x,p) - pu(x,0) - u_t(x,0) - \frac{\mathrm{d}^2}{\mathrm{d}x^2}\tilde{u}(x,p) = \frac{k}{p}\sin\pi x,$$

利用条件 $u(x,0) = u_t(x,0) = 0$ 又得

$$p^2\tilde{u}(x,p) - \frac{\mathrm{d}^2}{\mathrm{d}x^2}\tilde{u}(x,p) = \frac{k}{p}\sin\pi x.$$

解之得

$$\tilde{u}(x,p) = C_1(p)e^{px} + C_2(p)e^{-px} + \frac{k}{p(p^2+\pi^2)}\sin\pi x,$$

其中 $C_1(p), C_2(p)$ 是积分常数. 利用条件 $u(0,t) = u(1,t) = 0$ 知, $C_1(p) = C_2(p) = 0$. 于是

$$\tilde{u}(x,p) = \frac{k}{p(p^2+\pi^2)}\sin\pi x = \frac{k}{\pi^2}\left(\frac{1}{p} - \frac{p}{p^2+\pi^2}\right)\sin\pi x.$$

所以

$$u(x,t) = \frac{k}{\pi^2}(1 - \cos\pi t)\sin\pi x.$$

例 3.5.4 利用 Laplace 变换求解微分积分方程的初值问题:

$$f'(t) + 5\int_0^t \cos 2(t-s)f(s)\mathrm{d}s = 10, \quad f(0) = 2.$$

解　原方程可以写成

$$f'(t) + 5f(t) * \cos 2t = 10.$$

对上式施行 Laplace 变换, 并利用卷积定理得

$$p\widetilde{f}(p) - 2 + \frac{5p\widetilde{f}(p)}{p^2 + 4} = \frac{10}{p}.$$

由此解出

$$\widetilde{f}(p) = \frac{(p^2 + 4)(2p + 10)}{p^2(p^2 + 9)} = \frac{1}{9}\left(\frac{8}{p} + \frac{40}{p^2} + \frac{10p}{p^2 + 9} + \frac{50}{p^2 + 9}\right).$$

取 Laplace 逆变换, 得

$$f(t) = \frac{1}{27}(24 + 120t + 30\cos 3t + 50\sin 3t).$$

从前面的例子可以看出, 用积分变换方法求解定解问题的过程大致如下:

(1) 根据自变量的变化范围以及定解条件的具体情况, 选取合适的积分变换, 把抛物型偏微分方程和双曲型偏微分方程转化成像函数的常微分方程, 把椭圆型方程和积分方程转化成像函数的代数方程;

(2) 对定解条件取相应的变换, 导出像函数所满足的定解条件;

(3) 求解这个方程的定解问题, 得到像函数;

(4) 取逆变换, 得到原问题的形式解;

(5) 进行综合过程, 给出形式解成为真正解所需的条件, 从而得到解的存在性.

习　题　3

3.1　按照定义, 求下列函数的 Fourier 变换:

(1)　$f(x) = \begin{cases} x^2, & |x| \leqslant a, \\ 0, & |x| > a > 0; \end{cases}$

(2)　$f(x) = \begin{cases} \cos \lambda_0 x, & |x| \leqslant a, \\ 0, & |x| > a; \end{cases}$

(3)　$f(x) = \cos kx^2, \ f(x) = \sin kx^2, \ k > 0.$

3.2　假设

$$f(x) = \begin{cases} \mathrm{e}^x, & x \geqslant 0, \\ 0, & x < 0, \end{cases} \qquad g(x) = \begin{cases} \cos x, & 0 \leqslant x \leqslant \frac{\pi}{2}, \\ 0, & 其他. \end{cases}$$

求 $f(x) * g(x)$.

3.3　证明 Fourier 变换的卷积定理 (3.1 节的性质 10) 的第二个等式.

3.4　利用 Fourier 变换的性质, 求函数 $f(x) = x^2 \mathrm{e}^{-a|x|}$ 的 Fourier 变换, 其中 a 是正常数.

3.5　求函数 $f(x) = \mathrm{e}^{-|x|} \cos x$ 的 Fourier 变换, 并由此证明

$$\int_0^\infty \frac{2 + t^2}{4 + t^4} \cos tx \, \mathrm{d}t = \frac{\pi}{2} \mathrm{e}^{-|x|} \cos x.$$

3.6　求解下列初值问题:

(1) $\begin{cases} u_t = a^2 u_{xx}, & x \in \mathbb{R}, \ t > 0, \\ u(x, 0) = 1 + x + x^2, & x \in \mathbb{R}; \end{cases}$

(2) $\begin{cases} u_{tt} - u_{xx} = t \sin x, & x \in \mathbb{R}, \ t > 0, \\ u|_{t=0} = 0, \ u_t|_{t=0} = \cos x, & x \in \mathbb{R}; \end{cases}$

(3) $\begin{cases} u_{tt} - a^2 u_{xx} = t \cos x, & x \in \mathbb{R}, \ t > 0, \\ u|_{t=0} = 0, \ u_t|_{t=0} = \dfrac{1}{1 + x^2}, & x \in \mathbb{R}. \end{cases}$

3.7　利用 Fourier 变换求解以下定解问题:

(1) $\begin{cases} u_t - a^2 u_{xx} - bu_x - cu = f(x, t), & x \in \mathbb{R}, \ t > 0, \\ u(x, 0) = \varphi(x), & x \in \mathbb{R}, \end{cases}$

其中 a, b, c 是常数;

(2) $\begin{cases} u_{xx} + u_{yyyy} = 0, & x > 0, \ y \in \mathbb{R}, \\ u(0, y) = \mathrm{e}^{-y^2}, \ u_x(0, y) = \mathrm{e}^y, & y \in \mathbb{R}. \end{cases}$

3.8　设 $u(\boldsymbol{x}, t)$ 是初值问题

$$\begin{cases} u_t = a^2 \Delta u, & \boldsymbol{x} \in \mathbb{R}^n, \ t > 0, \\ u(\boldsymbol{x}, 0) = \varphi(\boldsymbol{x}), & \boldsymbol{x} \in \mathbb{R}^n \end{cases}$$

的解, 其中 $\varphi(\boldsymbol{x})$ 连续且在某个球 $B_R(\boldsymbol{0})$ 的外部恒为零, R 是正常数. 证明对于任意给定的 $\alpha < n/2$, $\lim\limits_{t \to \infty} t^\alpha u(\boldsymbol{x}, t) = 0$ 关于 $\boldsymbol{x} \in \mathbb{R}^n$ 一致成立.

3.9　证明定理 3.2.4.

3.10　利用幂级数求解公式, 解下列初值问题:

(1) $\begin{cases} u_t = u_{xx} + u_{yy} + t(x + y^2), & (x, y) \in \mathbb{R}^2, \ t > 0, \\ u|_{t=0} = x^2 + y^3, & (x, y) \in \mathbb{R}^2; \end{cases}$

(2) $\begin{cases} u_{tt} = u_{xx} + u_{yy} + tx + y^2, & (x,y) \in \mathbb{R}^2, \ t > 0, \\ u|_{t=0} = x^2 + y, \ u_t|_{t=0} = xy, & (x,y) \in \mathbb{R}^2. \end{cases}$

3.11　利用偶延拓方法导出下列定解问题的求解公式：

(1) $\begin{cases} u_t - a^2 u_{xx} = f(x,t), & x > 0, \ t > 0, \\ u(x,0) = \varphi(x), & x \geqslant 0, \\ u_x(0,t) = 0, & t \geqslant 0, \end{cases}$

这里的函数 φ 和 f 满足 $\varphi'(0) = 0, \ f_x(0,t) = 0$;

(2) $\begin{cases} u_{tt} - a^2 u_{xx} = f(x,t), & x > 0, \ t > 0, \\ u|_{t=0} = \varphi(x), \ u_t|_{t=0} = \psi(x), & x \geqslant 0, \\ u_x(0,t) = 0, & t \geqslant 0, \end{cases}$

这里的函数 φ, ψ 和 f 满足 $\varphi'(0) = \psi'(0) = 0, \ f_x(0,t) = 0$.

3.12　证明 Laplace 变换的延迟性质（性质 7）.

3.13　求下列函数的 Laplace 变换（常数 $\omega \neq 0$）：

$$\sin \omega t, \qquad t e^{-3t} \sin 2t, \qquad e^{\omega t} \sin \omega t, \qquad \cosh \omega t.$$

3.14　求下列函数的 Laplace 逆变换：

$$\frac{p+3}{(p+1)(p-3)}, \qquad \frac{2p+3}{p^2+9}, \qquad \frac{1}{(p+1)^4}.$$

3.15　求解半无界问题

$$\begin{cases} u_{tt} - a^2 u_{xx} = 0, & x > 0, \ t > 0, \\ u|_{t=0} = u_t|_{t=0} = 0, & x \geqslant 0, \\ u|_{x=0} = A \cos \omega t, & t \geqslant 0, \\ u(x,t) \ \text{有界}, \end{cases}$$

并给出物理解释. 这里的 A 和 ω 都是常数.

3.16　利用 Laplace 变换求解下列定解问题：

(1) $\begin{cases} y'' + 4y' + 3y = e^{-t}, & t > 0, \\ y(0) = y'(0) = 1; \end{cases}$

(2) $\begin{cases} u_{xy} = x^2 y, & x > 1, \ y > 0, \\ u|_{y=0} = x^2, & x \geqslant 1, \\ u|_{x=1} = \cos y, & y \geqslant 0; \end{cases}$

(3) $\begin{cases} u_{tt} - a^2 u_{xx} = 0, & x > 0, \ t > 0, \\ u(0,t) = \sin t, & t > 0, \\ u(x,0) = u_t(x,0) = 0, & x > 0 \\ u(x,t) \ \text{有界}; \end{cases}$

(4) $\begin{cases} u_t - a^2 u_{xx} = 0, & x > 0, \ t > 0, \\ u(0,t) = f_1, \ \lim\limits_{x \to \infty} u(x,t) = f_0, & t > 0, \\ u(x,0) = f_0, & x > 0, \end{cases}$

其中 f_0, f_1 都是常数.

3.17 求解一阶偏微分方程的定解问题

$$\begin{cases} x^2 u_t + u_x = x^2, & x > 0, \ t > 0, \\ u(0,t) = 0, & t > 0, \\ u(x,0) = 0, & x > 0. \end{cases}$$

提示: 关于 t 施行 Laplace 变换, 并利用延迟性质.

3.18 证明函数

$$v(\boldsymbol{x}, t, \boldsymbol{y}, s) = \frac{1}{[4\pi(t-s)]^{n/2}} \exp\left(-\frac{|\boldsymbol{x} - \boldsymbol{y}|^2}{4(t-s)}\right)$$

关于变量 $(\boldsymbol{x}, t)$ 满足方程 $v_t - \Delta_{\boldsymbol{x}} v = 0$, 关于变量 $(\boldsymbol{y}, s)$ 满足方程 $v_s + \Delta_{\boldsymbol{y}} v = 0$.

3.19 若 $u_i(x_i, t)$ 是定解问题

$$\begin{cases} \dfrac{\partial u_i}{\partial t} - \dfrac{\partial^2 u}{\partial x_i^2} = 0, & x_i \in \mathbb{R}, \ t > 0, \\ u_i(x_i, 0) = \varphi_i(x_i), & x_i \in \mathbb{R} \end{cases}$$

的解, $i = 1, 2, \cdots, n$. 证明函数 $u(\boldsymbol{x}, t) = \prod\limits_{i=1}^{n} u_i(x_i, t)$ 是定解问题

$$\begin{cases} u_t - \Delta u = 0, & \boldsymbol{x} \in \mathbb{R}^n, \ t > 0, \\ u(\boldsymbol{x}, 0) = \prod\limits_{i=1}^{n} \varphi_i(x_i), & \boldsymbol{x} \in \mathbb{R}^n \end{cases}$$

的解, 其中 $\boldsymbol{x} = (x_1, \cdots, x_n)$.

第4章 波动方程的特征线法、球面平均法和降维法

利用第 3 章中的 Fourier 变换法可以求解波动方程的初值问题 (对一维情况, 3.2.3 节已作具体介绍. 对于高维情况, 可以用 3.2.2 节中处理高维热传导方程的方法). 本章介绍求解波动方程初值问题的其他方法 —— 特征线法 (或行波法)、球面平均法和降维法.

4.1 弦振动方程的初值问题的行波法

考虑无界弦的自由振动问题

$$u_{tt} - a^2 u_{xx} = 0, \quad x \in \mathbb{R}, \quad t > 0, \tag{4.1.1}$$

$$u(x,0) = \varphi(x), \quad u_t(x,0) = \psi(x), \quad x \in \mathbb{R}. \tag{4.1.2}$$

这是一个初值问题. 做自变量变换

$$\xi = x - at, \quad \eta = x + at,$$

方程 $u_{tt} - a^2 u_{xx} = 0$ 化为

$$u_{\xi\eta} = 0.$$

关于 η 积分知, u_ξ 具有形式

$$u_\xi = f(\xi).$$

再关于 ξ 积分知, u 可以写成

$$u = F(\xi) + G(\eta)$$

的形式. 代回原变量得

$$u(x,t) = F(x - at) + G(x + at),$$

该式称为方程 (4.1.1) 的通解. 利用初值条件 (4.1.2) 推得

$$F(x) + G(x) = \varphi(x), \quad -aF'(x) + aG'(x) = \psi(x). \tag{4.1.3}$$

对方程组 (4.1.3) 的第二式两边积分, 有

$$F(x) - G(x) = -\frac{1}{a} \int_{x_0}^{x} \psi(y)\mathrm{d}y + C.$$

此式与方程组 (4.1.3) 的第一式联立, 解出 $F(x)$ 和 $G(x)$, 再把它们代入 $u(x,t)$ 的表达式, 最后得到

$$u(x,t) = \frac{1}{2}[\varphi(x+at) + \varphi(x-at)] + \frac{1}{2a}\int_{x-at}^{x+at} \psi(y)\mathrm{d}y. \tag{4.1.4}$$

这就是著名的 **d'Alembert 公式**.

定理 4.1.1 如果在 $\mathbb{R}$ 上 φ 二次连续可微, ψ 一次连续可微, 则由 d'Alembert 公式给出的函数 $u(x,t)$ 在 $\overline{Q} \stackrel{\mathrm{def}}{=\!=} \{(x,t) : x \in \mathbb{R}, t \geqslant 0\}$ 上二次连续可微, 且是问题 (4.1.1) 和 (4.1.2) 的古典解.

从上面的推导过程可以看出, 如果 $\varphi \equiv \psi \equiv 0$, 则 $u \equiv 0$, 即解的惟一性成立.

下面研究解关于初值的连续依赖性. 设 u_i 是初值问题

$$\begin{cases} \dfrac{\partial^2 u_i}{\partial t^2} - a^2 \dfrac{\partial^2 u_i}{\partial x^2} = 0, & x \in \mathbb{R}, \quad t > 0, \\ u_i(x,0) = \varphi_i(x), \quad \dfrac{\partial u_i}{\partial t}(x,0) = \psi_i(x), & x \in \mathbb{R}, \quad i = 1,2 \end{cases}$$

的解. 记 $u = u_1 - u_2, \varphi = \varphi_1 - \varphi_2, \psi = \psi_1 - \psi_2$, 则 (u, φ, ψ) 满足初值问题 (4.1.1) 和 (4.1.2), 因此 (4.1.4) 式成立. 由此又推出, 对任意的 $T > 0$, 有估计式:

$$|u(x,t)| \leqslant \sup_{x\in\mathbb{R}} |\varphi(x)| + T \sup_{x\in\mathbb{R}} |\psi(x)|, \quad x \in \mathbb{R}, \quad 0 \leqslant t \leqslant T.$$

从而有

$$\sup_{\substack{x\in\mathbb{R}, \\ 0\leqslant t\leqslant T}} |u_1(x,t) - u_2(x,t)| \leqslant \sup_{x\in\mathbb{R}} |\varphi_1(x) - \varphi_2(x)| + T \sup_{x\in\mathbb{R}} |\psi_1(x) - \psi_2(x)|.$$

这说明, 当 $\sup\limits_{x\in\mathbb{R}} |\varphi_1(x) - \varphi_2(x)|$ 和 $\sup\limits_{x\in\mathbb{R}} |\psi_1(x) - \psi_2(x)|$ 都 "很小" 时, 在 $\mathbb{R} \times [0,T]$ 上 $|u_1(x,t) - u_2(x,t)|$ 也 "很小". 这就是解关于初值的连续依赖性.

上面的讨论说明, 初值问题 (4.1.1) 和 (4.1.2) 是适定的.

在建立 d'Alembert 公式时, 变换 $\xi = x - at, \eta = x + at$ 是非常关键的, 因为在此变换下方程能够化简, 这种变换称为**特征变换**. 不同的方程, 其对应的特征变换也不相同. 对于两个自变量的一般形式的二阶偏微分方程

$$a_{11}u_{xx} + 2a_{12}u_{xy} + a_{22}u_{yy} + b_1 u_x + b_2 u_y + cu = f(x,y), \tag{4.1.5}$$

其中 a_{ij}, b_i, c, f 是已知函数. 如果在某区域 Ω 内方程 (4.1.5) 是双曲型方程, 即 $a_{12}^2 - a_{11}a_{22} > 0$, 则常微分方程

$$a_{11}\left(\frac{\mathrm{d}y}{\mathrm{d}x}\right)^2 - 2a_{12}\frac{\mathrm{d}y}{\mathrm{d}x} + a_{22} = 0$$

或者

$$a_{11}\mathrm{d}y^2 - 2a_{12}\mathrm{d}y\mathrm{d}x + a_{22}\mathrm{d}x^2 = 0 \tag{4.1.6}$$

在区域 Ω 上就有两个函数无关的解 $\varphi_1(x,y)=C_1$, $\varphi_2(x,y)=C_2$. 同于第 1 章的 1.3.1 节, 常微分方程 (4.1.6) 称为偏微分方程 (4.1.5) 的**特征方程**, 其解称为偏微分方程 (4.1.5) 的**特征线**. 作变换 $\xi=\varphi_1(x,y)$, $\eta=\varphi_2(x,y)$, 那么在此变换下方程 (4.1.5) 在区域 Ω 上可以化简甚至能求出它的解, 称这样的变换为**特征变换**, 这种求解方法为**特征线法**.

例 4.1.1　求解 Cauchy 问题

$$\begin{cases} u_{xx}+2u_{xy}-3u_{yy}=0, & (x,y)\in\mathbb{R}^2, \\ u(x,0)=3x^2,\ u_y(x,0)=0, & x\in\mathbb{R}. \end{cases}$$

解　该问题对应的特征方程是

$$\mathrm{d}y^2-2\mathrm{d}x\mathrm{d}y-3\mathrm{d}x^2=0,$$

即

$$(\mathrm{d}y-3\mathrm{d}x)(\mathrm{d}y+\mathrm{d}x)=0.$$

它的两个线性无关的解是

$$3x-y=C_1, \quad x+y=C_2.$$

作变换 $\xi=3x-y$, $\eta=x+y$, 原方程化为

$$u_{\xi\eta}=0.$$

它的通解是

$$u=f_1(\xi)+f_2(\eta).$$

代回原变量, 就有

$$u(x,y)=f_1(3x-y)+f_2(x+y).$$

利用初值条件可得

$$f_1(3x)+f_2(x)=3x^2, \quad -f_1'(3x)+f_2'(x)=0. \tag{4.1.7}$$

对方程组 (4.1.7) 的第二式积分, 得

$$-\frac{1}{3}f_1(3x)+f_2(x)=C.$$

此式与方程组 (4.1.7) 的第一式联立可以解出

$$f_1(3x)=\frac{9}{4}x^2-C_1, \quad f_2(x)=\frac{3}{4}x^2+C_1,$$

从而

$$f_1(x)=\frac{1}{4}x^2-C_1, \quad f_2(x)=\frac{3}{4}x^2+C_1.$$

代回 u 的表达式, 最后得到

$$u(x,y)=\frac{1}{4}(3x-y)^2+\frac{3}{4}(x+y)^2=3x^2+y^2.$$

例 4.1.2 证明 Cauchy 问题

$$
\begin{cases}
u_{tt} - u_{xx} = 6(x+t), & x \in \mathbb{R}, \ t > x, \\
u|_{t=x} = 0, \ u_t|_{t=x} = u_1(x), & x \in \mathbb{R}
\end{cases}
\tag{4.1.8}
$$

有解的充分必要条件是 $u_1(x) - 3x^2 = C$, 其中 C 是任意常数. 而且, 如果方程有解, 那么解不惟一.

证明 作变换 $\xi = t - x$, $\eta = t + x$, 则问题 (4.1.8) 中的微分方程变为 $u_{\xi\eta} = \frac{3}{2}\eta$. 由此解出

$$
u = \frac{3}{4}\eta^2\xi + f(\eta) + g(\xi),
$$

其中 $f(\eta)$, $g(\xi)$ 是任意函数. 边界条件 $u|_{t=x} = 0$ 等价于 $u|_{\xi=0} = 0$, 于是 $f(\eta) = -g(0)$. 对 u 关于 t 求导数得

$$
u_t = \frac{3}{4}\eta^2 + \frac{3}{2}\eta\xi + g'(\xi).
$$

利用 $u_t|_{t=x} = u_1(x)$ 知

$$
u_1(x) = 3x^2 + g'(0) \overset{\text{def}}{=\!=} 3x^2 + C.
\tag{4.1.9}
$$

这说明, 如果问题 (4.1.8) 有解, 则 (4.1.9) 式一定成立. 反之, 如果 (4.1.9) 式成立, 直接验证可知, 对于任意的常数 C_1 和正整数 $n \geqslant 2$, 函数

$$
u(x,t) = C(t-x) + \frac{3}{4}(t+x)^2(t-x) + C_1(t-x)^n
$$

是问题 (4.1.8) 的解. 故解不惟一. 证毕.

4.2 d′Alembert 公式的物理意义

由 4.1 节知, 方程 (4.1.1) 的解可以写成 $u(x,t) = F(x-at) + G(x+at)$ 的形式.

对于 $F(x-at)$, 在点 x_0 处初始时刻 $t = 0$, 其值是 $F(x_0)$. 当 $t > 0$ 时, 在点 $x = x_0 + at$ 处的值仍然是 $F(x-at) = F(x_0 + at - at) = F(x_0)$. 这说明, 对于固定的 $t > 0$, $F(x-at)$ 的图形是由 $F(x)$ 的图形向右平移 at 的距离而得到. 特别地, 在单位时间内 (即 $t = 1$), 移动距离是 a. 也就是说, $F(x-at)$ 保持初始波形 $F(x)$ 不变而以速度 a 向右传播. 这个波称为**右传播波**或**右行波**, 见图 4.1.

类似地, $G(x+at)$ 表示一个保持初始波形 $G(x)$ 不变而以速度 a 向左传的波. 这个波称为**左传播波**或**左行波**.

d′Alembert 公式说明, 初值问题 (4.1.1) 和 (4.1.2) 的解是一个右行波和一个左行波的叠加.

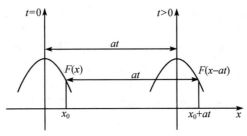

图 4.1

依赖区间   从 d'Alembert 公式

$$u(x,t) = \frac{1}{2}[\varphi(x+at) + \varphi(x-at)] + \frac{1}{2a}\int_{x-at}^{x+at} \psi(y)\mathrm{d}y$$

可以看出, u 在点 (x,t) 的值由 φ 在点 $x-at$ 和点 $x+at$ 的值以及 ψ 在区间 $[x-at, x+at]$ 上的值惟一确定. 这个区间 $[x-at, x+at]$ 就称为点 (x,t) 的**依赖区间**, 见图 4.2.

决定区域   在 x 轴上取一个区间 $[x_1, x_2]$, 过点 $(x_1, 0)$ 和点 $(x_2, 0)$ 分别作直线 $x = x_1 + at$ 和 $x = x_2 - at$, 构成一个三角形区域 D, 见图 4.3. 区域 D 内任一点的依赖区间都落在区间 $[x_1, x_2]$ 内. 故 $u(x,t)$ 在 D 内任一点的值都完全由初始函数 φ 和 ψ 在区间 $[x_1, x_2]$ 上的值来确定. 这个区域 D 就称为区间 $[x_1, x_2]$ 的**决定区域**, 即在区间 $[x_1, x_2]$ 上给定初值 φ 和 ψ, 就可以确定解在决定区域 D 内的值.

影响区域   过点 $(x_1, 0)$ 和点 $(x_2, 0)$ 分别作直线 $x = x_1 - at$ 和 $x = x_2 + at$. 经过 t 时刻后, 受到区间 $[x_1, x_2]$ 上初值扰动影响的区域是

$$x_1 - at \leqslant x \leqslant x_2 + at, \quad t > 0,$$

见图 4.4. 此区域内任一点 (x,t) 的依赖区间都全部或者有一部分落在 $[x_1, x_2]$ 内, 故解在这种点的值与初始函数在区间 $[x_1, x_2]$ 上的值有关. 此区域外任一点的依赖区间都不会和区间 $[x_1, x_2]$ 相交, 故解在这种点的值与初始函数在区间 $[x_1, x_2]$ 上的值无关. 称这个区域为区间 $[x_1, x_2]$ 的**影响区域**. 简言之, 影响区域就是那些使得解的值受到区间 $[x_1, x_2]$ 上初始函数的值影响的点所构成的集合. 当 $x_1 = x_2$ 时, 区间 $[x_1, x_2]$ 的影响区域也称为点 $(x_1, 0)$ 的**影响区域**.

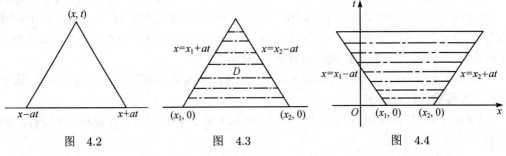

图 4.2   图 4.3   图 4.4

从上面的讨论可以看出, 两条直线 $x \pm at = C$ (常数) 对一维波动方程的解起着重要的作用, 这两条直线就称为波动方程 (4.1.1) 的**特征线**.

4.3 三维波动方程的初值问题 —— 球面平均法和 Poisson 公式

本节利用球面平均法, 建立初值问题

$$u_{tt} - a^2 \Delta u = 0, \quad \boldsymbol{x} \in \mathbb{R}^3, \quad t > 0, \tag{4.3.1}$$

$$u(\boldsymbol{x}, 0) = \varphi(\boldsymbol{x}), \quad u_t(\boldsymbol{x}, 0) = \psi(\boldsymbol{x}), \quad \boldsymbol{x} \in \mathbb{R}^3 \tag{4.3.2}$$

的求解公式.

4.3.1 三维波动方程的初值问题的球对称解

在球坐标 (r, θ, ϕ) 下, 方程 (4.3.1) 可以写成

$$u_{tt} = a^2 \left[\frac{1}{r^2} \frac{\partial}{\partial r} \left(r^2 \frac{\partial u}{\partial r} \right) + \frac{1}{r^2 \sin \theta} \frac{\partial}{\partial \theta} \left(\sin \theta \frac{\partial u}{\partial \theta} \right) + \frac{1}{r^2 \sin^2 \theta} \frac{\partial^2 u}{\partial \phi^2} \right],$$

其中 $r = |\boldsymbol{x}|$. 所谓球对称解是指在球面上各点的值都相等的解 (可以认为该球的球心是原点), 即 $u(\boldsymbol{x}, t) = u(r, t)$ 与 θ 和 ϕ 无关. 于是有

$$u_{tt} = a^2 \left(u_{rr} + \frac{2}{r} u_r \right),$$

或者等价地写成

$$(ru)_{tt} = r u_{tt} = a^2 (r u_{rr} + 2 u_r) = a^2 (ru)_{rr}.$$

如果初始函数 $\varphi(\boldsymbol{x})$ 和 $\psi(\boldsymbol{x})$ 都是球面对称的, 即 $\varphi(\boldsymbol{x}) = \varphi(r), \psi(\boldsymbol{x}) = \psi(r)$. 那么, 作为 r 和 t 的函数, ru 满足弦振动方程的半无界问题

$$\begin{cases} (ru)_{tt} - a^2 (ru)_{rr} = 0, & r \geqslant 0, \ t > 0, \\ (ru)|_{r=0} = 0, & t \geqslant 0, \\ (ru)|_{t=0} = r\varphi(r), \quad (ru)_t|_{t=0} = r\psi(r), & r \geqslant 0. \end{cases}$$

由公式 (3.3.3) 可知, 当 $0 \leqslant r \leqslant at$ 时,

$$u(r, t) = \frac{(r+at)\varphi(r+at) + (r-at)\varphi(at-r)}{2r} + \frac{1}{2ar} \int_{at-r}^{at+r} \rho\psi(\rho) \mathrm{d}\rho. \tag{4.3.3}$$

4.3.2　三维波动方程的初值问题的 Poisson 公式

现在考虑一般情况. 在球对称的情形下, ru 满足一维波动方程, 上面已经给出了求解公式 (4.3.3). 在非球对称的情形下, ru 不满足一维波动方程. 由此想到, 是否可以找到一个与 u 有关的球对称函数, 通过这个函数把 u 求出来? 自然考虑 u 在球面上的平均值.

考虑以 $\boldsymbol{x}$ 为球心、以 r 为半径的球面 $\mathbb{S}_{\boldsymbol{x}}^r$ 上 u 的平均值

$$\overline{u}(r,t;\boldsymbol{x}) = \frac{1}{4\pi r^2}\int_{\mathbb{S}_{\boldsymbol{x}}^r} u(\boldsymbol{z},t)\mathrm{d}S_{\boldsymbol{z}} = \frac{1}{4\pi r^2}\int_{\mathbb{S}_0^r} u(\boldsymbol{x}+\boldsymbol{y},t)\mathrm{d}S_{\boldsymbol{y}} = \frac{1}{4\pi}\int_{\mathbb{S}_0^1} u(\boldsymbol{x}+r\boldsymbol{\eta},t)\mathrm{d}S_{\boldsymbol{\eta}}.$$

这里的 $\boldsymbol{x}$ 固定, 视为参数, r 和 t 为自变量. 利用 u 的连续性知

$$\overline{u}(0,t;\boldsymbol{x}) = u(\boldsymbol{x},t).$$

因此, 只需求出 $\overline{u}(0,t;\boldsymbol{x})$.

设 $u(\boldsymbol{x},t)$ 是波动方程 (4.3.1) 的解. 现在证明 $\overline{u} = \overline{u}(r,t;\boldsymbol{x})$ 关于 r,t 满足方程

$$\overline{u}_{tt} = a^2\left(\overline{u}_{rr} + \frac{2}{r}\overline{u}_r\right). \tag{4.3.4}$$

事实上, 对方程 (4.3.1) 在 $\mathbb{S}_{\boldsymbol{x}}^r$ 所围成的球体 $V_{\boldsymbol{x}}^r$ 内积分, 并利用奥–高公式得

$$\begin{aligned}
\int_{V_{\boldsymbol{x}}^r} u_{tt}(\boldsymbol{z},t)\mathrm{d}\boldsymbol{z} &= \int_{V_0^r} u_{tt}(\boldsymbol{x}+\boldsymbol{y},t)\mathrm{d}\boldsymbol{y} = a^2\int_{V_0^r}\Delta_{\boldsymbol{y}} u(\boldsymbol{x}+\boldsymbol{y},t)\mathrm{d}\boldsymbol{y} \\
&= a^2\int_{\mathbb{S}_0^r}\frac{\partial u}{\partial \boldsymbol{n_y}}(\boldsymbol{x}+\boldsymbol{y},t)\mathrm{d}S_{\boldsymbol{y}} = a^2\int_{\mathbb{S}_0^r}\frac{\partial u}{\partial r}(\boldsymbol{x}+\boldsymbol{y},t)\mathrm{d}S_{\boldsymbol{y}} \\
&= a^2 r^2\int_{\mathbb{S}_0^1}\frac{\partial u}{\partial r}(\boldsymbol{x}+r\boldsymbol{\eta},t)\mathrm{d}S_{\boldsymbol{\eta}} = a^2 r^2\frac{\partial}{\partial r}\int_{\mathbb{S}_0^1} u(\boldsymbol{x}+r\boldsymbol{\eta},t)\mathrm{d}S_{\boldsymbol{\eta}} \\
&= 4\pi a^2 r^2\frac{\partial\overline{u}}{\partial r}(r,t;\boldsymbol{x}). \tag{4.3.5}
\end{aligned}$$

另一方面,

$$\begin{aligned}
\int_{V_0^r} u_{tt}(\boldsymbol{x}+\boldsymbol{y},t)\mathrm{d}\boldsymbol{y} &= \frac{\partial^2}{\partial t^2}\int_{V_0^r} u(\boldsymbol{x}+\boldsymbol{y},t)\mathrm{d}\boldsymbol{y} = \frac{\partial^2}{\partial t^2}\left(\int_0^r\mathrm{d}\rho\int_{\mathbb{S}_0^\rho} u(\boldsymbol{x}+\boldsymbol{y},t)\mathrm{d}S_{\boldsymbol{y}}\right) \\
&= \frac{\partial^2}{\partial t^2}\int_0^r\rho^2\mathrm{d}\rho\int_{\mathbb{S}_0^1} u(\boldsymbol{x}+\rho\boldsymbol{\eta},t)\mathrm{d}S_{\boldsymbol{\eta}} = \frac{\partial^2}{\partial t^2}\int_0^r 4\pi\rho^2\overline{u}(\rho,t;\boldsymbol{x})\mathrm{d}\rho. \tag{4.3.6}
\end{aligned}$$

联立 (4.3.5) 式和 (4.3.6) 式, 得

$$\frac{\partial^2}{\partial t^2}\int_0^r \rho^2\overline{u}(\rho,t;\boldsymbol{x})\mathrm{d}\rho = a^2 r^2\frac{\partial\overline{u}}{\partial r}(r,t;\boldsymbol{x}).$$

此式两边关于 r 求导, 就有

$$r^2 \frac{\partial^2 \overline{u}}{\partial t^2} = a^2 \frac{\partial}{\partial r}\left(r^2 \frac{\partial \overline{u}}{\partial r}\right).$$

从而 (4.3.4) 式成立.

分别记 $\varphi(\boldsymbol{x})$ 和 $\psi(\boldsymbol{x})$ 在球面 $\mathbb{S}_{\boldsymbol{x}}^r$ 上的平均值为 $\overline{\varphi}(r;\boldsymbol{x})$ 和 $\overline{\psi}(r;\boldsymbol{x})$, 那么 $r\overline{u}$ 关于 r,t 满足弦振动方程的半无界问题

$$\begin{cases} (r\overline{u})_{tt} - a^2(r\overline{u})_{rr} = 0, & r \geqslant 0,\ t > 0, \\ (r\overline{u})|_{r=0} = 0, & t \geqslant 0, \\ (r\overline{u})|_{t=0} = r\overline{\varphi}(r;\boldsymbol{x}), \quad (r\overline{u})_t|_{t=0} = r\overline{\psi}(r;\boldsymbol{x}), & r \geqslant 0. \end{cases}$$

由公式 (4.3.3) 知, 当 $0 \leqslant r \leqslant at$ 时,

$$\overline{u}(r,t;\boldsymbol{x}) = \frac{(r+at)\overline{\varphi}(r+at;\boldsymbol{x}) + (r-at)\overline{\varphi}(at-r;\boldsymbol{x})}{2r} + \frac{1}{2ar}\int_{at-r}^{at+r} \rho\, \overline{\psi}(\rho;\boldsymbol{x})\mathrm{d}\rho.$$

当 $r \to 0^+$ 时, 上式右端是 $\dfrac{0}{0}$ 型极限. 利用 L'Hospital 法则可以求出

$$u(\boldsymbol{x},t) = \overline{u}(0,t;\boldsymbol{x}) = \overline{\varphi}(at;\boldsymbol{x}) + at\,\overline{\varphi}_r(at;\boldsymbol{x}) + t\,\overline{\psi}(at;\boldsymbol{x})$$

$$= \frac{1}{a}\frac{\partial}{\partial t}\left(at\,\overline{\varphi}(at;\boldsymbol{x})\right) + t\,\overline{\psi}(at;\boldsymbol{x}).$$

把 $\overline{\varphi}(at;\boldsymbol{x})$ 和 $\overline{\psi}(at;\boldsymbol{x})$ 的表示式代入上式得

$$u(\boldsymbol{x},t) = \frac{1}{4\pi a^2}\left(\frac{\partial}{\partial t}\int_{\mathbb{S}_0^{at}} \frac{\varphi(\boldsymbol{x}+\boldsymbol{y})}{t}\mathrm{d}S_{\boldsymbol{y}} + \int_{\mathbb{S}_0^{at}} \frac{\psi(\boldsymbol{x}+\boldsymbol{y})}{t}\mathrm{d}S_{\boldsymbol{y}}\right) \tag{4.3.7}$$

$$= \frac{1}{4\pi a^2}\left(\frac{\partial}{\partial t}\int_{\mathbb{S}_{\boldsymbol{x}}^{at}} \frac{\varphi(\boldsymbol{y})}{t}\mathrm{d}S_{\boldsymbol{y}} + \int_{\mathbb{S}_{\boldsymbol{x}}^{at}} \frac{\psi(\boldsymbol{y})}{t}\mathrm{d}S_{\boldsymbol{y}}\right). \tag{4.3.8}$$

公式 (4.3.7) 或公式 (4.3.8) 称为三维波动方程的初值问题的 **Poisson 公式**, 有时也称为 **Kirchhoff 公式**. 这种求解方法称为**球面平均法**. 利用球坐标, 公式 (4.3.7) 又可以写成

$$u(\boldsymbol{x},t) = \frac{1}{4\pi}\frac{\partial}{\partial t}\int_0^{2\pi}\int_0^{\pi} t\varphi(x_1 + at\sin\theta\cos\phi,\ x_2 + at\sin\theta\sin\phi,\ x_3 + at\cos\theta)\sin\theta\,\mathrm{d}\theta\mathrm{d}\phi$$

$$+ \frac{1}{4\pi}\int_0^{2\pi}\int_0^{\pi} t\psi(x_1 + at\sin\theta\cos\phi,\ x_2 + at\sin\theta\sin\phi,\ x_3 + at\cos\theta)\sin\theta\,\mathrm{d}\theta\mathrm{d}\phi. \tag{4.3.9}$$

定理 4.3.1 如果 $\varphi \in C^3(\mathbb{R}^3)$, $\psi \in C^2(\mathbb{R}^3)$, 则由 Poisson 公式确定的函数 $u(\boldsymbol{x},t)$ 二次连续可微, 且是初值问题 (4.3.1) 和 (4.3.2) 的古典解.

例 4.3.1 已知 $\varphi(\boldsymbol{x}) = x_1 + x_2 + x_3$, $\psi(\boldsymbol{x}) = 0$. 求初值问题 (4.3.1) 和 (4.3.2) 的解.

解   直接代入公式 (4.3.9) 得

$$u(\boldsymbol{x},t) = \frac{1}{4\pi}\frac{\partial}{\partial t}\int_0^{2\pi}\int_0^\pi t[x_1+x_2+x_3+at(\sin\theta\cos\phi+\sin\theta\sin\phi+\cos\theta)]\sin\theta\mathrm{d}\theta\mathrm{d}\phi$$
$$= x_1+x_2+x_3.$$

例 4.3.2   已知 $\varphi(\boldsymbol{x}) = x_1^2 + x_2 x_3$, $\psi(\boldsymbol{x}) = 0$. 求初值问题 (4.3.1) 和 (4.3.2) 的解.

解   利用公式 (4.3.9) 直接计算知

$$u(\boldsymbol{x},t) = \frac{1}{4\pi}\frac{\partial}{\partial t}\int_0^{2\pi}\int_0^\pi t[(x_1+at\sin\theta\cos\phi)^2+(x_2+at\sin\theta\sin\phi)(x_3+at\cos\theta)]\sin\theta\,\mathrm{d}\theta\mathrm{d}\phi$$
$$= x_1^2 + x_2 x_3 + a^2 t^2.$$

4.3.3   非齐次方程、推迟势

本节给出求解非齐次方程的初值问题的方法. 首先考虑初始条件为零的非齐次方程的初值问题

$$\begin{cases} u_{tt} - a^2\Delta u = f(\boldsymbol{x},t), & \boldsymbol{x}\in\mathbb{R}^3, \ t > 0, \\ u(\boldsymbol{x},0) = u_t(\boldsymbol{x},0) = 0, & \boldsymbol{x}\in\mathbb{R}^3. \end{cases}$$

利用齐次化原理知

$$u(\boldsymbol{x},t) = \int_0^t w(\boldsymbol{x},t-\tau;\tau)\mathrm{d}\tau,$$

其中 $w(\boldsymbol{x},t;\tau)$ 是齐次方程的初值问题

$$\begin{cases} w_{tt} = a^2\Delta w, & \boldsymbol{x}\in\mathbb{R}^3, \ t > 0, \\ w|_{t=0} = 0, \ w_t|_{t=0} = f(\boldsymbol{x},\tau), & \boldsymbol{x}\in\mathbb{R}^3 \end{cases}$$

的解. 利用 Poisson 公式可以求出

$$w(\boldsymbol{x},t;\tau) = \frac{1}{4\pi a^2}\int_{\mathbb{S}_0^{at}}\frac{f(\boldsymbol{x}+\boldsymbol{y},\tau)}{t}\mathrm{d}S_{\boldsymbol{y}},$$

从而

$$u(\boldsymbol{x},t) = \int_0^t w(\boldsymbol{x},t-\tau;\tau)\mathrm{d}\tau = \frac{1}{4\pi a^2}\int_0^t\int_{\mathbb{S}_0^{a(t-\tau)}}\frac{f(\boldsymbol{x}+\boldsymbol{y},\tau)}{t-\tau}\mathrm{d}S_{\boldsymbol{y}}\mathrm{d}\tau.$$

若令 $r = a(t-\tau)$, 则上式又可以写成

$$u(\boldsymbol{x},t) = \frac{1}{4\pi a^2}\int_0^{at}\int_{\mathbb{S}_0^r}\frac{f(\boldsymbol{x}+\boldsymbol{y},t-r/a)}{r}\mathrm{d}S_{\boldsymbol{y}}\mathrm{d}r = \frac{1}{4\pi a^2}\int_{|\boldsymbol{y}|\leqslant at}\frac{f(\boldsymbol{x}+\boldsymbol{y},t-|\boldsymbol{y}|/a)}{|\boldsymbol{y}|}\mathrm{d}\boldsymbol{y}.$$

利用叠加原理易证下面的定理.

定理 4.3.2 若 $\varphi \in C^3(\mathbb{R}^3), \psi \in C^2(\mathbb{R}^3), f \in C^2(\mathbb{R}^3 \times \mathbb{R}_+)$, 则三维波动方程的初值问题

$$\begin{cases} u_{tt} - a^2 \Delta u = f(\boldsymbol{x}, t), & \boldsymbol{x} \in \mathbb{R}^3, \ t > 0, \\ u(\boldsymbol{x}, 0) = \varphi(\boldsymbol{x}), \ u_t(\boldsymbol{x}, 0) = \psi(\boldsymbol{x}), & \boldsymbol{x} \in \mathbb{R}^3 \end{cases} \tag{4.3.10}$$

有古典解, 并且可以表示为

$$u(\boldsymbol{x}, t) = \frac{1}{4\pi a^2} \left(\frac{\partial}{\partial t} \int_{\mathbb{S}_{\boldsymbol{0}}^{at}} \frac{\varphi(\boldsymbol{x} + \boldsymbol{y})}{t} \mathrm{d}S_{\boldsymbol{y}} + \int_{\mathbb{S}_{\boldsymbol{0}}^{at}} \frac{\psi(\boldsymbol{x} + \boldsymbol{y})}{t} \mathrm{d}S_{\boldsymbol{y}} \right)$$

$$+ \frac{1}{4\pi a^2} \int_{|\boldsymbol{y}| \leqslant at} \frac{f(\boldsymbol{x} + \boldsymbol{y}, t - |\boldsymbol{y}|/a)}{|\boldsymbol{y}|} \mathrm{d}\boldsymbol{y},$$

或者表示为 (利用球坐标)

$$u(\boldsymbol{x}, t) = \frac{1}{4\pi} \frac{\partial}{\partial t} \int_0^{2\pi} \int_0^{\pi} t\varphi(x_1 + at\sin\theta\cos\phi, \ x_2 + at\sin\theta\sin\phi, \ x_3 + at\cos\theta)\sin\theta \, \mathrm{d}\theta\mathrm{d}\phi$$

$$+ \frac{1}{4\pi} \int_0^{2\pi} \int_0^{\pi} t\psi(x_1 + at\sin\theta\cos\phi, \ x_2 + at\sin\theta\sin\phi, \ x_3 + at\cos\theta)\sin\theta \, \mathrm{d}\theta\mathrm{d}\phi$$

$$+ \frac{1}{4\pi a^2} \int_0^{at} \int_0^{2\pi} \int_0^{\pi} f\left(x_1 + r\sin\theta\cos\phi, \ x_2 + r\sin\theta\sin\phi, \ x_3 + r\cos\theta, \ t - \frac{r}{a}\right)$$

$$\times r\sin\theta \, \mathrm{d}\theta\mathrm{d}\phi\mathrm{d}r.$$

例 4.3.3 已知 $\varphi(\boldsymbol{x}) = x_1^2 + x_2 x_3, \ \psi(\boldsymbol{x}) = 0, \ f(\boldsymbol{x}, t) = 2(x_2 - t)$. 求初值问题 (4.3.10) 的解.

解 直接计算知

$$\frac{1}{4\pi a^2} \int_0^{at} \int_0^{2\pi} \int_0^{\pi} 2\left(x_2 + r\sin\theta\sin\phi - t + \frac{r}{a}\right) r\sin\theta \, \mathrm{d}\theta\mathrm{d}\phi\mathrm{d}r = x_2 t^2 - \frac{1}{3}t^3,$$

再结合例 4.3.2 就得到

$$u(\boldsymbol{x}, t) = x_1^2 + x_2 x_3 + a^2 t^2 + x_2 t^2 - \frac{1}{3}t^3.$$

4.4 二维波动方程的初值问题 —— 降维法

为了书写方便, 我们把 $\boldsymbol{x} = (x_1, x_2)$ 写成 $\boldsymbol{x} = (x, y)$. 先考虑二维齐次波动方程的初值问题

$$\begin{cases} u_{tt} - a^2(u_{xx} + u_{yy}) = 0, & (x, y) \in \mathbb{R}^2, \ t > 0, \\ u|_{t=0} = \varphi(x, y), \ u_t|_{t=0} = \psi(x, y), & (x, y) \in \mathbb{R}^2. \end{cases} \tag{4.4.1}$$

先把问题 (4.4.1) 看成三维问题, 即记

$$\widetilde{u}(x,y,z,t) = u(x,y,t), \quad \widetilde{\varphi}(x,y,z) = \varphi(x,y), \quad \widetilde{\psi}(x,y,z) = \psi(x,y),$$

则有

$$\begin{cases} \widetilde{u}_{tt} - a^2(\widetilde{u}_{xx} + \widetilde{u}_{yy} + \widetilde{u}_{zz}) = 0, & (x,y,z) \in \mathbb{R}^3, \ t > 0, \\ \widetilde{u}|_{t=0} = \widetilde{\varphi}, \quad \widetilde{u}_t|_{t=0} = \widetilde{\psi}, & (x,y,z) \in \mathbb{R}^3. \end{cases} \tag{4.4.2}$$

显然, 问题 (4.4.1) 的解一定是问题 (4.4.2) 的解. 反之, 如果 $\widetilde{u}$ 是问题 (4.4.2) 的解且与 z 无关, 那么 $u = \widetilde{u}$ 也是问题 (4.4.1) 的解. 由 Poisson 公式, 问题 (4.4.2) 的解可以写成

$$\widetilde{u}(x,y,z,t) = \frac{1}{4\pi a^2} \left(\frac{\partial}{\partial t} \int_{\mathbb{S}_0^{at}} \frac{\widetilde{\varphi}(x+\eta_1, y+\eta_2, z+\eta_3)}{t} \mathrm{d}S_{\boldsymbol{\eta}} + \int_{\mathbb{S}_0^{at}} \frac{\widetilde{\psi}(x+\eta_1, y+\eta_2, z+\eta_3)}{t} \mathrm{d}S_{\boldsymbol{\eta}} \right)$$

$$= \frac{1}{4\pi a^2} \left(\frac{\partial}{\partial t} \int_{\mathbb{S}_0^{at}} \frac{\varphi(x+\eta_1, y+\eta_2)}{t} \mathrm{d}S_{\boldsymbol{\eta}} + \int_{\mathbb{S}_0^{at}} \frac{\psi(x+\eta_1, y+\eta_2)}{t} \mathrm{d}S_{\boldsymbol{\eta}} \right),$$

其中 $\boldsymbol{\eta} = (\eta_1, \eta_2, \eta_3)$. 因为上式中的被积函数与 η_3 无关, 所以在上、下半球面上的积分都可以化成在平面 ($\eta_3 = 0$) 上的投影上的二重积分, 即圆面

$$\sum_{\boldsymbol{O}}^{at} : \eta_1^2 + \eta_2^2 \leqslant a^2 t^2$$

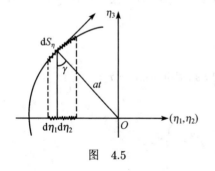

图　4.5

上的二重积分. 由于球面上的面积元素 $\mathrm{d}S_{\boldsymbol{\eta}}$ 和它的投影元素 $\mathrm{d}\eta_1\mathrm{d}\eta_2$ 之间有关系式 (见图 4.5)

$$\mathrm{d}\eta_1\mathrm{d}\eta_2 = |\cos\gamma|\mathrm{d}S_{\boldsymbol{\eta}},$$

其中 γ 是这两个面积元的外法向之间的夹角, 而

$$|\cos\gamma| = \frac{\sqrt{a^2t^2 - \eta_1^2 - \eta_2^2}}{at}.$$

因此, 在上、下半球面上的积分都化成在同一圆面 $\sum_{\boldsymbol{O}}^{at}$ 上的积分. 所以

$$\widetilde{u}(x,y,z,t) = \frac{1}{2\pi a} \left(\frac{\partial}{\partial t} \int_{\sum_{\boldsymbol{O}}^{at}} \frac{\varphi(x+\eta_1, \ y+\eta_2)}{\sqrt{a^2t^2 - \eta_1^2 - \eta_2^2}} \mathrm{d}\eta_1\mathrm{d}\eta_2 + \int_{\sum_{\boldsymbol{O}}^{at}} \frac{\psi(x+\eta_1, \ y+\eta_2)}{\sqrt{a^2t^2 - \eta_1^2 - \eta_2^2}} \mathrm{d}\eta_1\mathrm{d}\eta_2 \right).$$

这是一个与 z 无关的函数, 故是问题 (4.4.1) 的解, 写成 $u(x,y,t)$. 通常把 (η_1, η_2) 写成 (ξ, η), 即

$$u(x,y,t) = \frac{1}{2\pi a} \left(\frac{\partial}{\partial t} \int_{\sum_O^{at}} \frac{\varphi(x+\xi, y+\eta)}{\sqrt{a^2 t^2 - \xi^2 - \eta^2}} \mathrm{d}\xi\mathrm{d}\eta + \int_{\sum_O^{at}} \frac{\psi(x+\xi, y+\eta)}{\sqrt{a^2 t^2 - \xi^2 - \eta^2}} \mathrm{d}\xi\mathrm{d}\eta \right) \quad (4.4.3)$$

$$= \frac{1}{2\pi a} \frac{\partial}{\partial t} \int_{\sum_P^{at}} \frac{\varphi(\xi,\eta)}{\sqrt{a^2 t^2 - (\xi-x)^2 - (\eta-y)^2}} \mathrm{d}\xi\mathrm{d}\eta$$

$$+ \frac{1}{2\pi a} \int_{\sum_P^{at}} \frac{\psi(\xi,\eta)}{\sqrt{a^2 t^2 - (\xi-x)^2 - (\eta-y)^2}} \mathrm{d}\xi\mathrm{d}\eta. \quad (4.4.4)$$

其中, $\sum_O^{at}$ 是 $\xi\eta$ 平面上以 O 为圆心、以 at 为半径的圆面, $\sum_P^{at}$ 是 $\xi\eta$ 平面上以点 $P = (x, y)$ 为圆心、以 at 为半径的圆面. 公式 (4.4.3) 和公式 (4.4.4) 都称为二维波动方程的初值问题的 **Poisson 公式**. 这种求解方法称为**降维法**.

利用极坐标也可以把公式 (4.4.3) 写成

$$u(x,y,t) = \frac{1}{2\pi a} \frac{\partial}{\partial t} \int_0^{at} \int_0^{2\pi} \frac{\varphi(x+\rho\cos\theta, y+\rho\sin\theta)}{\sqrt{a^2 t^2 - \rho^2}} \rho \, \mathrm{d}\theta\mathrm{d}\rho$$

$$+ \frac{1}{2\pi a} \int_0^{at} \int_0^{2\pi} \frac{\psi(x+\rho\cos\theta, y+\rho\sin\theta)}{\sqrt{a^2 t^2 - \rho^2}} \rho \, \mathrm{d}\theta\mathrm{d}\rho. \quad (4.4.5)$$

对于非齐次方程的初值问题

$$\begin{cases} u_{tt} - a^2(u_{xx} + u_{yy}) = f(x,y,t), & (x,y) \in \mathbb{R}^2, \quad t > 0, \\ u(x,0) = \varphi(x,y), \ u_t(x,0) = \psi(x,y), & (x,y) \in \mathbb{R}^2, \end{cases} \quad (4.4.6)$$

同样可以利用降维法和齐次化原理得到解的表达式:

$$u(x,y,t) = \frac{1}{2\pi a} \left(\frac{\partial}{\partial t} \int_{\sum_O^{at}} \frac{\varphi(x+\xi, y+\eta)}{\sqrt{a^2 t^2 - \xi^2 - \eta^2}} \mathrm{d}\xi\mathrm{d}\eta + \int_{\sum_O^{at}} \frac{\psi(x+\xi, y+\eta)}{\sqrt{a^2 t^2 - \xi^2 - \eta^2}} \mathrm{d}\xi\mathrm{d}\eta \right)$$

$$+ \frac{1}{2\pi a^2} \int_0^{at} \int_{\sum_O^r} \frac{f(x+\xi, y+\eta, t-r/a)}{\sqrt{r^2 - \xi^2 - \eta^2}} \mathrm{d}\xi\mathrm{d}\eta\mathrm{d}r. \quad (4.4.7)$$

利用极坐标, 上式又可以写成

$$u(x,y,t) = \frac{1}{2\pi a} \frac{\partial}{\partial t} \int_0^{at} \int_0^{2\pi} \frac{\varphi(x+\rho\cos\theta, y+\rho\sin\theta)}{\sqrt{a^2 t^2 - \rho^2}} \rho \, \mathrm{d}\theta\mathrm{d}\rho$$

$$+ \frac{1}{2\pi a} \int_0^{at} \int_0^{2\pi} \frac{\psi(x+\rho\cos\theta, y+\rho\sin\theta)}{\sqrt{a^2 t^2 - \rho^2}} \rho \, \mathrm{d}\theta\mathrm{d}\rho$$

$$+ \frac{1}{2\pi a^2} \int_0^{at} \int_0^{2\pi} \int_0^r \frac{f(x+\rho\cos\theta, y+\rho\sin\theta, t-r/a)}{\sqrt{r^2 - \rho^2}} \rho \, \mathrm{d}\rho\mathrm{d}\theta\mathrm{d}r. \quad (4.4.8)$$

定理 4.4.1　如果 $\varphi \in C^3(\mathbb{R}^2), \psi \in C^2(\mathbb{R}^2), f \in C^2(\mathbb{R}^2 \times \mathbb{R}_+)$, 则初值问题 (4.4.6) 有古典解 (4.4.7) 或 (4.4.8).

二维齐次波动方程的初值问题的解是在圆域内积分. 圆可以被看成三维空间中的圆柱的截面, 所以二维波也称为**柱面波**.

例 4.4.1　*求解初值问题*

$$
\begin{cases}
u_{tt} - a^2(u_{xx} + u_{yy}) = 0, & (x, y) \in \mathbb{R}^2, \ t > 0, \\
u|_{t=0} = x^2(x+y), \ u_t|_{t=0} = 0, & (x, y) \in \mathbb{R}^2.
\end{cases}
$$

解　这是二维空间的波动问题. 记 $\varphi(x, y) = x^2(x+y), \psi(x, y) = 0$, 利用二维 Poisson 公式 (4.4.5) 得

$$
u(x, y, t) = \frac{1}{2\pi a} \frac{\partial}{\partial t} \int_0^{at} \int_0^{2\pi} \frac{(x + \rho\cos\theta)^2(x + \rho\cos\theta + y + \rho\sin\theta)}{\sqrt{a^2 t^2 - \rho^2}} \rho \, \mathrm{d}\theta \mathrm{d}\rho
$$

$$
= \frac{1}{2\pi a} \frac{\partial}{\partial t} \int_0^{at} \frac{\rho \, \mathrm{d}\rho}{\sqrt{a^2 t^2 - \rho^2}} \int_0^{2\pi} \big[x^2(x+y) + x^2 \rho(\cos\theta + \sin\theta) + 2x\rho(x+y)\cos\theta
$$

$$
+ 2x\rho^2 \cos^2\theta + 2x\rho^2 \sin\theta\cos\theta + (x+y)\rho^2 \cos^2\theta + \rho^3 \cos^3\theta + \rho^3 \cos^2\theta\sin\theta \big] \mathrm{d}\theta
$$

$$
= \frac{1}{2\pi a} \frac{\partial}{\partial t} \int_0^{at} \frac{2\pi x^2(x+y) + 2\pi x\rho^2 + \pi(x+y)\rho^2}{\sqrt{a^2 t^2 - \rho^2}} \rho \, \mathrm{d}\rho
$$

$$
= \frac{1}{a} \frac{\partial}{\partial t} \left(x^2(x+y)at + \frac{1}{3}(at)^3(3x+y) \right)
$$

$$
= x^2(x+y) + a^2 t^2(3x+y).
$$

4.5　依赖区域、决定区域、影响区域、特征锥

在 4.2 节, 我们对于一维情形, 利用 d'Alembert 公式给出了初值问题的依赖区间、决定区域、影响区域等概念. 对于高维情形, 也有类似的概念. 在本节及下一节, 只考虑没有外力作用的情形.

1. 二维情形

记 $\boldsymbol{x} = (x, y)$. 任取一点 $(\boldsymbol{x}_0, t_0), \boldsymbol{x}_0 = (x_0, y_0)$. 根据 Poisson 公式 (4.4.4), 二维齐次波动方程初值问题的解在点 $(\boldsymbol{x}_0, t_0)$ 的值是

$$
u(\boldsymbol{x}_0, t_0) = \frac{1}{2\pi a} \frac{\partial}{\partial t_0} \int_{\sum_{\boldsymbol{x}_0}^{at_0}} \frac{\varphi(x, y)}{\left[a^2 t_0^2 - (x - x_0)^2 - (y - y_0)^2 \right]^{1/2}} \mathrm{d}x\mathrm{d}y
$$

$$
+ \frac{1}{2\pi a} \int_{\sum_{\boldsymbol{x}_0}^{at_0}} \frac{\psi(x, y)}{\left[a^2 t_0^2 - (x - x_0)^2 - (y - y_0)^2 \right]^{1/2}} \mathrm{d}x\mathrm{d}y.
$$

这说明, $u(\boldsymbol{x}_0, t_0)$ 只依赖于初始函数 φ 和 ψ 在圆域 $\sum_{\boldsymbol{x}_0}^{at_0}: |\boldsymbol{x} - \boldsymbol{x}_0|^2 \leqslant a^2 t_0^2$ 内的值, 而与它们在该圆域外的值无关. 称圆域 $\sum_{\boldsymbol{x}_0}^{at_0}$ 为点 $(\boldsymbol{x}_0, t_0)$ 的**依赖区域**, 它是锥体

$$K: |\boldsymbol{x} - \boldsymbol{x}_0|^2 \leqslant a^2(t - t_0)^2, \quad t \leqslant t_0$$

与平面 $t = 0$ 的交截. 对于 K 中的任一点 $(\boldsymbol{x}', t')$, 它的依赖区域都包含在圆域 $\sum_{\boldsymbol{x}_0}^{at_0}$ 内. 因此, 圆域 $\sum_{\boldsymbol{x}_0}^{at_0}$ 内初始函数的值决定了 K 内每一点处 u 的值. 这个锥 K 就称为圆域 $\sum_{\boldsymbol{x}_0}^{at_0}$ 的**决定区域**, 见图 4.6.

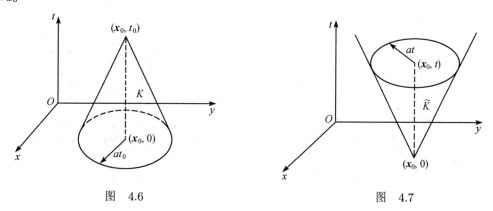

图 4.6　　　　　　　　　　　图 4.7

在平面 $t = 0$ 上任给一点 $(\boldsymbol{x}_0, 0) = (x_0, y_0, 0)$, 作锥体

$$\widetilde{K}: |\boldsymbol{x} - \boldsymbol{x}_0|^2 \leqslant a^2 t^2, \quad t \geqslant 0,$$

见图 4.7. 锥体 $\widetilde{K}$ 中任一点 $(\boldsymbol{x}, t)$ 的依赖区域都包含给定点 $(\boldsymbol{x}_0, 0)$, 即解在 $\widetilde{K}$ 内任何一点的值都受到初始函数的值 $\varphi(\boldsymbol{x}_0)$ 和 $\psi(\boldsymbol{x}_0)$ 的影响, 而解在 $\widetilde{K}$ 外的值与 $\varphi(\boldsymbol{x}_0)$ 和 $\psi(\boldsymbol{x}_0)$ 无关. 称锥体 $\widetilde{K}$ 是点 $(\boldsymbol{x}_0, 0)$ 的**影响区域**.

从上面的讨论可以看出, 对于二维波动方程, 锥面

$$|\boldsymbol{x} - \boldsymbol{x}_0|^2 = a^2(t - t_0)^2, \quad t \leqslant t_0$$

起着重要作用. 这个锥面就称为**特征锥面**, 特征锥面连同其内部称为**特征锥**.

2. 三维情形

记 $\boldsymbol{x} = (x, y, z)$. 类似于二维情形的分析, 对于三维波动方程的初值问题, 由公式 (4.3.8) 知, 解 u 在点 $(\boldsymbol{x}_0, t_0)$ $(\boldsymbol{x}_0 = (x_0, y_0, z_0), t_0 > 0)$ 处的值由初始函数 φ 和 ψ 在球面

$$\mathbb{S}_{\boldsymbol{x}_0}^{at_0}: |\boldsymbol{x} - \boldsymbol{x}_0|^2 = a^2 t_0^2$$

上的值惟一确定. 球面 $\mathbb{S}_{\boldsymbol{x}_0}^{at_0}$ 称为点 $(\boldsymbol{x}_0, t_0)$ 的**依赖区域**, 它是锥面

$$|\boldsymbol{x} - \boldsymbol{x}_0|^2 = a^2(t - t_0)^2, \quad t \leqslant t_0$$

与超平面 $t=0$ 的截口. 这个锥面就称为三维波动方程的**特征锥面**. 特征锥面连同其内部称为**特征锥**, 它的解析式是

$$K: |\boldsymbol{x}-\boldsymbol{x}_0|^2 \leqslant a^2(t-t_0)^2, \quad t \leqslant t_0. \tag{4.5.1}$$

特征锥中任一点的依赖区域都落在以 $\boldsymbol{x}_0$ 为心、以 at_0 为半径的球 $V_{\boldsymbol{x}_0}^{at_0}: |\boldsymbol{x}-\boldsymbol{x}_0| \leqslant at_0$ 中. 因此, 给定初始函数 φ 和 ψ 在球 $V_{\boldsymbol{x}_0}^{at_0}$ 中的值就可以惟一确定解在特征锥 (4.5.1) 中的值. 特征锥 (4.5.1) 就称为球 $V_{\boldsymbol{x}_0}^{at_0}$ 的**决定区域**, 见图 4.8.

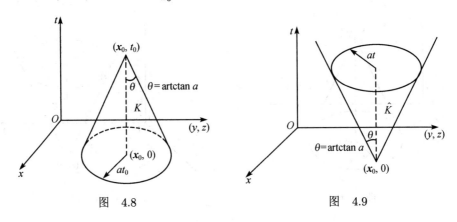

图　4.8　　　　　　　　　　　图　4.9

在超平面 $t=0$ 上任取一点 $(\boldsymbol{x}_0, 0)$, 锥面

$$\widehat{K}: |\boldsymbol{x}-\boldsymbol{x}_0|^2 = a^2 t^2, \quad t \geqslant 0$$

称为点 $\boldsymbol{x}_0$ 的**影响区域**, 即初始函数在点 $\boldsymbol{x}_0$ 处的值影响解在锥面 $\widehat{K}$ 上的值, 不影响解在锥面 $\widehat{K}$ 外的值, 见图 4.9.

4.6　Poisson 公式的物理意义、Huygens 原理

先解释三维 Poisson 公式的物理意义. 可以认为初始函数 φ 和 ψ 只在空间中的某一有界区域 Ω 内取正值, 在 Ω 外为零.

在空间中任取一点 $\boldsymbol{x}_0$, 考察在 $\boldsymbol{x}_0$ 处解在各个时刻受初值扰动影响的情况. 如图 4.10 所示, 记

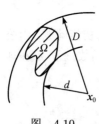

图　4.10

$$d = \min\{|\boldsymbol{x}-\boldsymbol{x}_0|: \boldsymbol{x}\in\Omega\}, \quad D = \max\{|\boldsymbol{x}-\boldsymbol{x}_0|: \boldsymbol{x}\in\Omega\}.$$

当 $t < d/a$ 时, $\mathbb{S}_{\boldsymbol{x}_0}^{at} \bigcap \Omega = \varnothing$, 所以 $u(\boldsymbol{x}_0, t) = 0$. 这说明在时刻 $t = d/a$ 之前, 扰动还没有传播到点 $\boldsymbol{x}_0$.

当 $d/a \leqslant t \leqslant D/a$ 时, $\mathbb{S}_{\boldsymbol{x}_0}^{at} \bigcap \Omega \neq \varnothing$, 所以 $u(\boldsymbol{x}_0, t) \neq 0$. 这说明在时段 $[d/a, D/a]$ 内, 解在 $\boldsymbol{x}_0$ 处的值都受到初始扰动的影响.

当 $t > D/a$ 时, $\mathbb{S}_{\boldsymbol{x}_0}^{at} \bigcap \Omega = \varnothing$, 所以 $u(\boldsymbol{x}_0, t) = 0$. 这说明扰动已经过去.

现在考察在固定时刻 $t_0 > 0$, 解受初始扰动影响的范围. 上面的分析表明, 对于受扰动影响的所有点 $\boldsymbol{x}$, 其相应的球面 $\mathbb{S}_{\boldsymbol{x}}^{at_0}$ 都应与初始扰动区域 Ω 相交. 以 Ω 中的每一点 $\boldsymbol{x}$ 为心, 以 at_0 为半径作无数个球面, 这无数个球面并在一起就构成受扰动影响的区域: $E = \bigcup \mathbb{S}_{\boldsymbol{x}}^{at_0}$, 其边界 ∂E 就是球面族 $\{\mathbb{S}_{\boldsymbol{x}}^{at_0}\}_{\boldsymbol{x} \in \Omega}$ 的**包络面**. 外包络面称为**前阵面**, 也称为**波前**; 内包络面称为**后阵面**, 也称为**波后**, 见图 4.11.

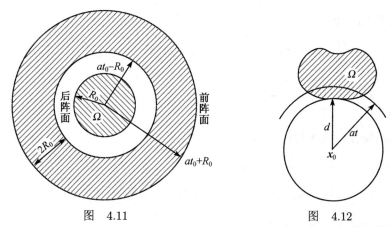

图 4.11　　　　　　　　图 4.12

三维波的传播有清晰的前阵面和后阵面, 这种现象称为 **Huygens 原理**, 也称为**无后效现象**.

现在考虑二维情形. 二维情形与三维情形有实质性的差别. 例如, 给定一个有界区域 Ω, 初始函数 φ 和 ψ 在 Ω 内为正, 在 Ω 外为零. 对于平面上任一点 $\boldsymbol{x}_0$, 记 $\boldsymbol{x}_0$ 到 Ω 的距离为 $d = \min\{|\boldsymbol{x} - \boldsymbol{x}_0| : \boldsymbol{x} \in \Omega\}$. 当 $t < d/a$ 时, $u(\boldsymbol{x}_0, t) = 0$, 这说明扰动还没有传到 $\boldsymbol{x}_0$ 点; 当 $t > d/a$ 时, $u(\boldsymbol{x}_0, t) \neq 0$, 这说明从时刻 $t = d/a$ 开始, 解在 $\boldsymbol{x}_0$ 点的值总受到初始扰动的影响, 见图 4.12. 二维波有明显的前阵面, 没有后阵面. 这种现象称为**波的弥散**. 例如平面波 —— 水波现象.

习 题 4

4.1 利用 d'Alembert 公式解下列初值问题:

(1) $\begin{cases} u_{tt} = u_{xx}, & x \in \mathbb{R}, \ t > 0, \\ u|_{t=0} = \ln(1+x^2), \quad u_t|_{t=0} = \sin x, & x \in \mathbb{R}; \end{cases}$

(2) $\begin{cases} u_{tt} = a^2 u_{xx}, & x \in \mathbb{R}, \ t > 0, \\ u|_{t=0} = 0, \ u_t|_{t=0} = x^2, & x \in \mathbb{R}; \end{cases}$

(3) $\begin{cases} u_{tt} - a^2 u_{xx} = 0, & x \in \mathbb{R},\ t > 0, \\ u|_{t=0} = 0,\ u_t|_{t=0} = \dfrac{1}{1+x^2}, & x \in \mathbb{R}. \end{cases}$

4.2　求方程

$$u_{xx} - 2\sin x\, u_{xy} - \cos^2 x\, u_{yy} - \cos x\, u_y = 0$$

的通解.

4.3　求解 Goursat 问题

$$\begin{cases} u_{tt} - a^2 u_{xx} = 0, & t > 0,\ -at < x < at, \\ u|_{x-at=0} = \varphi(x),\ u|_{x+at=0} = \psi(x), \end{cases}$$

其中 $\varphi(0) = \psi(0)$.

4.4　利用特征线法求解初值问题

$$\begin{cases} u_{tt} + u_{xt} - 2u_{xx} = 0, & x \in \mathbb{R},\ t > 0, \\ u|_{t=0} = \sin x,\ u_t|_{t=0} = x, & x \in \mathbb{R}. \end{cases}$$

4.5　求解下列非齐次方程的初值问题:

(1) $\begin{cases} u_{tt} - u_{xx} = t + \mathrm{e}^x, & x \in \mathbb{R},\ t > 0, \\ u|_{t=0} = 0,\ u_t|_{t=0} = \sin x, & x \in \mathbb{R}; \end{cases}$

(2) $\begin{cases} u_{tt} - u_{xx} = t\sin x, & x \in \mathbb{R},\ t > 0, \\ u|_{t=0} = 0,\ u_t|_{t=0} = x, & x \in \mathbb{R}. \end{cases}$

4.6　当初值 $u(x,0) = \varphi(x)$, $u_t(x,0) = \psi(x)$ 满足什么条件时, 齐次波动方程的初值问题仅由左传播波组成?

4.7　在上半平面 $\{(x,t)|x \in \mathbb{R}, t > 0\}$ 上给出一点 $M = (1,2)$, 对于弦振动方程 $u_{tt} = u_{xx}$ 来说, 点 M 的依赖区间是什么? 点 M 是否落在点 $(0,0)$ 的影响区域内?

4.8　分别利用本章给出的求解公式和第 3 章给出的级数求解公式, 求解下列初值问题:

(1) $\begin{cases} u_{tt} - a^2 \Delta u = 0, & \boldsymbol{x} \in \mathbb{R}^3,\ t > 0, \\ u|_{t=0} = x_1 + x_2 x_3,\ u_t|_{t=0} = 0, & \boldsymbol{x} \in \mathbb{R}^3; \end{cases}$

(2) $\begin{cases} u_{tt} - 8\Delta u = t^2 x_1, & \boldsymbol{x} \in \mathbb{R}^3,\ t > 0, \\ u|_{t=0} = x_2^2,\ u_t|_{t=0} = x_3^2, & \boldsymbol{x} \in \mathbb{R}^3; \end{cases}$

(3) $\begin{cases} u_{tt} - 2\Delta u = 0, & \boldsymbol{x} \in \mathbb{R}^2, \ t > 0, \\ u|_{t=0} = x_1^2 - x_2^2, \ u_t|_{t=0} = x_1 + x_2, & \boldsymbol{x} \in \mathbb{R}^2; \end{cases}$

(4) $\begin{cases} u_{tt} - \Delta u = t \sin x_1, & \boldsymbol{x} \in \mathbb{R}^2, \ t > 0, \\ u|_{t=0} = x_1^2, \ u_t|_{t=0} = \sin x_2, & \boldsymbol{x} \in \mathbb{R}^2. \end{cases}$

4.9 试用降维法导出弦振动方程的 d'Alembert 公式.

4.10 求二维波动方程的初值问题

$$\begin{cases} u_{tt} - a^2 \Delta u = 0, & \boldsymbol{x} \in \mathbb{R}^2, \ t > 0, \\ u|_{t=0} = \varphi(|\boldsymbol{x}|), \ u_t|_{t=0} = \psi(|\boldsymbol{x}|), & \boldsymbol{x} \in \mathbb{R}^2 \end{cases}$$

的轴对称解 $u = u(|\boldsymbol{x}|, t)$.

4.11 求解初值问题

$$\begin{cases} u_{tt} - a^2 u_{xx} = c^2 u, & x \in \mathbb{R}, \ t > 0, \\ u|_{t=0} = \varphi(x), \ u_t|_{t=0} = \psi(x), & x \in \mathbb{R}, \end{cases}$$

其中 c 为常数 (提示: 令 $v(x, y, t) = \mathrm{e}^{cy/a} u(x, t)$).

4.12 若 $u(\boldsymbol{x}, t)$ 是波动方程的初值问题

$$\begin{cases} u_{tt} - a^2 \Delta u = 0, & \boldsymbol{x} \in \mathbb{R}^3, \ t > 0, \\ u|_{t=0} = f_1(x_1) + f_2(x_2) + f_3(x_3), & \boldsymbol{x} \in \mathbb{R}^3, \\ u_t|_{t=0} = g_1(x_1) + g_2(x_2) + g_3(x_3), & \boldsymbol{x} \in \mathbb{R}^3 \end{cases}$$

的解, 试求 $u(\boldsymbol{x}, t)$ 的表达式.

4.13 设 Ω 是长方形 $\{(x_1, x_2) : |x_1| \leqslant 1, \ |x_2| \leqslant 2\}$, $u(\boldsymbol{x}, t)$ 是初值问题

$$\begin{cases} u_{tt} - 4\Delta u = 0, & \boldsymbol{x} \in \mathbb{R}^2, \ t > 0, \\ u(\boldsymbol{x}, 0) = \varphi(\boldsymbol{x}), \ u_t(\boldsymbol{x}, 0) = \psi(\boldsymbol{x}), & \boldsymbol{x} \in \mathbb{R}^2 \end{cases}$$

的解, 其中

$$\varphi(\boldsymbol{x}), \psi(\boldsymbol{x}) = \begin{cases} 0, & \boldsymbol{x} \in \Omega, \\ \text{正值}, & \boldsymbol{x} \in \mathbb{R}^2 \setminus \Omega. \end{cases}$$

试指出 $u(\boldsymbol{x}, t) \equiv 0$ 的区域.

4.14 利用定理 3.2.4 给出的级数求解公式求解例 4.4.1, 并把两种方法做比较.

第 5 章　位　势　方　程

本章研究位势方程（Poisson 方程）

$$-\Delta u = f,$$

这里 Δ 称为 Laplace 算子. 主要讨论解的基本性质, 如平均值性质, 极值原理, 解的惟一性等. 同时还介绍利用 Green 函数求解位势方程的边值问题的方法 ——Green 函数法, 并给出几类特殊区域上的 Green 函数. 因为这里讨论的是偏微分方程, 所以总认为 $n \geqslant 2$.

5.1　Green 公式与基本解

5.1.1　Green 公式

除非特别说明, 本章总假设 $\Omega \subset \mathbb{R}^n$ 是一个有界区域 (有界的连通开集), 且使得 Stokes 公式成立.

如果 $\boldsymbol{w}$ 是 Ω 上的 C^1 光滑的向量值函数, 那么由 Stokes 公式知

$$\int_\Omega \operatorname{div} \boldsymbol{w} \, \mathrm{d}\boldsymbol{x} = \int_{\partial\Omega} \boldsymbol{w} \cdot \boldsymbol{n} \mathrm{d}S. \tag{5.1.1}$$

设 $u, v \in C^1(\overline{\Omega}) \bigcap C^2(\Omega)$, 在 (5.1.1) 式中取 $\boldsymbol{w} = v\boldsymbol{\nabla} u$ 得

$$\int_\Omega \operatorname{div}(v\boldsymbol{\nabla} u)\mathrm{d}\boldsymbol{x} = \int_{\partial\Omega} v\boldsymbol{\nabla} u \cdot \boldsymbol{n}\mathrm{d}S = \int_{\partial\Omega} v\frac{\partial u}{\partial \boldsymbol{n}}\mathrm{d}S.$$

利用 $\operatorname{div}(v\boldsymbol{\nabla} u) = v\Delta u + \boldsymbol{\nabla} u \cdot \boldsymbol{\nabla} v$, 从上式推出

$$\int_\Omega v\Delta u\mathrm{d}\boldsymbol{x} = \int_{\partial\Omega} v\frac{\partial u}{\partial \boldsymbol{n}}\mathrm{d}S - \int_\Omega \boldsymbol{\nabla} u \cdot \boldsymbol{\nabla} v\mathrm{d}\boldsymbol{x}. \tag{5.1.2}$$

上式称为**第一 Green 公式**. 在 (5.1.2) 式中对调 u 和 v 的位置又得

$$\int_\Omega u\Delta v\mathrm{d}\boldsymbol{x} = \int_{\partial\Omega} u\frac{\partial v}{\partial \boldsymbol{n}} \, \mathrm{d}S - \int_\Omega \boldsymbol{\nabla} v \cdot \boldsymbol{\nabla} u\mathrm{d}\boldsymbol{x}.$$

此式与 (5.1.2) 式相减, 得

$$\int_\Omega (u\Delta v - v\Delta u)\mathrm{d}\boldsymbol{x} = \int_{\partial\Omega} \left(u\frac{\partial v}{\partial \boldsymbol{n}} - v\frac{\partial u}{\partial \boldsymbol{n}}\right)\mathrm{d}S. \tag{5.1.3}$$

该式称为**第二 Green 公式**. 只要 (5.1.3) 式中的积分都收敛, 该公式对于无界区域 Ω 也成立.

5.1.2　基本解的定义

定义 5.1.1　设 $y \in \mathbb{R}^n$. 函数 u 称为以 y 为极点的 Laplace 方程的基本解, 如果

(1) u 在点 $x = y$ 处有奇性;

(2) u 在 $\mathbb{R}^n \setminus \{y\}$ 上满足 $\Delta u = 0$;

(3) $\displaystyle\int_{\mathbb{R}^n} u(-\Delta \varphi)\mathrm{d}x = \varphi(y),\ \forall \varphi \in C_0^\infty(\mathbb{R}^n)$.

对于 $x \in \mathbb{R}^n$, 令

$$\Gamma(|x|) = \begin{cases} \dfrac{1}{(n-2)\omega_n}|x|^{2-n}, & n \geqslant 3, \\[3mm] -\dfrac{1}{2\pi}\ln|x|, & n = 2, \end{cases} \tag{5.1.4}$$

其中 ω_n 是 $\mathbb{R}^n$ 中的单位球面的表面积, $\omega_2 = 2\pi$, $\omega_3 = 4\pi$. 利用第二 Green 公式 (5.1.3), 可以验证函数 $\Gamma(x, y) \stackrel{\text{def}}{=} \Gamma(|x - y|)$ 是以 y 为极点的 Laplace 方程的基本解 (定义中的条件 (1), (2) 容易验证, 条件 (3) 的验证同于下面的 (5.1.5) 式的推导).

定理 5.1.1　如果 $u \in C^1(\overline{\Omega}) \bigcap C^2(\Omega)$, 则

$$u(y) = -\int_\Omega \Gamma(x, y)\Delta u(x)\mathrm{d}x + \int_{\partial\Omega} \Gamma(x, y)\frac{\partial u(x)}{\partial n}\mathrm{d}S_x$$

$$\quad - \int_{\partial\Omega} u(x)\frac{\partial \Gamma(x, y)}{\partial n}\mathrm{d}S_x,\ \ y \in \Omega. \tag{5.1.5}$$

上式右端的第一项称为**体位势**, 第二项称为**单层位势**, 第三项称为**双层位势**.

证明　只证 $n \geqslant 3$ 的情形. 前面已经知道, 当 $x \neq y$ 时, 函数 $\Gamma(x, y)$ 满足 Laplace 方程, 即

$$-\Delta_x \Gamma(x, y) = 0,\ \ x \in \Omega,\ x \neq y.$$

由于函数 $\Gamma(x, y)$ 在 $x = y$ 点有奇性, 需要在 Ω 中挖去一个以 y 为球心、以 ε 为半径 ($\varepsilon > 0$ 适当小) 的球 $B_\varepsilon(y)$, 该球的球面记为 $\partial B_\varepsilon(y)$. 这样, 在 $\Omega_\varepsilon \stackrel{\text{def}}{=} \Omega \setminus B_\varepsilon(y)$ 内, 函数 $\Gamma(x, y)$ 满足 $\Delta_x \Gamma = 0$. 在第二 Green 公式 (5.1.3) 中取 $\Omega = \Omega_\varepsilon, v = \Gamma(x, y)$, 得

$$-\int_{\Omega_\varepsilon} \Gamma(x, y)\Delta u(x)\,\mathrm{d}x = \int_{\partial\Omega_\varepsilon} \left(u(x)\frac{\partial \Gamma(x, y)}{\partial n} - \Gamma(x, y)\frac{\partial u(x)}{\partial n}\right)\mathrm{d}S_x.$$

由于 $\partial\Omega_\varepsilon = \partial\Omega \bigcup \partial B_\varepsilon(y)$, 在 $\partial B_\varepsilon(y)$ 上 $\dfrac{\partial}{\partial n} = -\dfrac{\partial}{\partial r}$, 故有

$$-\int_{\Omega_\varepsilon} \Gamma(x, y)\Delta u(x)\,\mathrm{d}x + \int_{\partial\Omega} \left(\Gamma(x, y)\frac{\partial u(x)}{\partial n} - u(x)\frac{\partial \Gamma(x, y)}{\partial n}\right)\mathrm{d}S_x$$

$$= \int_{\partial B_\varepsilon(y)} \left(\Gamma(x, y)\frac{\partial u(x)}{\partial r} - u(x)\frac{\partial \Gamma(x, y)}{\partial r}\right)\mathrm{d}S_x. \tag{5.1.6}$$

先计算 (5.1.6) 式右端的第二项. 因为在 $\partial B_\varepsilon(\boldsymbol{y})$ 上,

$$\frac{\partial \Gamma(\boldsymbol{x},\boldsymbol{y})}{\partial r} = -\frac{1}{\omega_n}|\boldsymbol{x}-\boldsymbol{y}|^{1-n} = -\frac{1}{\omega_n}\varepsilon^{1-n},$$

所以

$$-\int_{\partial B_\varepsilon(\boldsymbol{y})} u(\boldsymbol{x})\frac{\partial \Gamma(\boldsymbol{x},\boldsymbol{y})}{\partial r}\mathrm{d}S_{\boldsymbol{x}} = \frac{1}{\omega_n\varepsilon^{n-1}}\int_{\partial B_\varepsilon(\boldsymbol{y})} u(\boldsymbol{x})\mathrm{d}S_{\boldsymbol{x}} \stackrel{\text{def}}{=} \overline{u}, \tag{5.1.7}$$

即 $u(\boldsymbol{x})$ 在球面 $\partial B_\varepsilon(\boldsymbol{y})$ 上的平均. 再计算 (5.1.6) 式右端的第一项, 有

$$\int_{\partial B_\varepsilon(\boldsymbol{y})} \Gamma(\boldsymbol{x},\boldsymbol{y})\frac{\partial u(\boldsymbol{x})}{\partial r}\mathrm{d}S_{\boldsymbol{x}} = \frac{\varepsilon^{2-n}}{(n-2)\omega_n}\int_{\partial B_\varepsilon(\boldsymbol{y})} \frac{\partial u(\boldsymbol{x})}{\partial \boldsymbol{n}}\mathrm{d}S_{\boldsymbol{x}} \stackrel{\text{def}}{=} \frac{\varepsilon}{n-2}\overline{\left(\frac{\partial u}{\partial \boldsymbol{n}}\right)}. \tag{5.1.8}$$

把 (5.1.7) 式和 (5.1.8) 式代入 (5.1.6) 式, 得

$$-\int_{\Omega_\varepsilon} \Gamma(\boldsymbol{x},\boldsymbol{y})\Delta u\,\mathrm{d}\boldsymbol{x} + \int_{\partial\Omega}\left(\Gamma(\boldsymbol{x},\boldsymbol{y})\frac{\partial u}{\partial \boldsymbol{n}} - u\frac{\partial \Gamma(\boldsymbol{x},\boldsymbol{y})}{\partial \boldsymbol{n}}\right)\mathrm{d}S_{\boldsymbol{x}} = \overline{u} + \frac{\varepsilon}{n-2}\overline{\left(\frac{\partial u}{\partial \boldsymbol{n}}\right)}. \tag{5.1.9}$$

因为 $u, \boldsymbol{\nabla} u$ 在 $\overline{\Omega}$ 上连续, 所以

$$\lim_{\varepsilon\to 0^+}\overline{u} = u(\boldsymbol{y}), \qquad \lim_{\varepsilon\to 0^+}\varepsilon\overline{\left(\frac{\partial u}{\partial \boldsymbol{n}}\right)} = 0.$$

在 (5.1.9) 式中令 $\varepsilon\to 0^+$ 即得 (5.1.5) 式. 定理得证.

对调 $\boldsymbol{x}$ 与 $\boldsymbol{y}$ 的位置, (5.1.5) 式即为 (注意 $\Gamma(\boldsymbol{x},\boldsymbol{y}) = \Gamma(\boldsymbol{y},\boldsymbol{x})$)

$$u(\boldsymbol{x}) = -\int_\Omega \Gamma(\boldsymbol{x},\boldsymbol{y})\Delta u(\boldsymbol{y})\mathrm{d}\boldsymbol{y} + \int_{\partial\Omega}\Gamma(\boldsymbol{x},\boldsymbol{y})\frac{\partial u(\boldsymbol{y})}{\partial \boldsymbol{n}}\mathrm{d}S_{\boldsymbol{y}}$$

$$-\int_{\partial\Omega} u(\boldsymbol{y})\frac{\partial \Gamma(\boldsymbol{x},\boldsymbol{y})}{\partial \boldsymbol{n}}\mathrm{d}S_{\boldsymbol{y}}, \quad \boldsymbol{x}\in\Omega. \tag{5.1.10}$$

5.2　调和函数的基本积分公式及一些基本性质

设 $\Omega\subset\mathbb{R}^n$ 是一个开集, 如果函数 $u\in C^2(\Omega)$ 且满足 Laplace 方程

$$-\Delta u = 0, \quad \boldsymbol{x}\in\Omega,$$

则称 u 是 Ω 内的**调和函数**. 上面的方程也称为**调和方程**. 进一步, 若 Ω 是有界区域, 则利用 (5.1.10) 式立得

定理 5.2.1　如果 $u\in C^1(\overline{\Omega})\bigcap C^2(\Omega)$ 是 Ω 内的调和函数, 则成立

$$u(\boldsymbol{x}) = \int_{\partial\Omega}\Gamma(\boldsymbol{x},\boldsymbol{y})\frac{\partial u(\boldsymbol{y})}{\partial \boldsymbol{n}}\mathrm{d}S_{\boldsymbol{y}} - \int_{\partial\Omega} u(\boldsymbol{y})\frac{\partial \Gamma(\boldsymbol{x},\boldsymbol{y})}{\partial \boldsymbol{n}}\mathrm{d}S_{\boldsymbol{y}}, \quad \boldsymbol{x}\in\Omega. \tag{5.2.1}$$

此式称为调和函数的**基本积分公式**.

当 $n = 3$ 时, 公式 (5.2.1) 即为

$$u(\boldsymbol{x}) = \frac{1}{4\pi} \int_{\partial \Omega} \left(|\boldsymbol{x} - \boldsymbol{y}|^{-1} \frac{\partial u(\boldsymbol{y})}{\partial \boldsymbol{n}} - u(\boldsymbol{y}) \frac{\partial |\boldsymbol{x} - \boldsymbol{y}|^{-1}}{\partial \boldsymbol{n}} \right) \mathrm{d}S_{\boldsymbol{y}}, \quad \boldsymbol{x} \in \Omega.$$

调和函数的基本积分公式说明, 调和函数在 Ω 内任一点的值可以用它在边界上的值及其外法向导数在边界上的值来确定. 这是研究调和函数的基础.

同于定理 5.1.1 还可以证明, 如果 Ω 的边界适当光滑, $u \in C^1(\overline{\Omega}) \bigcap C^2(\Omega)$ 是 Ω 内的调和函数, 则有

$$\int_{\partial \Omega} \left(|\boldsymbol{x} - \boldsymbol{y}|^{2-n} \frac{\partial u(\boldsymbol{y})}{\partial \boldsymbol{n}} - u(\boldsymbol{y}) \frac{\partial |\boldsymbol{x} - \boldsymbol{y}|^{2-n}}{\partial \boldsymbol{n}} \right) \mathrm{d}S_{\boldsymbol{y}} = \begin{cases} \dfrac{n-2}{2} \omega_n u(\boldsymbol{x}), & \boldsymbol{x} \in \partial \Omega, \\ 0, & \boldsymbol{x} \notin \overline{\Omega}. \end{cases}$$

利用 Green 公式和调和函数的基本积分公式, 可以得到调和函数的一些基本性质.

1. Neumann 边值问题有解的必要条件

定理 5.2.2 假设函数 $u \in C^1(\overline{\Omega}) \bigcap C^2(\Omega)$ 是非齐次方程的 Neumann 边值问题

$$\begin{cases} -\Delta u = f(\boldsymbol{x}), & \boldsymbol{x} \in \Omega, \\ \dfrac{\partial u}{\partial \boldsymbol{n}} = \varphi(\boldsymbol{x}), & \boldsymbol{x} \in \partial \Omega \end{cases}$$

的解, 则

$$\int_\Omega f(\boldsymbol{x}) \mathrm{d}\boldsymbol{x} = -\int_{\partial \Omega} \frac{\partial u(\boldsymbol{x})}{\partial \boldsymbol{n}} \mathrm{d}S = -\int_{\partial \Omega} \varphi(\boldsymbol{x}) \mathrm{d}S. \tag{5.2.2}$$

如果函数 $u \in C^1(\overline{\Omega}) \bigcap C^2(\Omega)$ 在 Ω 内调和, 则

$$\int_{\partial \Omega} \frac{\partial u(\boldsymbol{x})}{\partial \boldsymbol{n}} \mathrm{d}S = 0. \tag{5.2.3}$$

证明 在第二 Green 公式 (5.1.3) 中取 $v = 1$ 即得 (5.2.2) 式. 如果函数 $u \in C^1(\overline{\Omega})$ $\bigcap C^2(\Omega)$ 在 Ω 内调和, 那么对应的 $f(\boldsymbol{x}) = 0$, 于是 (5.2.3) 式成立.

2. 调和函数的平均值公式

定理 5.2.3 调和函数在其定义域 Ω 内任一点的值, 等于它在以该点为心且包含于 Ω 的球 (球面) 上的平均值.

证明 设 u 在 Ω 内调和, $\boldsymbol{x} \in \Omega$, $\rho > 0$ 使得球 $B_\rho(\boldsymbol{x}) \subset \Omega$. 利用调和函数的基本积分公式, 有

$$u(\boldsymbol{x}) = \frac{1}{(n-2)\omega_n} \int_{\partial B_\rho(\boldsymbol{x})} \left(|\boldsymbol{x}-\boldsymbol{y}|^{2-n} \frac{\partial u(\boldsymbol{y})}{\partial \boldsymbol{n}} - u(\boldsymbol{y}) \frac{\partial |\boldsymbol{x}-\boldsymbol{y}|^{2-n}}{\partial \boldsymbol{n}} \right) \mathrm{d}S_{\boldsymbol{y}}$$

$$= \frac{1}{(n-2)\omega_n} \int_{\partial B_\rho(\boldsymbol{x})} \left(\rho^{2-n} \frac{\partial u(\boldsymbol{y})}{\partial \boldsymbol{n}} - (2-n)u(\boldsymbol{y})\rho^{1-n} \right) \mathrm{d}S_{\boldsymbol{y}}$$

$$= \frac{1}{\omega_n \rho^{n-1}} \int_{\partial B_\rho(\boldsymbol{x})} u(\boldsymbol{y})\,\mathrm{d}S_{\boldsymbol{y}} \quad \left(\text{因为} \int_{\partial B_\rho(\boldsymbol{x})} \frac{\partial u(\boldsymbol{y})}{\partial \boldsymbol{n}} \mathrm{d}S_{\boldsymbol{y}} = 0 \right)$$

$$= \frac{1}{|\partial B_\rho(\boldsymbol{x})|} \int_{\partial B_\rho(\boldsymbol{x})} u(\boldsymbol{y})\mathrm{d}S_{\boldsymbol{y}}. \tag{5.2.4}$$

该公式称为**调和函数的球面平均值公式**. 如果 $R > 0$ 满足 $B_R(\boldsymbol{x}) \subset \Omega$, 则由 (5.2.4) 式得

$$\omega_n \rho^{n-1} u(\boldsymbol{x}) = \int_{\partial B_\rho(\boldsymbol{x})} u(\boldsymbol{y})\,\mathrm{d}S_{\boldsymbol{y}}, \ \ 0 < \rho \leqslant R.$$

上式关于 ρ 从 0 到 R 积分, 得

$$\omega_n \frac{R^n}{n} u(\boldsymbol{x}) = \int_0^R \int_{\partial B_\rho(\boldsymbol{x})} u(\boldsymbol{y})\mathrm{d}S_{\boldsymbol{y}}\mathrm{d}\rho = \int_{B_R(\boldsymbol{x})} u(\boldsymbol{y})\mathrm{d}\boldsymbol{y},$$

故有

$$u(\boldsymbol{x}) = \frac{n}{\omega_n R^n} \int_{B_R(\boldsymbol{x})} u(\boldsymbol{y})\mathrm{d}\boldsymbol{y} = \frac{1}{|B_R(\boldsymbol{x})|} \int_{B_R(\boldsymbol{x})} u(\boldsymbol{y})\mathrm{d}\boldsymbol{y}, \quad \boldsymbol{x} \in \Omega. \tag{5.2.5}$$

该公式称为**调和函数的球平均值公式**. 证毕.

3. 调和函数的极值原理及位势方程的 Dirichlet 边值问题解的惟一性

定理 5.2.4 (强极值原理) 假设函数 u 在区域 Ω 内调和. 如果 u 不是常数, 则 u 在 Ω 内既达不到最大值也达不到最小值.

证明 如果存在 $\boldsymbol{x}_1 \in \Omega$ 使得 $u(\boldsymbol{x}_1) = \max\limits_{\overline{\Omega}} u$, 即 u 在 Ω 内取到最大值, 我们将证明 u 在 Ω 内是常数. 记 $d_0 = \mathrm{dist}(\boldsymbol{x}_1, \partial\Omega)$, 表示点 $\boldsymbol{x}_1$ 到集合 $\partial\Omega$ 的距离. 对于 $0 < \varepsilon < d_0$, 利用调和函数的球平均公式 (5.2.5) 知

$$u(\boldsymbol{x}_1) = \frac{1}{|B_\varepsilon(\boldsymbol{x}_1)|} \int_{B_\varepsilon(\boldsymbol{x}_1)} u(\boldsymbol{y})\,\mathrm{d}\boldsymbol{y} \leqslant u(\boldsymbol{x}_1).$$

这说明在 $B_\varepsilon(\boldsymbol{x}_1)$ 上 $u \equiv u(\boldsymbol{x}_1) = \max\limits_{\overline{\Omega}} u$.

对于任意的 $\boldsymbol{x}^* \in \Omega$, 令 $L \subset \Omega$ 是连接 $\boldsymbol{x}_1$ 和 $\boldsymbol{x}^*$ 的曲线, 见图 5.1.

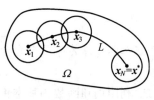

图 5.1

选取 R 使得 $4R < \mathrm{dist}(L, \partial\Omega)$, 这里 $\mathrm{dist}(L, \partial\Omega)$ 表示集合 L 到集合 $\partial\Omega$ 的距离. 根据有限覆盖定理, L 被 N 个半径为 R 且完全属于 Ω 的球覆盖, 记这些球的球心为 $\boldsymbol{x}_1, \boldsymbol{x}_2, \ldots, \boldsymbol{x}_N = \boldsymbol{x}^*$. 已经知道在第一个球 $B_R(\boldsymbol{x}_1)$ 上 $u \equiv u(\boldsymbol{x}_1)$ (因为 $R < d_0$), 因此在第一个球 $B_R(\boldsymbol{x}_1)$ 和第二个球 $B_R(\boldsymbol{x}_2)$ 的交集 $B_R(\boldsymbol{x}_1) \bigcap B_R(\boldsymbol{x}_2)$ 上, $u \equiv u(\boldsymbol{x}_1) = \max\limits_{\overline{\Omega}} u$. 取 $\boldsymbol{y} \in L \bigcap B_R(\boldsymbol{x}_1) \bigcap B_R(\boldsymbol{x}_2)$, 同上可以推出在 $B_R(\boldsymbol{y})$ 上 $u \equiv u(\boldsymbol{y}) = u(\boldsymbol{x}_1)$, 因此 $u(\boldsymbol{x}_2) = u(\boldsymbol{x}_1)$. 再利用上面的方法又可以推出, 在 $B_R(\boldsymbol{x}_2)$ 上 $u \equiv u(\boldsymbol{x}_2) = \max\limits_{\overline{\Omega}} u$. 这样就从第一个球过渡到了第二个球. 然后再从第二个球过渡到第三个球又可以推出 $u(\boldsymbol{x}_3) = u(\boldsymbol{x}_2) = u(\boldsymbol{x}_1)$. 依次作下去, 最后推出 $u(\boldsymbol{x}^*) = u(\boldsymbol{x}_N) = u(\boldsymbol{x}_1)$. 这说明 $u \equiv u(\boldsymbol{x}_1)$ 在 Ω 内成立, 从而 u 是常数.

对于最小值的情况, 同理可证. 证毕.

推论 5.2.1(弱极值原理) 如果函数 u 在 Ω 内调和, 则

$$\min_{\overline{\Omega}} u = \min_{\partial\Omega} u, \quad \max_{\overline{\Omega}} u = \max_{\partial\Omega} u,$$

从而

$$\max_{\overline{\Omega}} |u| = \max_{\partial\Omega} |u|.$$

推论 5.2.2(解关于边界值函数的连续依赖性) Laplace 方程的 Dirichlet 边值问题

$$\begin{cases} -\Delta u = 0, & \boldsymbol{x} \in \Omega, \\ u = \varphi, & \boldsymbol{x} \in \partial\Omega \end{cases} \tag{5.2.6}$$

的解连续依赖于边界值函数 φ.

证明 设 u_k 是边值问题 (5.2.6) 当 $\varphi = \varphi_k$ 时的解, $k = 1, 2$. 令 $u = u_1 - u_2$, 则 u 满足边值问题

$$\begin{cases} -\Delta u = 0, & \boldsymbol{x} \in \Omega, \\ u = \varphi_1 - \varphi_2, & \boldsymbol{x} \in \partial\Omega. \end{cases}$$

由推论 5.2.1 知 $\max\limits_{\overline{\Omega}} |u_1 - u_2| = \max\limits_{\overline{\Omega}} |u| = \max\limits_{\partial\Omega} |\varphi_1 - \varphi_2|$. 证毕.

同理可证下面的推论.

推论 5.2.3 位势方程的 Dirichlet 边值问题

$$\begin{cases} -\Delta u = f, & \boldsymbol{x} \in \Omega, \\ u = \varphi(\boldsymbol{x}), & \boldsymbol{x} \in \partial\Omega \end{cases}$$

在函数类 $C^1(\overline{\Omega}) \bigcap C^2(\Omega)$ 中至多有一个解.

推论 5.2.4（比较原理）　假设 u 和 v 都是 Ω 内的调和函数. 如果在 $\partial\Omega$ 上 $u \leqslant v$, 则在 $\overline{\Omega}$ 上 $u \leqslant v$ 成立.

证明　函数 $w = u - v$ 满足边值问题

$$
\begin{cases}
-\Delta w = 0, & \boldsymbol{x} \in \Omega, \\
w = u - v \leqslant 0, & \boldsymbol{x} \in \partial\Omega.
\end{cases}
$$

由推论 5.2.1 知 $\max\limits_{\overline{\Omega}} w = \max\limits_{\partial\Omega} w \leqslant 0$, 因此 $u \leqslant v$ 在 $\overline{\Omega}$ 上成立.

4. 位势方程 Neumann 边值问题解的"惟一性"

定理 5.2.5　位势方程的 Neumann 边值问题

$$
\begin{cases}
-\Delta u = f(\boldsymbol{x}), & \boldsymbol{x} \in \Omega, \\
\dfrac{\partial u}{\partial \boldsymbol{n}} = \varphi(\boldsymbol{x}), & \boldsymbol{x} \in \partial\Omega
\end{cases}
$$

在函数类 $C^1(\overline{\Omega}) \bigcap C^2(\Omega)$ 中的解至多相差一个常数.

证明　设 $u_1, u_2 \in C^1(\overline{\Omega}) \bigcap C^2(\Omega)$ 都是解. 令 $u = u_1 - u_2$, 则 u 满足

$$
-\Delta u = 0, \ \boldsymbol{x} \in \Omega; \ \frac{\partial u}{\partial \boldsymbol{n}} = 0, \ \boldsymbol{x} \in \partial\Omega.
$$

在第一 Green 公式 (5.1.2) 中取 $v = u$, 得

$$
\int_{\Omega} |\boldsymbol{\nabla} u|^2 \mathrm{d}\boldsymbol{x} = \int_{\partial\Omega} u \frac{\partial u}{\partial \boldsymbol{n}} \mathrm{d}S = 0.
$$

故 $|\boldsymbol{\nabla} u| \equiv 0$, 这说明在 $\overline{\Omega}$ 上 $u \equiv$ 常数.

5.3　Green 函数

5.3.1　Green 函数的概念

从公式 (5.2.1) 看出, 一个调和函数 u 在区域内部的值依赖于它本身及其外法向导数在区域的边界 $\partial\Omega$ 上的值. 对于 Laplace 方程的 Dirichlet 边值问题, $u|_{\partial\Omega}$ 已知, $\dfrac{\partial u}{\partial \boldsymbol{n}}\Big|_{\partial\Omega}$ 未知; 对于 Laplace 方程的 Neumann 边值问题, $\dfrac{\partial u}{\partial \boldsymbol{n}}\Big|_{\partial\Omega}$ 已知, $u|_{\partial\Omega}$ 未知. 根据解的惟一性, Laplace 方程的任意边值问题都不可能同时给出 $u|_{\partial\Omega}$ 和 $\dfrac{\partial u}{\partial \boldsymbol{n}}\Big|_{\partial\Omega}$ 的信息, 因此公式 (5.2.1) 不能直接提供 Laplace 方程边值问题的解. 为了从公式 (5.2.1) 得到 Laplace 方程的 Dirichlet 边值问题的解, 就需要设法消去积分中的 $\dfrac{\partial u}{\partial \boldsymbol{n}}\Big|_{\partial\Omega}$, 这就是引进 Green 函数的原因.

在第二 Green 公式 (5.1.3) 中取调和函数 $u, v \in C^1(\overline{\Omega}) \bigcap C^2(\Omega)$, 则有

$$0 = \int_{\partial\Omega} \left(u \frac{\partial v}{\partial \boldsymbol{n}} - v \frac{\partial u}{\partial \boldsymbol{n}} \right) \mathrm{d}S_{\boldsymbol{y}}. \tag{5.3.1}$$

用基本积分公式 (5.2.1) 减 (5.3.1) 式得

$$u(\boldsymbol{x}) = \int_{\partial\Omega} \left(-u \frac{\partial \big[\Gamma(\boldsymbol{x}, \boldsymbol{y}) + v\big]}{\partial \boldsymbol{n}} + \big[\Gamma(\boldsymbol{x}, \boldsymbol{y}) + v\big] \frac{\partial u}{\partial \boldsymbol{n}} \right) \mathrm{d}S_{\boldsymbol{y}}. \tag{5.3.2}$$

如果能够找到一个调和函数 v, 使之满足 $v|_{\boldsymbol{y} \in \partial\Omega} = -\Gamma(\boldsymbol{x}, \boldsymbol{y})|_{\boldsymbol{y} \in \partial\Omega}$, 即 $v = v(\boldsymbol{x}, \boldsymbol{y})$ 是边值问题

$$\begin{cases} -\Delta_{\boldsymbol{y}} v(\boldsymbol{x}, \boldsymbol{y}) = 0, & \boldsymbol{y} \in \Omega, \\ v(\boldsymbol{x}, \boldsymbol{y}) = -\Gamma(\boldsymbol{x}, \boldsymbol{y}), & \boldsymbol{y} \in \partial\Omega \end{cases} \tag{5.3.3}$$

的解 (因为问题 (5.3.3) 中的边界条件依赖于 $\boldsymbol{x}$, 所以 v 不仅依赖于 $\boldsymbol{y}$, 也依赖于 $\boldsymbol{x}$. 这时的 $\boldsymbol{x}$ 可以看成参数), 那么公式 (5.3.2) 右端的积分中带 $\dfrac{\partial u}{\partial \boldsymbol{n}}\Big|_{\partial\Omega}$ 的项就消失了, 这样就可以得到

$$u(\boldsymbol{x}) = -\int_{\partial\Omega} u(\boldsymbol{y}) \frac{\partial \big[\Gamma(\boldsymbol{x}, \boldsymbol{y}) + v(\boldsymbol{x}, \boldsymbol{y})\big]}{\partial \boldsymbol{n}} \mathrm{d}S_{\boldsymbol{y}}, \quad \boldsymbol{x} \in \Omega. \tag{5.3.4}$$

若记

$$G(\boldsymbol{x}, \boldsymbol{y}) = \Gamma(\boldsymbol{x}, \boldsymbol{y}) + v(\boldsymbol{x}, \boldsymbol{y}), \quad \boldsymbol{y} \in \overline{\Omega}, \tag{5.3.5}$$

那么公式 (5.3.4) 可以写成

$$u(\boldsymbol{x}) = -\int_{\partial\Omega} u(\boldsymbol{y}) \frac{\partial G(\boldsymbol{x}, \boldsymbol{y})}{\partial \boldsymbol{n}_{\boldsymbol{y}}} \mathrm{d}S_{\boldsymbol{y}}. \tag{5.3.6}$$

由此得到 Dirichlet 边值问题

$$\begin{cases} -\Delta u = 0, & \boldsymbol{x} \in \Omega, \\ u = \varphi, & \boldsymbol{x} \in \partial\Omega \end{cases}$$

的解

$$u(\boldsymbol{x}) = -\int_{\partial\Omega} \varphi(\boldsymbol{y}) \frac{\partial G(\boldsymbol{x}, \boldsymbol{y})}{\partial \boldsymbol{n}_{\boldsymbol{y}}} \mathrm{d}S_{\boldsymbol{y}}, \quad \boldsymbol{x} \in \Omega. \tag{5.3.7}$$

由 (5.3.5) 式定义的函数 $G(\boldsymbol{x}, \boldsymbol{y})$ 称为 Laplace 方程的 Dirichlet 边值问题在区域 Ω 上的 **Green 函数**.

对于位势方程的 Dirichlet 边值问题

$$\begin{cases} -\Delta u = f(\boldsymbol{x}), & \boldsymbol{x} \in \Omega, \\ u = \varphi(\boldsymbol{x}), & \boldsymbol{x} \in \partial\Omega, \end{cases} \tag{5.3.8}$$

用类似的方法可以得到它的解 (如果解存在)

$$u(\boldsymbol{x}) = \int_\Omega G(\boldsymbol{x}, \boldsymbol{y}) f(\boldsymbol{y}) \mathrm{d}\boldsymbol{y} - \int_{\partial\Omega} \varphi(\boldsymbol{y}) \frac{\partial G(\boldsymbol{x}, \boldsymbol{y})}{\partial \boldsymbol{n}_{\boldsymbol{y}}} \mathrm{d}S_{\boldsymbol{y}}, \quad \boldsymbol{x} \in \Omega. \tag{5.3.9}$$

从上面的讨论我们看出, 求解一个 Laplace 方程的 Dirichlet 边值问题, 可以转化为寻找该区域内的 Green 函数, 但要寻找 Green 函数需要求解一个特殊的边值问题 (5.3.3). 对于一般区域 Ω, 求解问题 (5.3.3) 不是一件容易的事情. 虽然如此, 我们不能就此否认 Green 函数的作用, 理由如下:

(1) 边值问题 (5.3.3) 是一个特殊问题, 只与区域有关, 因此 Green 函数也只与区域有关. 只要求出了此区域上的 Green 函数, 就可以一劳永逸地解决该区域上的所有 Dirichlet 边值问题, 并且它的解还可以用积分的形式表示出来. 另一方面, 问题 (5.3.3) 中的边界值函数是一个给定的比较简单的函数, 无论是从理论上还是从具体求解来看, 都要比一般的 Dirichlet 边值问题容易得多.

(2) 对于一些特殊的区域 Ω, 如球、半空间等, 我们可以利用初等方法求出 Green 函数, 而这些特殊区域上的 Dirichlet 边值问题在椭圆型偏微分方程的研究中起着重要作用. 对于一般的区域 Ω, 我们可以从理论上证明 Green 函数的存在性, 从理论上给出 Laplace 方程的 Dirichlet 边值问题解的存在性.

(3) 公式 (5.3.9) 不仅给出了解的表达式, 在已知 Dirichlet 边值问题解的存在性后, 还可以利用它讨论解的性质.

(4) 对于半线性方程 $-\Delta u = f(\boldsymbol{x}, u)$ 的齐次 Dirichlet 边值问题, 可以利用 Green 函数将其转化为等价的积分方程

$$u(\boldsymbol{x}) = \int_\Omega G(\boldsymbol{x}, \boldsymbol{y}) f(\boldsymbol{y}, u(\boldsymbol{y})) \mathrm{d}\boldsymbol{y}$$

来研究, 从而可以借助泛函分析这一有力工具得到一些重要结果.

5.3.2 Green 函数的性质

性质 1 Green 函数具有对称性, 即

$$G(\boldsymbol{y}_1, \boldsymbol{y}_2) = G(\boldsymbol{y}_2, \boldsymbol{y}_1), \quad \forall \, \boldsymbol{y}_1, \boldsymbol{y}_2 \in \Omega, \quad \boldsymbol{y}_1 \neq \boldsymbol{y}_2.$$

证明 取 $\varepsilon > 0$ 适当小, 分别以 $\boldsymbol{y}_1$, $\boldsymbol{y}_2$ 为球心, 以 ε 为半径作两个球 $B_\varepsilon(\boldsymbol{y}_1)$, $B_\varepsilon(\boldsymbol{y}_2) \subset$

Ω, 并记 $\Omega_{\varepsilon} = \Omega \setminus \{B_{\varepsilon}(\boldsymbol{y}_1) \bigcup B_{\varepsilon}(\boldsymbol{y}_2)\}$. 利用第二 Green 公式 (5.1.3) 即得

$$\int_{\Omega_{\varepsilon}} \big[G(\boldsymbol{x}, \boldsymbol{y}_1) \Delta G(\boldsymbol{x}, \boldsymbol{y}_2) - G(\boldsymbol{x}, \boldsymbol{y}_2) \Delta G(\boldsymbol{x}, \boldsymbol{y}_1) \big] \mathrm{d}\boldsymbol{x}$$

$$= \int_{\partial \Omega_{\varepsilon}} \left(G(\boldsymbol{x}, \boldsymbol{y}_1) \frac{\partial G(\boldsymbol{x}, \boldsymbol{y}_2)}{\partial \boldsymbol{n}} - G(\boldsymbol{x}, \boldsymbol{y}_2) \frac{\partial G(\boldsymbol{x}, \boldsymbol{y}_1)}{\partial \boldsymbol{n}} \right) \mathrm{d}S_{\boldsymbol{x}}.$$

因为在 Ω_{ε} 内 $\Delta G(\boldsymbol{x}, \boldsymbol{y}_1) = \Delta G(\boldsymbol{x}, \boldsymbol{y}_2) = 0$, 并且 $G(\boldsymbol{x}, \boldsymbol{y}_1)|_{\partial \Omega} = G(\boldsymbol{x}, \boldsymbol{y}_2)|_{\partial \Omega} = 0$, 由上式推出

$$\left\{ \int_{\partial B_{\varepsilon}(\boldsymbol{y}_1)} + \int_{\partial B_{\varepsilon}(\boldsymbol{y}_2)} \right\} \left(G(\boldsymbol{x}, \boldsymbol{y}_1) \frac{\partial G(\boldsymbol{x}, \boldsymbol{y}_2)}{\partial \boldsymbol{n}} - G(\boldsymbol{x}, \boldsymbol{y}_2) \frac{\partial G(\boldsymbol{x}, \boldsymbol{y}_1)}{\partial \boldsymbol{n}} \right) \mathrm{d}S_{\boldsymbol{x}} = 0. \quad (5.3.10)$$

在 $\boldsymbol{y}_1$ 的邻域内, 函数 $\dfrac{\partial G(\boldsymbol{x}, \boldsymbol{y}_2)}{\partial \boldsymbol{n}}$ 无奇性, 根据积分中值定理知, 当 $\varepsilon \to 0^+$ 时,

$$\int_{\partial B_{\varepsilon}(\boldsymbol{y}_1)} G(\boldsymbol{x}, \boldsymbol{y}_1) \frac{\partial G(\boldsymbol{x}, \boldsymbol{y}_2)}{\partial \boldsymbol{n}} \mathrm{d}S_{\boldsymbol{x}} = \left(\frac{\varepsilon^{2-n}}{(n-2)\omega_n} + v(\bar{\boldsymbol{x}}, \boldsymbol{y}_1) \right) \frac{\partial G(\bar{\boldsymbol{x}}, \boldsymbol{y}_2)}{\partial \boldsymbol{n}} \omega_n \varepsilon^{n-1} \to 0. \quad (5.3.11)$$

同理可知, 当 $\varepsilon \to 0^+$ 时,

$$\int_{\partial B_{\varepsilon}(\boldsymbol{y}_2)} G(\boldsymbol{x}, \boldsymbol{y}_2) \frac{\partial G(\boldsymbol{x}, \boldsymbol{y}_1)}{\partial \boldsymbol{n}} \mathrm{d}S_{\boldsymbol{x}} \to 0. \quad (5.3.12)$$

对于 (5.3.10) 式中的另外两项积分, 因为 Green 函数的定义中的函数 v 是调和函数, 当然在 Ω 内二次连续可微. 再次利用积分中值定理知, 当 $\varepsilon \to 0^+$ 时,

$$\int_{\partial B_{\varepsilon}(\boldsymbol{y}_1)} G(\boldsymbol{x}, \boldsymbol{y}_2) \frac{\partial G(\boldsymbol{x}, \boldsymbol{y}_1)}{\partial \boldsymbol{n}} \mathrm{d}S_{\boldsymbol{x}} = -\int_{\partial B_{\varepsilon}(\boldsymbol{y}_1)} G(\boldsymbol{x}, \boldsymbol{y}_2) \frac{\partial}{\partial r} \big[\varGamma(|\boldsymbol{x} - \boldsymbol{y}_1|) + v(\boldsymbol{x}, \boldsymbol{y}_1) \big] \mathrm{d}S_{\boldsymbol{x}}$$

$$= \int_{\partial B_{\varepsilon}(\boldsymbol{y}_1)} G(\boldsymbol{x}, \boldsymbol{y}_2) \left(\frac{r^{1-n}}{\omega_n} - \frac{\partial v(\boldsymbol{x}, \boldsymbol{y}_1)}{\partial r} \right) \bigg|_{r=\varepsilon} \mathrm{d}S_{\boldsymbol{x}}$$

$$= G(\bar{\boldsymbol{x}}, \boldsymbol{y}_2) \left(\frac{\varepsilon^{1-n}}{\omega_n} - \frac{\partial v(\bar{\boldsymbol{x}}, \boldsymbol{y}_1)}{\partial r} \right) \omega_n \varepsilon^{n-1}$$

$$\to G(\boldsymbol{y}_1, \boldsymbol{y}_2). \quad (5.3.13)$$

同理可知, 当 $\varepsilon \to 0^+$ 时,

$$\int_{\partial B_{\varepsilon}(\boldsymbol{y}_2)} G(\boldsymbol{x}, \boldsymbol{y}_1) \frac{\partial G(\boldsymbol{x}, \boldsymbol{y}_2)}{\partial \boldsymbol{n}} \mathrm{d}S_{\boldsymbol{x}} \longrightarrow G(\boldsymbol{y}_2, \boldsymbol{y}_1). \quad (5.3.14)$$

注意到 (5.3.11) 式 $\sim$ (5.3.14) 式, 在 (5.3.10) 式中令 $\varepsilon \to 0^+$ 即得 $G(\boldsymbol{y}_1, \boldsymbol{y}_2) = G(\boldsymbol{y}_2, \boldsymbol{y}_1)$. 证毕.

性质 2　在 Ω 内, 当 $\boldsymbol{x} \neq \boldsymbol{y}$ 时, $G(\boldsymbol{x}, \boldsymbol{y})$ 分别关于 $\boldsymbol{x}$ 和 $\boldsymbol{y}$ 调和, 并且当 $\boldsymbol{x} \to \boldsymbol{y}$ 时 $G(\boldsymbol{x}, \boldsymbol{y}) \to \infty$, 且与 $|\boldsymbol{x} - \boldsymbol{y}|^{2-n}$ 同阶 $(n > 2)$.

证明　因为 $\Gamma(\boldsymbol{x}, \boldsymbol{y}), v(\boldsymbol{x}, \boldsymbol{y})$ 满足 $\Delta_{\boldsymbol{y}} \Gamma(\boldsymbol{x}, \boldsymbol{y}) = \Delta_{\boldsymbol{y}} v(\boldsymbol{x}, \boldsymbol{y}) = 0$, 所以

$$\Delta_{\boldsymbol{y}} G(\boldsymbol{x}, \boldsymbol{y}) = \Delta_{\boldsymbol{y}} v(\boldsymbol{x}, \boldsymbol{y}) + \Delta_{\boldsymbol{y}} \Gamma(\boldsymbol{x}, \boldsymbol{y}) = 0.$$

利用 Green 函数的对称性 (性质 1): $G(\boldsymbol{x}, \boldsymbol{y}) = G(\boldsymbol{y}, \boldsymbol{x})$ 得

$$\Delta_{\boldsymbol{x}} G(\boldsymbol{x}, \boldsymbol{y}) = \Delta_{\boldsymbol{x}} G(\boldsymbol{y}, \boldsymbol{x}) = 0.$$

当 $\boldsymbol{y} \in \Omega$ 并且 $\boldsymbol{x} \to \boldsymbol{y}$ 时, $v(\boldsymbol{x}, \boldsymbol{y})$ 有界, 而 $\Gamma(\boldsymbol{x}, \boldsymbol{y}) \to \infty$. 所以当 $\boldsymbol{x} \to \boldsymbol{y}$ 时, $G(\boldsymbol{x}, \boldsymbol{y}) \to \infty$, 且与 $\Gamma(\boldsymbol{x}, \boldsymbol{y})$ 同阶, 即与 $|\boldsymbol{x} - \boldsymbol{y}|^{2-n}$ 同阶 $(n > 2)$. 证毕.

性质 3　对于 $\boldsymbol{x}, \boldsymbol{y} \in \Omega, \boldsymbol{x} \neq \boldsymbol{y}$, 有

$$0 < G(\boldsymbol{x}, \boldsymbol{y}) < \Gamma(\boldsymbol{x}, \boldsymbol{y}), \quad n \neq 2,$$
$$0 < G(\boldsymbol{x}, \boldsymbol{y}) < \Gamma(\boldsymbol{x}, \boldsymbol{y}) + \frac{1}{2\pi} \ln d, \quad n = 2,$$

其中 $d = \operatorname{diam} \Omega$.

证明　因为对于任意固定的 $\boldsymbol{y} \in \Omega$, 当 $\boldsymbol{x} \to \boldsymbol{y}$ 时 $G(\boldsymbol{x}, \boldsymbol{y}) \to \infty$. 所以存在 $r : 0 < r \ll 1$, 使得 $\overline{B}_r(\boldsymbol{y}) \subset \Omega$ 且在 $\overline{B}_r(\boldsymbol{y})$ 内 $G(\boldsymbol{x}, \boldsymbol{y}) > 0$. 又因为在 $\Omega \backslash \overline{B}_r(\boldsymbol{y})$ 内 $\Delta_{\boldsymbol{x}} G(\boldsymbol{x}, \boldsymbol{y}) = 0$, 在 $\partial \Omega$ 上 $G(\boldsymbol{x}, \boldsymbol{y}) = 0$, 在 $\partial B_r(\boldsymbol{y})$ 上 $G(\boldsymbol{x}, \boldsymbol{y}) > 0$. 由调和函数的极值原理知, 在 $\Omega \backslash \overline{B}_r(\boldsymbol{y})$ 内 $G(\boldsymbol{x}, \boldsymbol{y}) > 0$. 从而在 Ω 内 $G(\boldsymbol{x}, \boldsymbol{y}) > 0$.

由于当 $n \neq 2$ 时, $\Gamma(\boldsymbol{x}, \boldsymbol{y}) > 0$, 所以由边值问题 (5.3.3) 知

$$\begin{cases} -\Delta_{\boldsymbol{y}} v(\boldsymbol{x}, \boldsymbol{y}) = 0, & \boldsymbol{y} \in \Omega, \\ v(\boldsymbol{x}, \boldsymbol{y}) = -\Gamma(\boldsymbol{x}, \boldsymbol{y}) < 0, & \boldsymbol{y} \in \partial \Omega. \end{cases}$$

再由调和函数的极值原理知 $v(\boldsymbol{x}, \boldsymbol{y}) < 0$. 从而有

$$G(\boldsymbol{x}, \boldsymbol{y}) = v(\boldsymbol{x}, \boldsymbol{y}) + \Gamma(\boldsymbol{x}, \boldsymbol{y}) < \Gamma(\boldsymbol{x}, \boldsymbol{y}).$$

因为当 $n = 2$ 时,

$$-\Gamma(\boldsymbol{x}, \boldsymbol{y}) = \frac{1}{2\pi} \ln |\boldsymbol{x} - \boldsymbol{y}| < \frac{1}{2\pi} \ln d,$$

所以利用边值问题 (5.3.3) 可以推得

$$\begin{cases} -\Delta_{\boldsymbol{y}} v(\boldsymbol{x}, \boldsymbol{y}) = 0, & \boldsymbol{y} \in \Omega, \\ v(\boldsymbol{x}, \boldsymbol{y}) = -\Gamma(\boldsymbol{x}, \boldsymbol{y}) < \frac{1}{2\pi} \ln d, & \boldsymbol{y} \in \partial \Omega. \end{cases}$$

根据调和函数的极值原理得, $v(\boldsymbol{x}, \boldsymbol{y}) < \frac{1}{2\pi} \ln d$. 从而有

$$G(\boldsymbol{x}, \boldsymbol{y}) < \Gamma(\boldsymbol{x}, \boldsymbol{y}) + \frac{1}{2\pi} \ln d.$$

结论得证.

性质 4 $\displaystyle\int_{\partial\Omega} \frac{\partial G}{\partial \boldsymbol{n}} \mathrm{d}S = -1.$

证明 在公式 (5.3.6) 中取 $u = 1$ 知结论成立.

三维空间中有界域 Ω 上的 Green 函数在静电学中有明显的物理意义. 设 Ω 是由封闭的导电面所界的真空区域, 在 Ω 内的一点 $\boldsymbol{x}$ 处放一单位正电荷, 它所产生的电位是

$$\frac{1}{4\pi|\boldsymbol{y} - \boldsymbol{x}|} = \Gamma(\boldsymbol{x}, \boldsymbol{y}),$$

它在导电面 $\partial\Omega$ 内侧感应有一定分布密度的负电荷 (该负电荷产生的电位是 $v(\boldsymbol{x}, \boldsymbol{y})$, 即边值问题 (5.3.3) 的解), 而在导电面 $\partial\Omega$ 外侧分布相应的正电荷. 如果导电面是接地的, 外侧正电荷就消失, 电位为零. 这时 Ω 内任一点 $\boldsymbol{y}$ 处的电位之和是

$$\frac{1}{4\pi|\boldsymbol{y} - \boldsymbol{x}|} + v(\boldsymbol{x}, \boldsymbol{y}) = \Gamma(\boldsymbol{x}, \boldsymbol{y}) + v(\boldsymbol{x}, \boldsymbol{y}) = G(\boldsymbol{x}, \boldsymbol{y}).$$

5.4 几种特殊区域上的 Green 函数及 Dirichlet 边值问题的可解性

求 Green 函数等价于求边值问题 (5.3.3) 的解 v. 从上一节关于 Green 函数的物理意义的解释我们知道, 对于三维区域 Ω, 函数 v 就是感应电荷的电位. 当 Ω 的边界有特殊的对称性时, 可以用**镜像法** (或叫**静电源像法**) 求解函数 v, 从而得到 Green 函数. 镜像法的理论依据是对称性原理. 下面我们用镜像法求解球上的 Green 函数, 用对称性原理求解上半空间上的 Green 函数, 四分之一平面上的 Green 函数和半球域上的 Green 函数. 通过这些例子, 读者可以掌握其基本思想和技巧.

5.4.1 球上的 Green 函数、Poisson 公式

设 $B_R(0)$ 是 $\mathbb{R}^3$ 中以原点为球心、R 为半径的球, 在球内任取一点 $\boldsymbol{x}$, 在 $\boldsymbol{x}$ 点放置一单位正电荷, 它在点 $\boldsymbol{y} \in \mathbb{R}^3 (\boldsymbol{y} \neq \boldsymbol{x})$ 处的电位是

$\dfrac{1}{4\pi|\boldsymbol{y} - \boldsymbol{x}|}.$ 为了实现物理意义上的接地效应, 在点 $\boldsymbol{x}$ 关于球面的反演点 $\boldsymbol{x}^* = \dfrac{R^2}{|\boldsymbol{x}|^2}\boldsymbol{x}$ 处放置 q 单位的负电荷 (见图 5.2), q 待定, 它所产生的静电场在 $\boldsymbol{y}$ 点的电位是

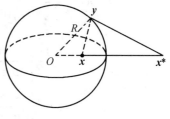

图 5.2

$$v(\boldsymbol{x}, \boldsymbol{y}) = -\frac{q}{4\pi|\boldsymbol{y} - \boldsymbol{x}^*|}, \quad \boldsymbol{y} \in \mathbb{R}^3, \ \boldsymbol{y} \neq \boldsymbol{x}^*.$$

这两个电荷在每一点 $\boldsymbol{y} \in \mathbb{R}^n$ $(\boldsymbol{y} \neq \boldsymbol{x}, \boldsymbol{x}^*)$ 处产生的电位之和是

$$\frac{1}{4\pi|\boldsymbol{y}-\boldsymbol{x}|} - \frac{q}{4\pi|\boldsymbol{y}-\boldsymbol{x}^*|}.$$

我们选取适当的 q, 使得当 $\boldsymbol{y} \in \partial B_R(\boldsymbol{0})$ 时这个和为零, 即

$$\frac{1}{4\pi|\boldsymbol{y}-\boldsymbol{x}|} = \frac{q}{4\pi|\boldsymbol{y}-\boldsymbol{x}^*|}, \quad \text{或者} \quad q = \frac{|\boldsymbol{y}-\boldsymbol{x}^*|}{|\boldsymbol{y}-\boldsymbol{x}|}, \quad \boldsymbol{y} \in \partial B_R(\boldsymbol{0}). \tag{5.4.1}$$

因为三角形 $\boldsymbol{y}O\boldsymbol{x}$ 与三角形 $\boldsymbol{x}^*O\boldsymbol{y}$ 在点 O 有公共夹角, 且此夹角的两相应边成比例 $|\boldsymbol{x}^*|$: $R = R : |\boldsymbol{x}|$, 所以这两个三角形相似 (见图 5.2). 故

$$\frac{|\boldsymbol{y}-\boldsymbol{x}^*|}{|\boldsymbol{y}-\boldsymbol{x}|} = \frac{R}{|\boldsymbol{x}|}, \quad \boldsymbol{y} \in \partial B_R(\boldsymbol{0}). \tag{5.4.2}$$

联立 (5.4.1) 式和 (5.4.2) 式, 得 $q = R/|\boldsymbol{x}|$. 从而

$$v(\boldsymbol{x}, \boldsymbol{y}) = -\frac{R/|\boldsymbol{x}|}{4\pi|\boldsymbol{y}-\boldsymbol{x}^*|}, \quad \boldsymbol{y} \in \mathbb{R}^3, \quad \boldsymbol{y} \neq \boldsymbol{x}^*.$$

至此得到三维球域上的 Green 函数

$$G(\boldsymbol{x}, \boldsymbol{y}) = \frac{1}{4\pi} \left(\frac{1}{|\boldsymbol{y}-\boldsymbol{x}|} - \frac{R}{|\boldsymbol{x}|} \cdot \frac{1}{|\boldsymbol{y}-\boldsymbol{x}^*|} \right), \quad \boldsymbol{x}^* = \frac{R^2}{|\boldsymbol{x}|^2}\boldsymbol{x}. \tag{5.4.3}$$

下面求解三维球域 $B_R(\boldsymbol{0})$ 上的 Dirichlet 边值问题

$$\begin{cases} -\Delta u = 0, & \boldsymbol{x} \in B_R(\boldsymbol{0}), \\ u = \varphi(\boldsymbol{x}), & \boldsymbol{x} \in \partial B_R(\boldsymbol{0}). \end{cases} \tag{5.4.4}$$

根据公式 (5.3.7), 需要计算 $\dfrac{\partial G}{\partial \boldsymbol{n}_{\boldsymbol{y}}}$ 在边界 $\partial B_R(\boldsymbol{0})$ 上的值. 注意到 $\partial B_R(\boldsymbol{0})$ 上的单位外法向量可以写成 $\boldsymbol{n}_{\boldsymbol{y}} = \left(\dfrac{y_1}{R}, \dfrac{y_2}{R}, \dfrac{y_3}{R}\right)$, 所以当 $\boldsymbol{y} \in \partial B_R(\boldsymbol{0})$ 时, 利用 (5.4.2) 式和 (5.4.3) 式以及 $|\boldsymbol{x}|^2\boldsymbol{x}^* = R^2\boldsymbol{x}$ 得

$$\begin{aligned} \frac{\partial G}{\partial \boldsymbol{n}_{\boldsymbol{y}}} &= \sum_{i=1}^{3} G_{y_i} \frac{y_i}{R} = \sum_{i=1}^{3} \frac{y_i}{4\pi R} \left(-\frac{y_i - x_i}{|\boldsymbol{y}-\boldsymbol{x}|^3} + \frac{R}{|\boldsymbol{x}|} \cdot \frac{y_i - x_i^*}{|\boldsymbol{y}-\boldsymbol{x}^*|^3} \right) \\ &= \frac{1}{4\pi R} \cdot \frac{1}{|\boldsymbol{y}-\boldsymbol{x}|^3} \sum_{i=1}^{3} \left(-y_i^2 + y_i x_i + \frac{|\boldsymbol{x}|^2}{R^2}(y_i^2 - y_i x_i^*) \right) \\ &= -\frac{R^2 - |\boldsymbol{x}|^2}{4\pi R|\boldsymbol{y}-\boldsymbol{x}|^3}. \end{aligned}$$

再利用公式 (5.3.7), 可得问题 (5.4.4) 的解

$$u(\boldsymbol{x}) = \frac{R^2 - |\boldsymbol{x}|^2}{4\pi R} \int_{\partial B_R(\boldsymbol{0})} \frac{\varphi(\boldsymbol{y})}{|\boldsymbol{y} - \boldsymbol{x}|^3} \mathrm{d}S_{\boldsymbol{y}}, \quad \boldsymbol{x} \in B_R(\boldsymbol{0}). \tag{5.4.5}$$

此式称为三维球上的调和方程的 Dirichlet 边值问题的 **Poisson 公式**. 利用球坐标, 公式 (5.4.5) 可以写成

$$u(\rho_0, \theta_0, \phi_0) = \frac{R(R^2 - \rho_0^2)}{4\pi} \int_0^{2\pi} \int_0^{\pi} \frac{\varphi(R, \theta, \phi) \sin\theta}{(R^2 + \rho_0^2 - 2R\rho_0 \cos\gamma)^{3/2}} \, \mathrm{d}\theta \mathrm{d}\phi,$$

其中, $(\rho_0, \theta_0, \phi_0)$ 是球 $B_R(\boldsymbol{0})$ 内的点 $\boldsymbol{x}$ 的坐标, (R, θ, ϕ) 是球面 $\partial B_R(\boldsymbol{0})$ 上的动点 $\boldsymbol{y}$ 的坐标, γ 是向量 $\boldsymbol{y}$ 与 $\boldsymbol{x}$ 的夹角. 由三角学基本结论可推知

$$\cos\gamma = \cos\theta \cos\theta_0 + \sin\theta \sin\theta_0 \cos(\phi - \phi_0).$$

如果 $\boldsymbol{x} = \boldsymbol{0}$ 即 $\rho_0 = 0$, 则得到调和函数的球面平均值公式

$$u(\boldsymbol{0}) = \frac{1}{4\pi R^2} \int_{\partial B_R(\boldsymbol{0})} \varphi(\boldsymbol{y}) \mathrm{d}S_{\boldsymbol{y}} = \frac{1}{4\pi} \int_0^{2\pi} \int_0^{\pi} \varphi(R, \theta, \phi) \sin\theta \, \mathrm{d}\theta \mathrm{d}\phi.$$

公式 (5.4.3) 可以写成

$$G(\boldsymbol{x}, \boldsymbol{y}) = \Gamma(|\boldsymbol{y} - \boldsymbol{x}|) - \Gamma\left(\frac{|\boldsymbol{x}|}{R} |\boldsymbol{y} - \boldsymbol{x}^*|\right).$$

受此启发, 我们可以看出 ("猜出"), 空间 $\mathbb{R}^n$ $(n \geqslant 2)$ 中以原点为心、以 R 为半径的球 (圆) $B_R(\boldsymbol{0})$ 上的 Green 函数是

$$G(\boldsymbol{x}, \boldsymbol{y}) = \Gamma(|\boldsymbol{y} - \boldsymbol{x}|) - \Gamma\left(\frac{|\boldsymbol{x}|}{R} |\boldsymbol{y} - \boldsymbol{x}^*|\right), \quad \boldsymbol{x} \in B_R(\boldsymbol{0}), \quad \boldsymbol{x}^* = \frac{R^2}{|\boldsymbol{x}|^2} \boldsymbol{x}. \tag{5.4.6}$$

下面, 我们将对这一事实给出严格证明.

首先, 由 $\boldsymbol{x} \in B_R(\boldsymbol{0})$ 知, $\boldsymbol{x}^*$ 在球 $B_R(\boldsymbol{0})$ 的外部, 所以函数 $\Gamma\left(\frac{|\boldsymbol{x}|}{R} |\boldsymbol{y} - \boldsymbol{x}^*|\right)$ 在 $B_R(\boldsymbol{0})$ 内关于 $\boldsymbol{y}$ 调和.

再验证在 $\partial B_R(\boldsymbol{0})$ 上 $\Gamma(|\boldsymbol{y} - \boldsymbol{x}|) = \Gamma\left(\frac{|\boldsymbol{x}|}{R} |\boldsymbol{y} - \boldsymbol{x}^*|\right)$. 注意到 $\boldsymbol{x}^* = \frac{R^2}{|\boldsymbol{x}|^2} \boldsymbol{x}$, 所以当 $\boldsymbol{y} \in \partial B_R(\boldsymbol{0})$ 时,

$$\begin{aligned}
\left(\frac{|\boldsymbol{x}|}{R} |\boldsymbol{y} - \boldsymbol{x}^*|\right)^2 &= \frac{|\boldsymbol{x}|^2}{R^2} \left(|\boldsymbol{y}|^2 - 2\boldsymbol{y} \cdot \boldsymbol{x}^* + |\boldsymbol{x}^*|^2\right) \\
&= \frac{|\boldsymbol{x}|^2}{R^2} \left(R^2 - 2\frac{R^2}{|\boldsymbol{x}|^2} \boldsymbol{y} \cdot \boldsymbol{x} + \frac{R^4}{|\boldsymbol{x}|^2}\right) \\
&= |\boldsymbol{x}|^2 - 2\boldsymbol{y} \cdot \boldsymbol{x} + R^2 \\
&= |\boldsymbol{y} - \boldsymbol{x}|^2,
\end{aligned}$$

即 $|\boldsymbol{y} - \boldsymbol{x}| = \dfrac{|\boldsymbol{x}|}{R}|\boldsymbol{y} - \boldsymbol{x}^*|$. 因此, 在 $\partial B_R(\boldsymbol{0})$ 上 $\Gamma(|\boldsymbol{y} - \boldsymbol{x}|) = \Gamma\left(\dfrac{|\boldsymbol{x}|}{R}|\boldsymbol{y} - \boldsymbol{x}^*|\right)$.

当 $n = 2$ 时,

$$G(\boldsymbol{x}, \boldsymbol{y}) = \frac{1}{2\pi}\left(\ln\frac{1}{|\boldsymbol{y} - \boldsymbol{x}|} - \ln\frac{1}{(|\boldsymbol{x}|/R)|\boldsymbol{y} - \boldsymbol{x}^*|}\right) = \frac{1}{2\pi}\left(\ln\frac{1}{|\boldsymbol{y} - \boldsymbol{x}|} - \ln\frac{R|\boldsymbol{x}|}{||\boldsymbol{x}|^2\boldsymbol{y} - R^2\boldsymbol{x}|}\right).$$

同于 $n = 3$, 如果圆域 $B_R(\boldsymbol{0})$ 内的调和函数 u 在圆周 $\partial B_R(\boldsymbol{0})$ 上取值 $\varphi(\theta)$, 利用极坐标, 可得圆域上的调和方程的 Dirichlet 边值问题的 **Poisson 公式**

$$u(r, \theta) = \frac{1}{2\pi}\int_0^{2\pi}\frac{(R^2 - r^2)\varphi(\phi)}{R^2 + r^2 - 2Rr\cos(\phi - \theta)}\mathrm{d}\phi, \tag{5.4.7}$$

其中, (r, θ) 是圆域 $B_R(\boldsymbol{0})$ 内点的极坐标, (R, ϕ) 是圆周 $\partial B_R(\boldsymbol{0})$ 上动点的极坐标.

当 $n > 3$ 时, n 维球域上的 Dirichlet 边值问题

$$\begin{cases} -\Delta u = 0, & \boldsymbol{x} \in B_R(\boldsymbol{0}), \\ u = \varphi(\boldsymbol{x}), & \boldsymbol{x} \in \partial B_R(\boldsymbol{0}) \end{cases} \tag{5.4.8}$$

的求解公式是

$$u(\boldsymbol{x}) = \frac{R^2 - |\boldsymbol{x}|^2}{\omega_n R}\int_{\partial B_R(\boldsymbol{0})}\frac{\varphi(\boldsymbol{y})}{|\boldsymbol{x} - \boldsymbol{y}|^n}\mathrm{d}S_{\boldsymbol{y}}, \quad \boldsymbol{x} \in B_R(\boldsymbol{0}), \tag{5.4.9}$$

此式称为 n 维球域上的调和方程的 Dirichlet 边值问题的 **Poisson 公式**.

下面证明由 (5.4.9) 式确定的函数 u 是定解问题 (5.4.8) 的解.

定理 5.4.1　如果定解问题 (5.4.8) 中的边值函数 $\varphi(\boldsymbol{x})$ 在 $\partial B_R(\boldsymbol{0})$ 上连续, 则由 (5.4.9) 式确定的函数 u 是定解问题 (5.4.8) 的解.

证明　因为函数 $\dfrac{1}{|\boldsymbol{x} - \boldsymbol{y}|^n}$ 只在 $\boldsymbol{x} = \boldsymbol{y}$ 处有奇性, 所以当 $\boldsymbol{y} \in \partial B_R(\boldsymbol{0})$ 时, 可直接验证函数 $\dfrac{R^2 - |\boldsymbol{x}|^2}{|\boldsymbol{x} - \boldsymbol{y}|^n}$ 在球 $B_R(\boldsymbol{0})$ 内关于 $\boldsymbol{x}$ 调和. 故由 (5.4.9) 式确定的函数 $u(\boldsymbol{x})$ 满足 $-\Delta u(\boldsymbol{x}) = 0, \boldsymbol{x} \in B_R(\boldsymbol{0})$.

下面再证明 $u(\boldsymbol{x})$ 满足定解问题 (5.4.8) 中的边界条件. 由 Green 函数的性质 4 得

$$1 = -\int_{\partial B_R(\boldsymbol{0})}\frac{\partial G}{\partial \boldsymbol{n}}\mathrm{d}S_{\boldsymbol{y}} = \frac{R^2 - |\boldsymbol{x}|^2}{\omega_n R}\int_{\partial B_R(\boldsymbol{0})}\frac{1}{|\boldsymbol{x} - \boldsymbol{y}|^n}\mathrm{d}S_{\boldsymbol{y}}, \quad \boldsymbol{x} \in B_R(\boldsymbol{0}). \tag{5.4.10}$$

对于 $\partial B_R(\boldsymbol{0})$ 上的任一点 $\boldsymbol{z}$, 利用公式 (5.4.9) 和等式 (5.4.10), 有

$$|u(\boldsymbol{x}) - \varphi(\boldsymbol{z})| \leqslant \frac{R^2 - |\boldsymbol{x}|^2}{\omega_n R}\int_{\partial B_R(\boldsymbol{0})}\frac{1}{|\boldsymbol{x} - \boldsymbol{y}|^n}|\varphi(\boldsymbol{y}) - \varphi(\boldsymbol{z})|\mathrm{d}S_{\boldsymbol{y}}.$$

因为 $z \in \partial B_R(0)$, 所以当积分变量 $y = z$ 而 $x \to z$ 时, 被积函数有奇性. 我们以 z 为球心作一个半径为 $\delta > 0$ 的小球 V, 并记 $V_0 = V \bigcap \partial B_R(0)$. 那么

$$|u(x) - \varphi(z)| \leqslant \frac{R^2 - |x|^2}{\omega_n R} \int_{\partial B_R(0) \setminus V_0} \frac{|\varphi(y) - \varphi(z)|}{|x - y|^n} \mathrm{d}S_y + \frac{R^2 - |x|^2}{\omega_n R} \int_{V_0} \frac{|\varphi(y) - \varphi(z)|}{|x - y|^n} \mathrm{d}S_y$$

$$\stackrel{\text{def}}{=\!=} I_1 + I_2. \tag{5.4.11}$$

因为 φ 在 $\partial B_R(0)$ 上连续, 所以对于任意的 $\varepsilon > 0$, 可以取 $\delta \ll 1$ 使得当 $y \in V_0$, 即 $|y - z| \leqslant \delta$ 时, $|\varphi(y) - \varphi(z)| < \varepsilon$. 于是

$$I_2 \leqslant \varepsilon \frac{R^2 - |x|^2}{\omega_n R} \int_{V_0} \frac{1}{|x - y|^n} \mathrm{d}S_y \leqslant \varepsilon. \tag{5.4.12}$$

对于这样确定的 δ, 在 $\partial B_R(0) \setminus V_0$ 上 I_1 中的被积函数无奇性. 因为 φ 连续从而有界, 并且当 $x \to z$ 时 $|x| \to |z| = R$, 所以当 $x \to z$ 时 $I_1 \to 0$. 再结合 (5.4.11) 式和 (5.4.12) 式便得

$$\lim_{x \to z} u(x) = \varphi(z), \quad z \in \partial B_R(0).$$

定理得证.

在 (5.4.6) 式中, 如果取 $x \in \mathbb{R}^n \setminus \overline{B_R(0)}$, 则 $x^* = \dfrac{R^2}{|x|^2} x \in B_R(0)$. 这样得到的函数 $G(x, y)$ 是球 $B_R(0)$ 外的 Green 函数. 类似地, 可得到 n 维球域上的 Dirichlet 外边值问题

$$\begin{cases} -\Delta u = 0, & x \in \mathbb{R}^n \setminus \overline{B_R(0)}, \\ u = \varphi(x), & x \in \partial B_R(0), \\ \lim_{|x| \to \infty} |u(x)| = 0 \end{cases}$$

的求解公式

$$u(x) = \frac{|x|^2 - R^2}{\omega_n R} \int_{\partial B_R(0)} \frac{\varphi(y)}{|x - y|^n} \mathrm{d}S_y, \quad x \in \mathbb{R}^n \setminus \overline{B_R(0)}.$$

例 5.4.1　利用 Poisson 公式求解 Dirichlet 边值问题:

$$\begin{cases} u_{rr} + \dfrac{1}{r} u_r + \dfrac{1}{r^2} u_{\theta\theta} = 0, & 0 < r < 1, \\ u(1, \theta) = A \cos \theta, & \theta \in [0, 2\pi), \end{cases}$$

其中 A 是已知常数.

解　直接利用公式 (5.4.7) 知,

$$u(r,\theta) = \frac{1}{2\pi} \int_0^{2\pi} A\cos\phi \frac{1-r^2}{1+r^2-2r\cos(\phi-\theta)} \mathrm{d}\phi.$$

因为

$$\frac{1-r^2}{1+r^2-2r\cos(\phi-\theta)} = 1 + 2\sum_{n=1}^{\infty} r^n \cos n(\phi-\theta),$$

且右端级数当 $r<1$ 时关于 ϕ 一致收敛, 故可以逐项积分. 于是

$$u(r,\theta) = \frac{1}{2\pi} \int_0^{2\pi} A\cos\phi \left(1 + 2\sum_{n=1}^{\infty} r^n \cos n(\phi-\theta)\right) \mathrm{d}\phi = Ar\cos\theta.$$

5.4.2　上半空间的 Green 函数、Poisson 公式

考察 $\mathbb{R}^n$ $(n\geqslant 3)$ 中上半空间 $\mathbb{R}_+^n \overset{\mathrm{def}}{=\!=} \{\boldsymbol{x}\in\mathbb{R}^n : x_n>0\}$ 上的调和方程的 Dirichlet 边值问题

$$\begin{cases} -\Delta u = 0, & \boldsymbol{x}\in\mathbb{R}_+^n, \\ u = \varphi(\boldsymbol{x}'), & x_n = 0, \ \boldsymbol{x}'\in\mathbb{R}^{n-1}, \\ \displaystyle\lim_{|\boldsymbol{x}|\to\infty} u(\boldsymbol{x}) = 0, & \end{cases} \tag{5.4.13}$$

其中 $\boldsymbol{x} = (\boldsymbol{x}', x_n)$, $\boldsymbol{x}' = (x_1, \cdots, x_{n-1})$. 因为 Green 函数是借助于调和函数的基本积分公式求出的, 并且这里的区域 $\mathbb{R}_+^n$ 无界, 为了保证基本积分公式中的积分收敛 (或者说, 推导基本积分公式的过程合理), 要求调和函数 u 满足条件:

$$|u(\boldsymbol{x})| \leqslant \frac{C}{|\boldsymbol{x}|^{n-2}}, \quad \left|\frac{\partial u}{\partial\boldsymbol{n}}\right| \leqslant \frac{C}{|\boldsymbol{x}|^{n-1}}, \quad \text{当 } |\boldsymbol{x}|\gg 1 \text{ 时}.$$

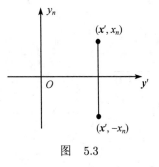

图　5.3

符号 $\gg 1$ 表示适当大或充分大, 下同. 另外, 问题 (5.4.13) 中的边界值函数 $\varphi(\boldsymbol{x}')$ 也要满足:

$$|\varphi(\boldsymbol{x}')| \leqslant \frac{C}{|\boldsymbol{x}'|^n}, \quad \text{当 } |\boldsymbol{x}'|\gg 1 \text{ 时},$$

这里的 C 是正常数.

取 $\boldsymbol{x} = (\boldsymbol{x}', x_n)\in\mathbb{R}_+^n$, 点 $\boldsymbol{x}$ 关于超平面 $y_n=0$ 的对称点是 $\boldsymbol{x}^* = (\boldsymbol{x}', -x_n) \overset{\mathrm{def}}{=\!=} (\boldsymbol{x}', x_n^*)$, 见图 5.3. 记 $v(\boldsymbol{x},\boldsymbol{y}) = -\Gamma(|\boldsymbol{y}-\boldsymbol{x}^*|)$, 那么 $v(\boldsymbol{x},\boldsymbol{y})$ 在上半空间 $\mathbb{R}_+^n$ 中是 $\boldsymbol{y}$ 的调和函数, 在闭域 $\{y_n\geqslant 0\}$ 上有一阶连续偏导数, 并且在 $y_n=0$ 上

$$v(\boldsymbol{x},\boldsymbol{y})\big|_{y_n=0} = -\Gamma(|\boldsymbol{y}-\boldsymbol{x}^*|)\big|_{y_n=0} = -\Gamma(\boldsymbol{y}'-\boldsymbol{x}', 0-x_n^*)$$
$$= -\Gamma(\boldsymbol{y}'-\boldsymbol{x}', 0+x_n) = -\Gamma(|\boldsymbol{y}-\boldsymbol{x}|)\big|_{y_n=0}.$$

因此, 上半空间中的 Green 函数是

$$G(\boldsymbol{x}, \boldsymbol{y}) = \Gamma(|\boldsymbol{y} - \boldsymbol{x}|) - \Gamma(|\boldsymbol{y} - \boldsymbol{x}^*|), \quad \boldsymbol{x}, \ \boldsymbol{y} \in \mathbb{R}_+^n.$$

将其代入公式 (5.3.7) 便得问题 (5.4.13) 的解

$$u(\boldsymbol{x}) = -\int_{y_n=0} \varphi(\boldsymbol{y}) \frac{\partial G(\boldsymbol{x}, \boldsymbol{y})}{\partial \boldsymbol{n_y}} \mathrm{d}S_{\boldsymbol{y}} = -\int_{\mathbb{R}^{n-1}} \varphi(\boldsymbol{y'}) \frac{\partial G(\boldsymbol{x}, (\boldsymbol{y'}, 0))}{\partial \boldsymbol{n_y}} \mathrm{d}\boldsymbol{y'}, \quad \boldsymbol{x} \in \mathbb{R}_+^n. \quad (5.4.14)$$

为了写出解的表达式, 我们需要计算 $\dfrac{\partial G}{\partial \boldsymbol{n_y}}$ 在超平面 $y_n = 0$ 上的值. 利用 $x_n^* = -x_n$,
直接计算得

$$\frac{\partial G}{\partial \boldsymbol{n_y}}\Big|_{y_n=0} = -\frac{\partial G}{\partial y_n}\Big|_{y_n=0} = \frac{1}{\omega_n}\left[\frac{y_n - x_n}{|\boldsymbol{y} - \boldsymbol{x}|^n} - \frac{y_n - x_n^*}{|\boldsymbol{y} - \boldsymbol{x}^*|^n}\right]_{y_n=0}$$

$$= -\frac{2}{\omega_n} \cdot \frac{x_n}{(|\boldsymbol{y'} - \boldsymbol{x'}|^2 + x_n^2)^{n/2}}.$$

将其代入公式 (5.4.14), 得

$$u(\boldsymbol{x}) = \frac{2x_n}{\omega_n} \int_{\mathbb{R}^{n-1}} \frac{\varphi(\boldsymbol{y'})}{(|\boldsymbol{x'} - \boldsymbol{y'}|^2 + x_n^2)^{n/2}} \mathrm{d}\boldsymbol{y'}, \quad \boldsymbol{x} \in \mathbb{R}_+^n. \quad (5.4.15)$$

此式称为上半空间中的调和方程的 Dirichlet 边值问题的 **Poisson 公式**.

类似于定理 5.4.1, 可证下面的定理.

定理 5.4.2   如果问题 (5.4.13) 中的边界值函数 $\varphi(\boldsymbol{x'})$ 在 $\mathbb{R}^{n-1}$ 中连续且有界, 则由 (5.4.15) 式确定的函数 u 是问题 (5.4.13) 的解.

对于 $n = 2$, 可类似地推出上半平面的 Green 函数是

$$G(\boldsymbol{x}, \boldsymbol{y}) = \frac{1}{4\pi} \ln \frac{(x_1 - y_1)^2 + (x_2 + y_2)^2}{(x_1 - y_1)^2 + (x_2 - y_2)^2}.$$

从而 Dirichlet 边值问题

$$\begin{cases} -\Delta u = f(\boldsymbol{x}), & x_1 \in \mathbb{R}, \ x_2 > 0, \\ u = \varphi(x_1), & x_1 \in \mathbb{R}, \ x_2 = 0, \\ \lim_{|\boldsymbol{x}| \to \infty} u(\boldsymbol{x}) = 0 \end{cases}$$

的解可以写成

$$u(\boldsymbol{x}) = \frac{1}{\pi} \int_{\mathbb{R}} \frac{x_2 \varphi(y_1)}{(y_1 - x_1)^2 + x_2^2} \mathrm{d}y_1$$

$$+ \frac{1}{4\pi} \int_0^\infty \int_{\mathbb{R}} f(\boldsymbol{y}) \ln \frac{(y_1 - x_1)^2 + (y_2 + x_2)^2}{(y_1 - x_1)^2 + (y_2 - x_2)^2} \mathrm{d}y_1 \mathrm{d}y_2, \quad \boldsymbol{x} \in \mathbb{R}_+^2. \quad (5.4.16)$$

例 5.4.2　*求解*

$$
\begin{cases}
\Delta u = 0, & x_1 \in \mathbb{R}, \ x_2 > 0, \\
u(x_1, 0) = \varphi(x_1) = \begin{cases} 0, & x_1 < 0, \\ c, & x_1 > 0, \end{cases}
\end{cases}
$$

其中 c 是常数.

解　直接代入公式 (5.4.16) 得

$$
u(\boldsymbol{x}) = \frac{1}{\pi} \int_{\mathbb{R}} \frac{x_2 \varphi(y_1)}{(y_1 - x_1)^2 + x_2^2} \, \mathrm{d}y_1 = \frac{cx_2}{\pi} \int_0^\infty \frac{1}{(y_1 - x_1)^2 + x_2^2} \, \mathrm{d}y_1 = \frac{c}{2} + \frac{c}{\pi} \arctan \frac{x_1}{x_2}.
$$

5.4.3　四分之一平面上的 Green 函数

求四分之一平面 $H_+ = \{(x, y) : x > 0, \ y > 0\}$ 上的调和方程的 Dirichlet 边值问题的 Green 函数.

在 H_+ 内任取一点 (ξ, η), 点 (ξ, η) 关于 x 轴的对称点是 $(\xi, -\eta)$, 见图 5.4. 前面已经求出了上半平面上的 Green 函数:

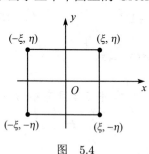

$$
G(x, y; \xi, \eta) = \frac{1}{4\pi} \ln \frac{(x - \xi)^2 + (y + \eta)^2}{(x - \xi)^2 + (y - \eta)^2}.
$$

该函数在 x 轴上的值为零, 但是在 y 轴上的值不为零. 取点 (ξ, η) 关于 y 轴的对称点 $(-\xi, \eta)$. 对于点 $(-\xi, \eta)$ 而言, 上半平面上的 Green 函数是

$$
G(x, y; -\xi, \eta) = \frac{1}{4\pi} \ln \frac{(x + \xi)^2 + (y + \eta)^2}{(x + \xi)^2 + (y - \eta)^2}.
$$

图　5.4

这个函数在 x 轴上的值也为零. 容易看出, 在 y 轴上, 即 $x = 0$,

$$
G(0, y; \xi, \eta) = \frac{1}{4\pi} \ln \frac{\xi^2 + (y + \eta)^2}{\xi^2 + (y - \eta)^2} = G(0, y; -\xi, \eta).
$$

从而,

$$
\begin{aligned}
G_0(x, y; \xi, \eta) &= G(x, y; \xi, \eta) - G(x, y; -\xi, \eta) \\
&= \frac{1}{4\pi} \ln \frac{[(x - \xi)^2 + (y + \eta)^2] \times [(x + \xi)^2 + (y - \eta)^2]}{[(x - \xi)^2 + (y - \eta)^2] \times [(x + \xi)^2 + (y + \eta)^2]}
\end{aligned}
$$

是四分之一平面上的调和方程的 Dirichlet 边值问题的 Green 函数.

5.4.4　半球域上的 Green 函数

求半球域 $B_R^+(\boldsymbol{0}) = \{\boldsymbol{x} = (x_1, x_2, x_3) \in \mathbb{R}^3 : |\boldsymbol{x}| < R, \ x_3 > 0\}$ 上的调和方程分别满足下列边界条件的边值问题的 Green 函数,

(i) $u|_{x_3=0} = u|_{r=R} = 0$;

(ii) $u_{x_3}|_{x_3=0} = u|_{r=R} = 0$.

在半球域 $B_R^+(\mathbf{0})$ 内任取一点 $\boldsymbol{x}$, 它关于球面的反演点是 $\boldsymbol{x}^* = \dfrac{R^2}{|\boldsymbol{x}|^2}\boldsymbol{x}$. 前面已经求出了球域 $B_R(\mathbf{0})$ 上的调和方程的 Dirichlet 边值问题的 Green 函数：

$$G(\boldsymbol{x}, \boldsymbol{y}) = \frac{1}{4\pi}\left(\frac{1}{|\boldsymbol{y} - \boldsymbol{x}|} - \frac{R}{|\boldsymbol{x}|} \cdot \frac{1}{|\boldsymbol{y} - \boldsymbol{x}^*|}\right).$$

与求解四分之一平面上的 Green 函数的想法类似, 取点 $\boldsymbol{x}$ 关于平面 $y_3 = 0$ 的对称点 $\boldsymbol{x}_- = (x_1, x_2, -x_3)$. 那么点 $\boldsymbol{x}_-$ 关于球面的反演点是

$$\boldsymbol{x}_-^* = \frac{R^2}{|\boldsymbol{x}_-|^2}\boldsymbol{x}_- = \frac{R^2}{|\boldsymbol{x}|^2}\boldsymbol{x}_-,$$

见图 5.5. 对于点 $\boldsymbol{x}_-$ 而言, 球域 $B_R(\mathbf{0})$ 上的调和方程的 Dirichlet 边值问题的 Green 函数是

$$\begin{aligned}
G(\boldsymbol{x}_-, \boldsymbol{y}) &= \frac{1}{4\pi}\left(\frac{1}{|\boldsymbol{y} - \boldsymbol{x}_-|} - \frac{R}{|\boldsymbol{x}_-|} \cdot \frac{1}{|\boldsymbol{y} - \boldsymbol{x}_-^*|}\right) \\
&= \frac{1}{4\pi}\left(\frac{1}{|\boldsymbol{y} - \boldsymbol{x}_-|} - \frac{R}{|\boldsymbol{x}|} \cdot \frac{1}{|\boldsymbol{y} - \boldsymbol{x}_-^*|}\right).
\end{aligned}$$

因此,

$$G_1(\boldsymbol{x}, \boldsymbol{y}) = G(\boldsymbol{x}, \boldsymbol{y}) - G(\boldsymbol{x}_-, \boldsymbol{y})$$

和

$$G_2(\boldsymbol{x}, \boldsymbol{y}) = G(\boldsymbol{x}, \boldsymbol{y}) + G(\boldsymbol{x}_-, \boldsymbol{y})$$

分别是半球域 $B_R^+(\mathbf{0})$ 上的调和方程带有边界条件 (i) 和 (ii) 的 Green 函数. 请读者自己验证, 并思考为什么可以这样选取.

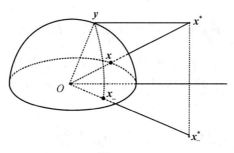

图 5.5

5.5　调和函数的进一步性质 ——Poisson 公式的应用

在 5.2 节中, 我们利用 Green 公式和调和函数的基本积分公式给出了调和函数的四个性质: Neumann 问题有解的必要条件、平均值公式、极值原理和解的惟一性. 本节利用 Poisson 公式推导调和函数的另一些性质.

给定两个集合 A 和 B, 其中 B 是开集. 用 $A \Subset B$ 表示 $\overline{A} \subset B$ 并且 $\text{dist}(A, \partial B) > 0$. 先给出平均值定理（平均值公式）的逆定理.

定理 5.5.1（逆平均值定理）　设函数 u 在区域 Ω 内连续, 且对于任一球 $B = B_R(\boldsymbol{x}) \Subset \Omega$, 满足平均值公式

$$u(\boldsymbol{x}) = \frac{1}{\omega_n R^{n-1}} \int_{\partial B} u \, \mathrm{d}S.$$

那么 $u(\boldsymbol{x})$ 在 Ω 内调和.

证明　任取一个球 $B \Subset \Omega$. 因为 u 在 ∂B 上连续, 根据定理 5.4.1 知, 存在 B 中的调和函数 v, 使得在 ∂B 上 $v = u$. 因此, v 在 B 中的任一球面上满足平均值公式. 令 $w = u - v$, 则 w 在 B 中的任一球面上满足平均值公式, w 在 $\overline{B}$ 上连续且在 ∂B 上等于零. 同于定理 5.2.4 的证明可以推出 $\max\limits_{\overline{B}} |w| = 0$. 于是在 $\overline{B}$ 上 $w \equiv 0$, 即 $u \equiv v$ 在 $\overline{B}$ 上成立. 从而, u 在 B 内调和. 再由 $B \Subset \Omega$ 的任意性知, u 在 Ω 内调和. 定理得证.

下面的定理是逆平均值定理的直接应用.

定理 5.5.2（Harnack 第一定理）　假设函数列 $\{u_k\}_{k=1}^{\infty}$ 中的每一个函数都在有界区域 Ω 内调和、在 $\overline{\Omega}$ 上连续. 如果 $\{u_k\}_{k=1}^{\infty}$ 在 $\partial\Omega$ 上一致收敛, 那么 $\{u_k\}_{k=1}^{\infty}$ 在 Ω 内也一致收敛, 并且极限函数是 Ω 内的调和函数.

证明　先证明 $\{u_k\}_{k=1}^{\infty}$ 在 Ω 内一致收敛. 记 f_k 是 u_k 在 $\partial\Omega$ 上的值. 由假设条件, 函数列 $\{f_k\}_{k=1}^{\infty}$ 在 $\partial\Omega$ 上一致收敛. 故对于任意的 $\varepsilon > 0$, 存在 K, 使得当 $k, m > K$ 时, $\max\limits_{\partial\Omega} |f_k - f_m| < \varepsilon$. 因为 $u_k - u_m$ 在 Ω 内调和, 根据调和函数的极值原理知, 当 $k, m > K$ 时,

$$\max_{\overline{\Omega}} |u_k - u_m| \leqslant \max_{\partial\Omega} |f_k - f_m| < \varepsilon.$$

由 Cauchy 判别法, 函数列 $\{u_k\}_{k=1}^{\infty}$ 在 $\overline{\Omega}$ 上一致收敛, 且极限函数 u 在 $\overline{\Omega}$ 上连续.

下面证明极限函数 u 在 Ω 内调和. 任取 $\boldsymbol{x} \in \Omega$, $B = B_R(\boldsymbol{x}) \Subset \Omega$. 因为 u_k 满足平均值公式

$$u_k(\boldsymbol{x}) = \frac{1}{\omega_n R^{n-1}} \int_{\partial B} u_k \, \mathrm{d}S,$$

令 $k \to \infty$ 知, u 也满足平均值公式

$$u(\boldsymbol{x}) = \frac{1}{\omega_n R^{n-1}} \int_{\partial B} u \, \mathrm{d}S.$$

再利用定理 5.5.1 知, u 在 Ω 内调和. 证毕.

定理 5.5.3(Harnack 不等式) 设 u 是 Ω 内的非负调和函数, 则对于任一有界子区域 $\Omega' \Subset \Omega$, 存在一个只依赖于 n, Ω' 和 Ω 的正常数 C, 使得

$$\max_{\overline{\Omega'}} u \leqslant C \min_{\overline{\Omega'}} u.$$

证明 当 u 是常数时, 结论显然成立. 下面讨论 $u \not\equiv$ 常数的情况.

(1) 对于 $\boldsymbol{y} \in \Omega$, 选取正数 R, 使得球 $B_{4R}(\boldsymbol{y}) \Subset \Omega$. 对于任意的 $\boldsymbol{x}_1, \boldsymbol{x}_2 \in B_R(\boldsymbol{y})$, 利用球上的平均值公式 (5.2.5), 得

$$u(\boldsymbol{x}_1) = \frac{n}{\omega_n R^n} \int_{B_R(\boldsymbol{x}_1)} u(\boldsymbol{x}) \mathrm{d}\boldsymbol{x},$$

$$u(\boldsymbol{x}_2) = \frac{n}{\omega_n (3R)^n} \int_{B_{3R}(\boldsymbol{x}_2)} u(\boldsymbol{x}) \mathrm{d}\boldsymbol{x}$$

$$\geqslant \frac{n}{\omega_n (3R)^n} \int_{B_R(\boldsymbol{x}_1)} u(\boldsymbol{x}) \mathrm{d}\boldsymbol{x}.$$

于是, $u(\boldsymbol{x}_1) \leqslant 3^n u(\boldsymbol{x}_2)$. 再由 $\boldsymbol{x}_1, \boldsymbol{x}_2$ 的任意性知

$$\max_{\overline{B_R(\boldsymbol{y})}} u \leqslant 3^n \min_{\overline{B_R(\boldsymbol{y})}} u. \tag{5.5.1}$$

(2) 设 $\Omega' \Subset \Omega$. 那么存在 $\boldsymbol{x}_1, \boldsymbol{x}_2 \in \overline{\Omega'}$, 使得

$$u(\boldsymbol{x}_1) = \max_{\overline{\Omega'}} u, \quad u(\boldsymbol{x}_2) = \min_{\overline{\Omega'}} u.$$

令 $l \subset \overline{\Omega'}$ 是连接 $\boldsymbol{x}_1$ 和 $\boldsymbol{x}_2$ 的简单曲线, 选取 R 使得 $4R < \mathrm{dist}(\partial\Omega', \partial\Omega)$. 根据有限覆盖定理, l 被 N (仅依赖于 Ω' 和 Ω) 个半径为 R 且完全属于 Ω 的球覆盖. 从第一个球开始, 依次在每一个球中利用估计式 (5.5.1), 通过相邻两球的公共点过渡到下一个球, 直到第 N 个球, 最后得到

$$\max_{\overline{\Omega'}} u = u(\boldsymbol{x}_1) \leqslant 3^{nN} u(\boldsymbol{x}_2) = 3^{nN} \min_{\overline{\Omega'}} u.$$

定理得证.

下面的定理是 Harnack 不等式的一个直接应用.

定理 5.5.4(一致收敛性定理) 假设 $\{u_k\}_{k=1}^{\infty}$ 是 Ω 中的单调增加的调和函数列, $\boldsymbol{y} \in \Omega$ 是固定点, 数列 $\{u_k(\boldsymbol{y})\}_{k=1}^{\infty}$ 收敛. 那么, 函数列 $\{u_k\}_{k=1}^{\infty}$ 在 Ω 的任一有界子域 Ω' 中一致收敛于一个调和函数.

证明　不妨设 $\boldsymbol{y} \in \Omega'$, 否则可取 Ω'': $\Omega' \subset \Omega'' \Subset \Omega$, 使得 $\boldsymbol{y} \in \Omega''$. 任给 $\varepsilon > 0$, 存在 K, 使当 $k \geqslant m > K$ 时, $0 \leqslant u_k(\boldsymbol{y}) - u_m(\boldsymbol{y}) < \varepsilon$. 利用定理 5.5.3 知

$$\max_{\overline{\Omega'}}(u_k - u_m) \leqslant C \min_{\overline{\Omega'}}(u_k - u_m) \leqslant C(u_k(\boldsymbol{y}) - u_m(\boldsymbol{y})) < C\varepsilon, \quad \forall\, k \geqslant m > K,$$

其中 C 仅依赖于 n, Ω', Ω. 上式说明 $\{u_k\}_{k=1}^{\infty}$ 在 $\overline{\Omega'}$ 上一致收敛. 再利用定理 5.5.2 知, 它的极限函数在 Ω' 内调和. 证毕.

下面给出在理论和应用中都很重要的 Liouville 定理.

定理 5.5.5（Liouville 定理）　全空间上有界的调和函数一定是常数.

证明　设 u 是全空间上有界的调和函数, 那么存在正数 M, 使得 $|u(\boldsymbol{x})| \leqslant M$ 在 $\mathbb{R}^n$ 上成立. 对于任意取定的 $\boldsymbol{x} \in \mathbb{R}^n$, 取正数 $R \gg 1$ 使 $R > |\boldsymbol{x}|$. 利用调和函数的平均值公式 (5.2.5), 有

$$\begin{aligned}
|u(\boldsymbol{x}) - u(\boldsymbol{0})| &= \frac{n}{\omega_n R^n} \left| \int_{B_R(\boldsymbol{x})} u(\boldsymbol{y})\mathrm{d}\boldsymbol{y} - \int_{B_R(\boldsymbol{0})} u(\boldsymbol{y})\mathrm{d}\boldsymbol{y} \right| \\
&= \frac{n}{\omega_n R^n} \left| \int_{B_R(\boldsymbol{x}) \backslash B_R(\boldsymbol{0})} u(\boldsymbol{y})\mathrm{d}\boldsymbol{y} - \int_{B_R(\boldsymbol{0}) \backslash B_R(\boldsymbol{x})} u(\boldsymbol{y})\mathrm{d}\boldsymbol{y} \right| \\
&\leqslant \frac{nM}{\omega_n R^n} \int_{R-|\boldsymbol{x}| < |\boldsymbol{y}| < R+|\boldsymbol{x}|} \mathrm{d}\boldsymbol{y} \\
&= \frac{nM}{\omega_n R^n} \cdot \frac{\omega_n}{n} \left[(R+|\boldsymbol{x}|)^n - (R-|\boldsymbol{x}|)^n \right] \\
&= O(R^{-1}), \quad \text{当 } R \gg 1 \text{ 时.}
\end{aligned}$$

令 $R \to \infty$ 得 $u(\boldsymbol{x}) = u(\boldsymbol{0})$. 定理得证.

定理 5.5.6（调和函数的可微性）　区域 Ω 内的调和函数在区域 Ω 内无穷次连续可微.

证明　设函数 u 在 Ω 内调和. 对于任意的 $\boldsymbol{x} \in \Omega$ 以及满足 $B_R(\boldsymbol{x}) \Subset \Omega$ 的 $R > 0$, 根据调和函数的平均值公式 (5.2.5),

$$u(\boldsymbol{x}) = \frac{n}{\omega_n R^n} \int_{B_R(\boldsymbol{x})} u(\boldsymbol{y})\mathrm{d}\boldsymbol{y} = \frac{n}{\omega_n R^n} \int_{B_R(\boldsymbol{0})} u(\boldsymbol{x}+\boldsymbol{z})\mathrm{d}\boldsymbol{z}.$$

因为 $u \in C^2(\Omega)$, 所以上式右端关于 $\boldsymbol{x}$ 可微, 并且可以在积分号下求导数. 上式两端关于 x_i 求导, 得

$$\begin{aligned}
u_{x_i}(\boldsymbol{x}) &= \frac{n}{\omega_n R^n} \int_{B_R(\boldsymbol{0})} u_{x_i}(\boldsymbol{x}+\boldsymbol{z})\mathrm{d}\boldsymbol{z} \\
&= \frac{n}{\omega_n R^n} \int_{B_R(\boldsymbol{x})} u_{x_i}(\boldsymbol{y})\mathrm{d}\boldsymbol{y}, \quad i = 1, 2, \ldots, n,
\end{aligned}$$

即 u_{x_i} 满足平均值公式, 于是 u_{x_i} 是调和函数. 用归纳法可以证得所要的结论. 证毕.

定理 5.5.7（解析性）　区域 Ω 内的调和函数在区域 Ω 内解析.

该定理的证明牵涉到比较复杂的多重指标的记号和导数估计, 这里不再给出. 有兴趣的读者可以参看文献 [4] 的定理 5.3.10.

习　题　5

5.1　设常数 $\sigma > 0$. 利用第一 Green 公式, 证明 Laplace 方程的 Robin 边值问题

$$\begin{cases} \Delta u = 0, & \boldsymbol{x} \in \Omega, \\ \left(\dfrac{\partial u}{\partial \boldsymbol{n}} + \sigma u \right) \Big|_{\partial \Omega} = f \end{cases}$$

解的惟一性.

5.2　证明

$$\int_{\Omega} v \Delta(\Delta u) \mathrm{d}\boldsymbol{x} = \int_{\Omega} u \Delta(\Delta v) \mathrm{d}\boldsymbol{x} + \int_{\partial \Omega} \left(v \frac{\partial(\Delta u)}{\partial \boldsymbol{n}} - \Delta u \frac{\partial v}{\partial \boldsymbol{n}} + \Delta v \frac{\partial u}{\partial \boldsymbol{n}} - u \frac{\partial(\Delta v)}{\partial \boldsymbol{n}} \right) \mathrm{d}S.$$

5.3　证明下列函数都是调和函数:

(1) $\mathrm{e}^x \sin y$ 和 $\mathrm{e}^x \cos y$;

(2) $\cosh nx \sin ny$ 和 $\cosh nx \cos ny$.

5.4　验证 $\Gamma(\boldsymbol{x}, \boldsymbol{y})$ 满足定义 5.1.1 中的条件 (2)

5.5　证明二维 Laplace 方程在极坐标 (r, θ) 下, 可以写成

$$\Delta u = \frac{1}{r}(r u_r)_r + \frac{1}{r^2} u_{\theta\theta} = 0.$$

5.6　证明三维 Laplace 方程在球坐标 (r, θ, ϕ) 下, 可以写成

$$\Delta u = \frac{1}{r^2}(r^2 u_r)_r + \frac{1}{r^2 \sin\theta}(\sin\theta\, u_\theta)_\theta + \frac{1}{r^2 \sin^2\theta} u_{\phi\phi} = 0.$$

5.7　证明三维 Laplace 方程在柱坐标 (r, θ, z) 下, 可以写成

$$\Delta u = \frac{1}{r}(r u_r)_r + \frac{1}{r^2} u_{\theta\theta} + u_{zz} = 0.$$

5.8　假设函数 u 在有界区域 Ω 的外部区域 Ω' 上是调和函数并且满足

$$|u(\boldsymbol{x})| \leqslant \frac{C}{|\boldsymbol{x}|}, \quad |u_{x_i}(\boldsymbol{x})| \leqslant \frac{C}{|\boldsymbol{x}|^2},$$

其中 C 是一个正常数. 试推导 u 在 Ω' 上的基本积分公式.

5.9　在三维区域 Ω 上, 利用第二 Green 公式和方程 $\Delta v = v$ 的球对称解 $v = \dfrac{1}{r}\mathrm{e}^{-r}$, 推导方程

$$\Delta u - u = f$$

的解的积分表达式. 这里, $r = |\boldsymbol{x}|$.

5.10　判断以下问题是否有解, 若有解, 求出解来.

(1) $\begin{cases} \Delta u = 3, & r < 1, \\[2mm] \dfrac{\partial u}{\partial \boldsymbol{n}} = 0, & r = 1; \end{cases}$

(2) $\begin{cases} \Delta u = 2, & r < 1, \\[2mm] \dfrac{\partial u}{\partial \boldsymbol{n}} = 1, & r = 1, \end{cases}$

其中 $r = |\boldsymbol{x}|$, $\boldsymbol{x} \in \mathbb{R}^n$.

5.11　设 $n \geqslant 3$. 利用球面平均值定理计算积分 $\displaystyle\int_{\mathbb{S}} \dfrac{1}{|\boldsymbol{x} - \boldsymbol{x}_0|^{n-2}} \mathrm{d}S$, 其中 $\mathbb{S}$ 是 $\mathbb{R}^n$ 中的单位球面, $x_0 \in \mathbb{R}^n$ 是固定点, 且 $|\boldsymbol{x}_0| > 1$.

5.12　若 $u(r, \theta)$ 是单位圆上的调和函数, 且 $u(1, \theta) = \sin^2 \theta$. 求函数 u 在原点的值.

5.13　设 $u(\boldsymbol{x})$ 在以原点为心、以 R 为半径的 n 维球 $B_R(\boldsymbol{0})$ 内调和, 在 $\overline{B_R(\boldsymbol{0})}$ 上连续. 记 $M = \displaystyle\int_{B_R(\boldsymbol{0})} u^2 \mathrm{d}\boldsymbol{x}$. 试证明:

(1) $|u(\boldsymbol{0})| \leqslant \left(\dfrac{nM}{\omega_n R^n} \right)^{1/2}$;

(2) $|u(\boldsymbol{x})| \leqslant \left(\dfrac{nM}{\omega_n (R - |\boldsymbol{x}|)^n} \right)^{1/2}$, $\quad \forall \, \boldsymbol{x} \in B_R(\boldsymbol{0})$.

5.14　设 $\Omega = \{\boldsymbol{x} \in \mathbb{R}^n : |\boldsymbol{x}| < \pi/2\}$, $u \in C(\overline{\Omega}) \bigcap C^2(\Omega)$ 是定解问题

$$\begin{cases} \Delta u = 0, & \boldsymbol{x} \in \Omega, \\[2mm] u = \sin x_1, & \boldsymbol{x} \in \partial\Omega \end{cases}$$

的解. 试确定 u 在 $\overline{\Omega}$ 上的最大值和最小值.

5.15　求函数 u, 使其在半径为 a 的圆内调和, 在圆周 C 上取值: $u|_C = A + B\cos\theta$, 其中 A 和 B 都是常数.

5.16　设 $u(r, \theta)$ 是圆 $B_R(\boldsymbol{0})$ 外的有界调和函数, 令 $v(r, \theta) = u\left(\dfrac{R^2}{r}, \theta \right)$. 证明 $v(r, \theta)$ 是圆 $B_R(\boldsymbol{0})$ 内的调和函数, 并由此求解第一类外部边值问题

$$\begin{cases} \Delta u = 0, & x \in \mathbb{R}^2 \setminus \overline{B}_R(\mathbf{0}), \\ u = \varphi(\theta), & x \in \partial B_R(\mathbf{0}), \\ u\text{有界}. \end{cases}$$

5.17　求解二维调和方程在上半平面的 Dirichlet 边值问题

$$\begin{cases} \Delta u = 0, & x \in \mathbb{R}, \ y > 0, \\ u(x,0) = f(x), & x \in \mathbb{R}, \end{cases}$$

其中 $f(x)$ 是下列函数之一:

(1) $f(x) = \begin{cases} x, & x \in [a,b], \\ 0, & x \notin [a,b]; \end{cases}$

(2) $f(x) = \dfrac{1}{4+x^2}$.

5.18　推导半圆 $\Omega = \{\boldsymbol{x} = (x_1,x_2) : x_1^2 + x_2^2 < R^2, \ x_2 > 0\}$ 内的调和方程的 Dirichlet 边值问题的 Green 函数.

5.19　推导四分之一圆 $\Omega = \{(x_1,x_2) : x_1^2 + x_2^2 < R^2, \ x_1 > 0, \ x_2 > 0\}$ 内的调和方程的 Dirichlet 边值问题的 Green 函数.

5.20　推导四分之一圆 $\Omega = \{(x_1,x_2) : x_1^2 + x_2^2 < R^2, \ x_1 > 0, \ x_2 > 0\}$ 内的调和方程满足边界条件 $u_{x_1}|_{x_1=0} = 0, \ u|_{x_2=0} = 0, \ u|_{r=R} = 0$ 的边值问题的 Green 函数.

5.21　推导四分之一象限 $\Omega = \{(x,y) : x > 0, \ y > 0\}$ 内的调和方程满足边界条件 $u|_{x=0} = g_1(y), \ u_y|_{y=0} = g_2(x)$ 的边值问题的 Green 函数, 并写出解的表达式.

5.22　设 u 是区域 Ω 中的 2 次连续可微函数. 如果对于 Ω 中的任一球面 $\mathbb{S}$, 都成立

$$\int_{\mathbb{S}} \frac{\partial u}{\partial \boldsymbol{n}} \mathrm{d}S = 0.$$

证明 u 是 Ω 中的调和函数.

第6章　三类典型方程的基本理论

本章介绍三类典型方程 (双曲型方程、椭圆型方程和抛物型方程) 的基本理论 —— 能量估计、极值原理以及解的适定性. 这部分内容是研究偏微分方程的基础, 这里介绍的方法也是最基本的、常用的.

6.1　双曲型方程

本节主要介绍双曲型方程的初值问题和混合问题的能量估计, 并由此导出解的适定性.

6.1.1　初值问题的能量不等式、解的适定性

考虑二维波动方程的初值问题

$$\begin{cases} u_{tt} - a^2 \Delta u = f(\boldsymbol{x}, t), & (\boldsymbol{x}, t) \in Q \stackrel{\text{def}}{=\!=} \mathbb{R}^2 \times \mathbb{R}_+, \\ u(\boldsymbol{x}, 0) = \varphi(\boldsymbol{x}), \quad u_t(\boldsymbol{x}, 0) = \psi(\boldsymbol{x}), & \boldsymbol{x} \in \mathbb{R}^2. \end{cases} \tag{6.1.1}$$

为了书写方便, 这里把 $\boldsymbol{x} = (x_1, x_2)$ 写成 $\boldsymbol{x} = (x, y)$. 设 $(\boldsymbol{x}_0, t_0)$ 为 Q 内的任意一点, $\boldsymbol{x}_0 = (x_0, y_0)$, $t_0 > 0$. 从解的表达式 (4.4.7) 可以看出, $u(\boldsymbol{x}_0, t_0)$ 只依赖于 φ, ψ 和 f 在锥体

$$K \stackrel{\text{def}}{=\!=} K(\boldsymbol{x}_0, t_0) = \{(\boldsymbol{x}, t) : |\boldsymbol{x} - \boldsymbol{x}_0|^2 \leqslant a^2(t - t_0)^2,\ 0 \leqslant t \leqslant t_0\}$$

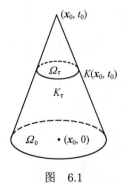

图　6.1

上的值. 现在直接从方程出发来证明这一点. 该锥体在平面 $t = \tau$ 上的截面是圆面

$$\Omega_\tau : |\boldsymbol{x} - \boldsymbol{x}_0|^2 \leqslant a^2(t_0 - \tau)^2,$$

在平面 $t = 0$ 上的截面是

$$\Omega_0 : |\boldsymbol{x} - \boldsymbol{x}_0|^2 \leqslant a^2 t_0^2.$$

记 $K_\tau = K \bigcap \{0 \leqslant t \leqslant \tau\}$, 见图 6.1.

为了便于后面的应用, 我们首先证明下面的 Gronwall 不等式.

引理 6.1.1 (Gronwall 不等式) 若函数 $A(t)$ 满足

$$A'(t) \leqslant cA(t) + B(t), \quad t > 0,$$

其中 $B(t)$ 是非负的单增函数, $c > 0$ 是常数, 则有

$$A(t) \leqslant A(0)\mathrm{e}^{ct} + \frac{1}{c}(\mathrm{e}^{ct} - 1)B(t), \quad t \geqslant 0.$$

证明 把已知的微分不等式等价地改写成

$$(\mathrm{e}^{-ct}A(t))' \leqslant \mathrm{e}^{-ct}B(t).$$

上式两边关于 t 从 0 到 t 积分, 并利用 $B(t)$ 的非负单增性质可得

$$\mathrm{e}^{-ct}A(t) - A(0) \leqslant \int_0^t \mathrm{e}^{-cs}B(s)\mathrm{d}s \leqslant B(t)\int_0^t \mathrm{e}^{-cs}\mathrm{d}s = \frac{1}{c}(1 - \mathrm{e}^{-ct})B(t),$$

从而

$$A(t) \leqslant A(0)\mathrm{e}^{ct} + \frac{1}{c}(\mathrm{e}^{ct} - 1)B(t), \quad t \geqslant 0.$$

引理得证.

定理 6.1.1 设 $u \in C^1(\overline{Q}) \bigcap C^2(Q)$ 是初值问题 (6.1.1) 的解, 则对于常数 $C = 3\max\{1, t_0\}$, u 满足能量模估计:

$$\int_{\Omega_\tau} (u_t^2 + a^2|\boldsymbol{\nabla} u|^2)\mathrm{d}\boldsymbol{x} \leqslant C\left(\int_{\Omega_0}(\psi^2 + a^2|\boldsymbol{\nabla}\varphi|^2)\mathrm{d}\boldsymbol{x} + \int_0^\tau\int_{\Omega_t} f^2\,\mathrm{d}\boldsymbol{x}\mathrm{d}t\right), \quad 0 < \tau \leqslant t_0. \quad (6.1.2)$$

证明 按照能量积分法的一般步骤, 分四步来推导 (6.1.2) 式.

第一步 用 u_t 乘以问题 (6.1.1) 的方程的两端, 并在 K_τ $(\tau < t_0)$ 上积分, 得

$$\int_{K_\tau} u_t(u_{tt} - a^2\Delta u)\mathrm{d}\boldsymbol{x}\mathrm{d}t = \int_{K_\tau} fu_t\,\mathrm{d}\boldsymbol{x}\mathrm{d}t. \quad (6.1.3)$$

第二步 把 (6.1.3) 式左端的被积函数化成散度形式, 并利用 Gauss 公式进行化简. 注意到

$$u_t u_{tt} = \frac{1}{2}(u_t^2)_t,$$

$$u_t\Delta u = (u_t u_x)_x + (u_t u_y)_y - u_{tx}u_x - u_{ty}u_y$$

$$= (u_t u_x)_x + (u_t u_y)_y - \frac{1}{2}[(u_x^2)_t + (u_y^2)_t],$$

记 (6.1.3) 式左端的积分为 I, 利用 Gauss 公式可知

$$I = \int_{K_\tau}\left(\frac{1}{2}(u_t^2 + a^2|\boldsymbol{\nabla} u|^2)_t - a^2[(u_t u_x)_x + (u_t u_y)_y]\right)\mathrm{d}\boldsymbol{x}\mathrm{d}t$$

$$= \int_{\partial K_\tau}\left(\frac{1}{2}(u_t^2 + a^2|\boldsymbol{\nabla} u|^2)\cos(\boldsymbol{n}, t) - a^2[u_t u_x\cos(\boldsymbol{n}, x) + u_t u_y\cos(\boldsymbol{n}, y)]\right)\mathrm{d}S,$$

其中 ∂K_τ 表示 K_τ 的边界, $\boldsymbol{n}$ 表示 ∂K_τ 上的单位外法向量. 若用 Γ_τ 表示 K_τ 的侧面, 则 $\partial K_\tau = \Gamma_\tau \bigcup \Omega_\tau \bigcup \Omega_0$. 于是,

$$I = \frac{1}{2}\left(\int_{\Omega_\tau} (u_t^2 + a^2|\boldsymbol{\nabla} u|^2)\mathrm{d}\boldsymbol{x} - \int_{\Omega_0}(\psi^2 + a^2|\boldsymbol{\nabla}\varphi|^2)\mathrm{d}\boldsymbol{x}\right)$$

$$+ \int_{\Gamma_\tau}\left(\frac{1}{2}(u_t^2 + a^2|\boldsymbol{\nabla} u|^2)\cos(\boldsymbol{n},t) - a^2[u_t u_x \cos(\boldsymbol{n},x) + u_t u_y \cos(\boldsymbol{n},y)]\right)\mathrm{d}S$$

$$\stackrel{\text{def}}{=\!=} I_1 + I_2. \tag{6.1.4}$$

第三步 证明 $I_2 \geqslant 0$. 因为 K_τ 的侧面 Γ_τ 的解析式为

$$(x-x_0)^2 + (y-y_0)^2 = a^2(t-t_0)^2, \qquad 0 \leqslant t \leqslant \tau,$$

所以 Γ_τ 上的单位外法向量 $\boldsymbol{n}$ 可以表示成

$$\boldsymbol{n} = \frac{1}{\sqrt{1+a^2}}\left(\frac{x-x_0}{r}, \frac{y-y_0}{r}, a\right), \qquad r = \sqrt{(x-x_0)^2 + (y-y_0)^2}\,.$$

从而

$$a^2[\cos^2(\boldsymbol{n},x) + \cos^2(\boldsymbol{n},y)] = \frac{a^2}{1+a^2} = \cos^2(\boldsymbol{n},t).$$

将其代入 I_2 的表达式, 得

$$I_2 = \frac{1}{2}\int_{\Gamma_\tau}\frac{a^2}{\cos(\boldsymbol{n},t)}\Big\{u_t^2[\cos^2(\boldsymbol{n},x) + \cos^2(\boldsymbol{n},y)] + |\boldsymbol{\nabla} u|^2\cos^2(\boldsymbol{n},t)$$

$$-2u_t u_x \cos(\boldsymbol{n},x)\cos(\boldsymbol{n},t) - 2u_t u_y \cos(\boldsymbol{n},y)\cos(\boldsymbol{n},t)\Big\}\mathrm{d}S$$

$$= \frac{1}{2}\int_{\Gamma_\tau}\frac{a^2}{\cos(\boldsymbol{n},t)}\Big\{[u_t\cos(\boldsymbol{n},x) - u_x\cos(\boldsymbol{n},t)]^2 + [u_t\cos(\boldsymbol{n},y) - u_y\cos(\boldsymbol{n},t)]^2\Big\}\mathrm{d}S$$

$$\geqslant 0 \quad \left(\text{因为}\ \cos(\boldsymbol{n},t) = \frac{a}{\sqrt{1+a^2}} > 0\right). \tag{6.1.5}$$

第四步 将 (6.1.4) 式和 (6.1.5) 式代入 (6.1.3) 式, 得

$$\int_{\Omega_\tau}(u_t^2 + a^2|\boldsymbol{\nabla} u|^2)\mathrm{d}\boldsymbol{x} \leqslant \int_{\Omega_0}(\psi^2 + a^2|\boldsymbol{\nabla}\varphi|^2)\mathrm{d}\boldsymbol{x} + 2\int_{K_\tau}f u_t\,\mathrm{d}\boldsymbol{x}\mathrm{d}t.$$

利用带 ε 的 Young 不等式: $2ab \leqslant \varepsilon a^2 + \dfrac{1}{\varepsilon}b^2, \varepsilon > 0$, 有

$$\int_{\Omega_\tau}(u_t^2 + a^2|\boldsymbol{\nabla} u|^2)\,\mathrm{d}\boldsymbol{x} \leqslant \int_{\Omega_0}(\psi^2 + a^2|\boldsymbol{\nabla}\varphi|^2)\mathrm{d}\boldsymbol{x} + \varepsilon\int_{K_\tau}u_t^2\mathrm{d}\boldsymbol{x}\mathrm{d}t + \frac{1}{\varepsilon}\int_{K_\tau}f^2\,\mathrm{d}\boldsymbol{x}\mathrm{d}t. \tag{6.1.6}$$

令

$$A(\tau) = \int_{K_\tau}(u_t^2 + a^2|\boldsymbol{\nabla} u|^2)\mathrm{d}\boldsymbol{x}\mathrm{d}t, \quad B(\tau) = \int_{\Omega_0}(\psi^2 + a^2|\boldsymbol{\nabla}\varphi|^2)\mathrm{d}\boldsymbol{x} + \frac{1}{\varepsilon}\int_{K_\tau}f^2\,\mathrm{d}\boldsymbol{x}\mathrm{d}t,$$

注意到 $\int_{K_\tau} \mathrm{d}\boldsymbol{x}\mathrm{d}t = \int_0^\tau \int_{\Omega_t} \mathrm{d}\boldsymbol{x}\mathrm{d}t$, 由不等式 (6.1.6) 得

$$\begin{cases} A'(\tau) \leqslant \varepsilon A(\tau) + B(\tau), & 0 < \tau \leqslant t_0, \\ A(0) = 0. \end{cases}$$

利用 Gronwall 不等式便可推出

$$A(\tau) \leqslant \frac{1}{\varepsilon}(\mathrm{e}^{\varepsilon t_0} - 1)B(\tau) \leqslant \frac{1}{\varepsilon}(\mathrm{e}^{\varepsilon t_0} - 1)\left(\int_{\Omega_0}(\psi^2 + a^2|\boldsymbol{\nabla}\varphi|^2)\mathrm{d}\boldsymbol{x} + \frac{1}{\varepsilon}\int_{K_\tau} f^2\mathrm{d}\boldsymbol{x}\mathrm{d}t\right). \quad (6.1.7)$$

在上式中取 $\varepsilon = 1/t_0$, 然后将其代入 (6.1.6) 式, 即得 (6.1.2) 式. 证毕.

从上面的推导过程可以看出: 对于 $0 \leqslant \mu < \tau \leqslant t_0$, 成立

$$\int_{\Omega_\tau}(u_t^2 + a^2|\boldsymbol{\nabla}u|^2)\mathrm{d}\boldsymbol{x} \leqslant C\left(\int_{\Omega_\mu}(u_t^2 + a^2|\boldsymbol{\nabla}u|^2)\mathrm{d}\boldsymbol{x} + \int_\mu^\tau \int_{\Omega_t} f^2\,\mathrm{d}\boldsymbol{x}\mathrm{d}t\right). \quad (6.1.8)$$

根据能量模估计 (6.1.2), 即得

定理 6.1.2 设 u_1 和 u_2 分别是初值问题 (6.1.1) 对应于 (f_1, φ_1, ψ_1) 和 (f_2, φ_2, ψ_2) 的解, 则有

$$\int_{\Omega_\tau}\left[(u_{1t} - u_{2t})^2 + a^2|\boldsymbol{\nabla}(u_1 - u_2)|^2\right]\mathrm{d}\boldsymbol{x}$$

$$\leqslant C\left(\int_{\Omega_0}\left[(\psi_1 - \psi_2)^2 + a^2|\boldsymbol{\nabla}(\varphi_1 - \varphi_2)|^2\right]\mathrm{d}\boldsymbol{x} + \int_0^\tau \int_{\Omega_t}(f_1 - f_2)^2\mathrm{d}\boldsymbol{x}\mathrm{d}t\right), \quad 0 < \tau \leqslant t_0. \quad (6.1.9)$$

推论 6.1.1 (解的惟一性) 初值问题 (6.1.1) 在函数类 $C^1(\overline{Q}) \bigcap C^2(Q)$ 中至多有一个解.

证明 如果 u_1 和 u_2 都是初值问题 (6.1.1) 的解, 则由估计式 (6.1.9) 得

$$\int_{\Omega_\tau}[(u_{1t} - u_{2t})^2 + a^2|\boldsymbol{\nabla}(u_1 - u_2)|^2]\mathrm{d}\boldsymbol{x} = 0, \quad \forall\, 0 \leqslant \tau \leqslant t_0,$$

因此

$$(u_1 - u_2)_t = (u_1 - u_2)_x = (u_1 - u_2)_y = 0, \quad \forall\, (\boldsymbol{x}, t) \in \Omega_\tau, \quad 0 \leqslant \tau \leqslant t_0.$$

于是, 对所有的点 $(\boldsymbol{x}, t) \in K(\boldsymbol{x}_0, t_0)$, 都有 $(u_1 - u_2)_t = (u_1 - u_2)_x = (u_1 - u_2)_y = 0$. 因为 $(u_1 - u_2)(\boldsymbol{x}, 0) = 0$, 所以 $u_1 - u_2 \equiv 0$ 在 $K(\boldsymbol{x}_0, t_0)$ 上成立. 由 $\boldsymbol{x}_0, t_0$ 的任意性知, 在 $\overline{Q}$ 上 $u_1 \equiv u_2$. 证毕.

定理 6.1.3 设 $u \in C^1(\overline{Q}) \bigcap C^2(Q)$ 是初值问题 (6.1.1) 的解, 则对于常数 $C_1 = (3 + 6t_0^2)\max\{1, t_0\}$, u 满足估计式:

$$\int_{\Omega_\tau} (u^2 + u_t^2 + a^2|\boldsymbol{\nabla}u|^2)\mathrm{d}\boldsymbol{x} \leqslant C_1 \left(\int_{\Omega_0} (\varphi^2 + \psi^2 + a^2|\boldsymbol{\nabla}\varphi|^2)\mathrm{d}\boldsymbol{x} + \int_{K_\tau} f^2 \mathrm{d}\boldsymbol{x}\mathrm{d}t \right),$$

$$0 < \tau \leqslant t_0. \tag{6.1.10}$$

证明　在平面 $\mathbb{R}^2$ 上任取一个区域 $\Omega \subset \Omega_0$. 首先考虑柱体 $Q_\tau = \Omega \times [0, \tau]$, 见图 6.2.

记 $w(\tau) = \int_\Omega u^2(\boldsymbol{x}, \tau)\mathrm{d}\boldsymbol{x}$, 则有

$$w'(\tau) = 2\int_\Omega u(\boldsymbol{x}, \tau)u_\tau(\boldsymbol{x}, \tau)\mathrm{d}\boldsymbol{x}$$

$$\leqslant \varepsilon \int_\Omega u^2(\boldsymbol{x}, \tau)\mathrm{d}\boldsymbol{x} + \frac{1}{\varepsilon}\int_\Omega u_\tau^2(\boldsymbol{x}, \tau)\mathrm{d}\boldsymbol{x}$$

$$\overset{\text{def}}{=\!=\!=} \varepsilon w(\tau) + F_\varepsilon(\tau).$$

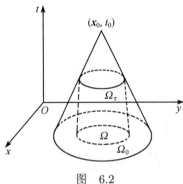

图　6.2

于是（见 Gronwall 不等式的证明）

$$w(\tau) \leqslant w(0)\mathrm{e}^{\varepsilon\tau} + \int_0^\tau \mathrm{e}^{\varepsilon(\tau-t)}F_\varepsilon(t)\mathrm{d}t \quad (\text{取 } \varepsilon = 1/t_0)$$

$$\leqslant 3\left(w(0) + \int_0^\tau F_\varepsilon(t)\mathrm{d}t \right)$$

$$= 3\left(\int_\Omega \varphi^2\mathrm{d}\boldsymbol{x} + t_0 \int_0^\tau \mathrm{d}t \int_\Omega u_t^2(\boldsymbol{x}, t)\mathrm{d}\boldsymbol{x} \right)$$

$$= 3\left(\int_\Omega \varphi^2\mathrm{d}\boldsymbol{x} + t_0 \int_{Q_\tau} u_t^2(\boldsymbol{x}, t)\mathrm{d}\boldsymbol{x}\mathrm{d}t \right)$$

$$\leqslant 3\left(\int_\Omega \varphi^2\mathrm{d}\boldsymbol{x} + t_0 \int_{K_\tau} u_t^2(\boldsymbol{x}, t)\mathrm{d}\boldsymbol{x}\mathrm{d}t \right),$$

即

$$\int_\Omega u^2(\boldsymbol{x}, \tau)\mathrm{d}\boldsymbol{x} = w(\tau) \leqslant 3\left(\int_\Omega \varphi^2\mathrm{d}\boldsymbol{x} + t_0 \int_{K_\tau} u_t^2(\boldsymbol{x}, t)\mathrm{d}\boldsymbol{x}\mathrm{d}t \right).$$

若取 $\Omega = \Omega_\tau$, 则由上式得

$$\int_{\Omega_\tau} u^2(\boldsymbol{x}, \tau)\mathrm{d}\boldsymbol{x} \leqslant 3\left(\int_{\Omega_\tau} \varphi^2\mathrm{d}\boldsymbol{x} + t_0 \int_{K_\tau} u_t^2(\boldsymbol{x}, t)\mathrm{d}\boldsymbol{x}\mathrm{d}t \right)$$

$$\leqslant 3\left(\int_{\Omega_0} \varphi^2\mathrm{d}\boldsymbol{x} + t_0 \int_{K_\tau} u_t^2(\boldsymbol{x}, t)\mathrm{d}\boldsymbol{x}\mathrm{d}t \right).$$

根据 (6.1.7) 式, 知

$$\int_{K_\tau} u_t^2\mathrm{d}\boldsymbol{x}\mathrm{d}t \leqslant 2t_0 \left(\int_{\Omega_0} (\psi^2 + a^2|\boldsymbol{\nabla}\varphi|^2)\mathrm{d}\boldsymbol{x} + t_0 \int_{K_\tau} f^2\,\mathrm{d}\boldsymbol{x}\mathrm{d}t \right).$$

再利用 (6.1.2) 式便可推出, 对于 $0 \leqslant \tau \leqslant t_0$,

$$\int_{\Omega_\tau} (u^2 + u_t^2 + a^2|\nabla u|^2)\mathrm{d}\boldsymbol{x} \leqslant \int_{\Omega_0} \left\{ 3\varphi^2 + (6t_0^2 + C)\left(\psi^2 + a^2|\nabla\varphi|^2\right) \right\} \mathrm{d}\boldsymbol{x}$$
$$+ (6t_0^3 + C)\int_{K_\tau} f^2\,\mathrm{d}\boldsymbol{x}\mathrm{d}t. \tag{6.1.11}$$

因为 $C = 3\max\{1, t_0\}$, 所以

$$\max\{3,\, 6t_0^2 + C,\, 6t_0^3 + C\} = (3 + 6t_0^2)\max\{1, t_0\} \overset{\text{def}}{=\!=} C_1.$$

于是, 由 (6.1.11) 式即得 (6.1.10) 式. 定理得证.

先把 (6.1.10) 式中的 τ 换成 t, 然后关于 t 从 0 到 τ 积分得

$$\int_{K_\tau} (u^2 + u_t^2 + a^2|\nabla u|^2)\mathrm{d}\boldsymbol{x}\mathrm{d}t \leqslant C_1 t_0 \left(\int_{\Omega_0} (\varphi^2 + \psi^2 + a^2|\nabla\varphi|^2)\mathrm{d}\boldsymbol{x} + \int_{K_\tau} f^2\,\mathrm{d}\boldsymbol{x}\mathrm{d}t \right),$$
$$0 \leqslant \tau \leqslant t_0. \tag{6.1.12}$$

根据此式, 可以得到解关于定解条件 (f, φ, ψ) 的连续依赖性.

定理 6.1.4 任取 $\boldsymbol{x}_0 \in \mathbb{R}^2$, $t_0 > 0$, 则对于任意给定的 $\varepsilon > 0$, 均存在 $\delta > 0$, 只要

$$\max\left\{ \|\varphi_1 - \varphi_2\|_{L^2(\Omega_0)}, \|\nabla(\varphi_1 - \varphi_2)\|_{L^2(\Omega_0)}, \|\psi_1 - \psi_2\|_{L^2(\Omega_0)}, \|f_1 - f_2\|_{L^2(K(\boldsymbol{x}_0, t_0))} \right\} < \delta,$$

那么问题 (6.1.1) 对应于 (f_1, φ_1, ψ_1) 和 (f_2, φ_2, ψ_2) 的解 u_1 和 u_2 就满足:

$$\max\left\{ \|u_1 - u_2\|_{L^2(K(\boldsymbol{x}_0, t_0))}, \|(u_1 - u_2)_t\|_{L^2(K(\boldsymbol{x}_0, t_0))}, \|\nabla(u_1 - u_2)\|_{L^2(K(\boldsymbol{x}_0, t_0))} \right\} < \varepsilon.$$

证明 记 $f = f_1 - f_2$, $\varphi = \varphi_1 - \varphi_2$, $\psi = \psi_1 - \psi_2$, $u = u_1 - u_2$, 则 u 满足问题 (6.1.1). 于是, (6.1.12) 式成立. 在 (6.1.12) 式中取 $\tau = t_0$, 即得所要的结论.

注 6.1.1 对于一维波动方程的初值问题

$$\begin{cases} u_{tt} - a^2 u_{xx} = f(x, t), & (x, t) \in \mathbb{R} \times \mathbb{R}_+, \\ u(x, 0) = \varphi(x),\ u_t(x, 0) = \psi(x), & x \in \mathbb{R}, \end{cases}$$

能量估计 (6.1.2) 式, (6.1.8) 式, (6.1.10) 式以及 (6.1.12) 式仍然成立, 此时

$$K = K(x_0, t_0) = \{(x, t) : x_0 - a(t_0 - t) \leqslant x \leqslant x_0 + a(t_0 - t),\ 0 \leqslant t \leqslant t_0\},$$
$$K_\tau = K \bigcap \{0 \leqslant t \leqslant \tau\},\quad \Omega_\tau = K \bigcap \{t = \tau\} = (x_0 - a(t_0 - \tau),\ x_0 + a(t_0 - \tau)).$$

处理方法与上面的完全相同.

6.1.2　混合问题的能量模估计与解的适定性

我们以三维为例, 考虑混合问题

$$u_{tt} - a^2 \Delta u = f(\boldsymbol{x}, t), \quad \boldsymbol{x} \in \Omega, \ t > 0, \tag{6.1.13}$$

$$u(\boldsymbol{x}, 0) = \varphi(\boldsymbol{x}), \ u_t(\boldsymbol{x}, 0) = \psi(\boldsymbol{x}), \quad \boldsymbol{x} \in \Omega, \tag{6.1.14}$$

$$\alpha u + \beta \frac{\partial u}{\partial \boldsymbol{n}} = g(\boldsymbol{x}, t), \quad \boldsymbol{x} \in \partial \Omega, \ t > 0, \tag{6.1.15}$$

其中 $\Omega \subset \mathbb{R}^3$ 是一个有界光滑区域, α 和 β 都是非负常数, 并且 $\alpha + \beta > 0$, $\boldsymbol{n}$ 是边界 $\partial \Omega$ 上的单位外法向量. 记 $Q_T = \Omega \times [0, T]$.

1. 能量守恒与解的惟一性

定理 6.1.5　若 $u \in C^1(\overline{Q}_T) \bigcap C^2(Q_T)$ 是问题 (6.1.13) 和 (6.1.14) 的解, 则有下面的积分等式:

$$\frac{1}{2} \int_\Omega (u_t^2 + a^2 |\boldsymbol{\nabla} u|^2) \mathrm{d}\boldsymbol{x} = \frac{1}{2} \int_\Omega (\psi^2 + a^2 |\boldsymbol{\nabla} \varphi|^2) \mathrm{d}\boldsymbol{x} + \int_0^t \int_\Omega f u_\tau \mathrm{d}\boldsymbol{x} \mathrm{d}\tau$$

$$+ a^2 \int_0^t \int_{\partial \Omega} u_\tau \frac{\partial u}{\partial \boldsymbol{n}} \mathrm{d}S \mathrm{d}\tau, \ 0 \leqslant t \leqslant T. \tag{6.1.16}$$

证明　用 u_t 同乘以 (6.1.13) 式的两端并在 Q_t 上积分, 得

$$\int_0^t \int_\Omega u_\tau (u_{\tau\tau} - a^2 \Delta u) \mathrm{d}\boldsymbol{x} \mathrm{d}\tau = \int_0^t \int_\Omega f u_\tau \mathrm{d}\boldsymbol{x} \mathrm{d}\tau. \tag{6.1.17}$$

利用 $u_\tau u_{\tau\tau} = \frac{1}{2}(u_\tau^2)_\tau$, 可推出

$$\int_0^t \int_\Omega u_\tau u_{\tau\tau} \mathrm{d}\boldsymbol{x} \mathrm{d}\tau = \int_\Omega \int_0^t u_\tau u_{\tau\tau} \mathrm{d}\tau \mathrm{d}\boldsymbol{x} = \frac{1}{2} \int_\Omega u_t^2 \mathrm{d}\boldsymbol{x} - \frac{1}{2} \int_\Omega \psi^2 \mathrm{d}\boldsymbol{x}. \tag{6.1.18}$$

由第一 Green 公式 (5.1.2) 得

$$\int_0^t \int_\Omega u_\tau \Delta u \mathrm{d}\boldsymbol{x} \mathrm{d}\tau = \int_0^t \left(\int_{\partial \Omega} u_\tau \frac{\partial u}{\partial \boldsymbol{n}} \mathrm{d}S - \int_\Omega \boldsymbol{\nabla} u \cdot \boldsymbol{\nabla} u_\tau \mathrm{d}\boldsymbol{x} \right) \mathrm{d}\tau$$

$$= \int_0^t \int_{\partial \Omega} u_\tau \frac{\partial u}{\partial \boldsymbol{n}} \mathrm{d}S \mathrm{d}\tau - \int_0^t \int_\Omega \frac{1}{2} (|\boldsymbol{\nabla} u|^2)_\tau \mathrm{d}\boldsymbol{x} \mathrm{d}\tau$$

$$= \int_0^t \int_{\partial \Omega} u_\tau \frac{\partial u}{\partial \boldsymbol{n}} \mathrm{d}S \mathrm{d}\tau - \frac{1}{2} \int_\Omega |\boldsymbol{\nabla} u|^2 \mathrm{d}\boldsymbol{x} + \frac{1}{2} \int_\Omega |\boldsymbol{\nabla} \varphi|^2 \mathrm{d}\boldsymbol{x}. \tag{6.1.19}$$

把 (6.1.18) 式和 (6.1.19) 式代入 (6.1.17) 式, 即得 (6.1.16) 式. 证毕.

利用 (6.1.16) 式即得下面的能量守恒定理（为简单起见, 只考虑 $\beta = 1, \alpha > 0$ 的情形）.

定理 6.1.6 设 $\beta = 1, \alpha > 0$. 如果没有外力的作用, 即 $f \equiv g \equiv 0$, 则能量守恒, 即问题 $(6.1.13) \sim (6.1.15)$ 的解 u 满足

$$\int_\Omega (u_t^2 + a^2 |\nabla u|^2) \mathrm{d}\boldsymbol{x} + a^2 \alpha \int_{\partial\Omega} u^2 \mathrm{d}S = \int_\Omega (\psi^2 + a^2 |\nabla \varphi|^2) \mathrm{d}\boldsymbol{x} + a^2 \alpha \int_{\partial\Omega} \varphi^2 \mathrm{d}S. \quad (6.1.20)$$

证明 先计算 $\int_0^t \int_{\partial\Omega} u_\tau \dfrac{\partial u}{\partial \boldsymbol{n}} \mathrm{d}S\mathrm{d}\tau$. 因为 $g \equiv 0, \beta = 1, \alpha > 0$, 所以当 $x \in \partial\Omega$ 时, $\dfrac{\partial u}{\partial \boldsymbol{n}} = -\alpha u$. 因而

$$\int_0^t \int_{\partial\Omega} u_\tau \frac{\partial u}{\partial \boldsymbol{n}} \mathrm{d}S\mathrm{d}\tau = -\alpha \int_0^t \int_{\partial\Omega} u u_\tau \mathrm{d}S\mathrm{d}\tau = -\frac{\alpha}{2} \left(\int_{\partial\Omega} u^2 \mathrm{d}S - \int_{\partial\Omega} \varphi^2 \mathrm{d}S \right). \quad (6.1.21)$$

将 $(6.1.21)$ 式代入 $(6.1.16)$ 式, 并利用 $f \equiv 0$, 便得 $(6.1.20)$ 式. 证毕.

注 6.1.2 如果边界条件 $(6.1.15)$ 中的 $\alpha = 0$ 或者 $\beta = 0$, 那么在 $(6.1.20)$ 式中不会出现边界积分项 $\int_{\partial\Omega} u^2 \mathrm{d}S$ 和 $\int_{\partial\Omega} \varphi^2 \mathrm{d}S$.

由上述定理可得混合问题 $(6.1.13) \sim (6.1.15)$ 解的惟一性.

定理 6.1.7 混合问题 $(6.1.13) \sim (6.1.15)$ 在函数类 $C^1(\overline{Q_T}) \bigcap C^2(Q_T)$ 中至多有一个解.

证明 设 u_1 和 u_2 都是问题 $(6.1.13) \sim (6.1.15)$ 在函数类 $C^1(\overline{Q_T}) \bigcap C^2(Q_T)$ 中的解. 令 $u = u_1 - u_2$, 则 u 是问题 $(6.1.13) \sim (6.1.15)$ 对应于 $f = \varphi = \psi = g = 0$ 的解. 由 $(6.1.20)$ 式得

$$\int_\Omega (u_t^2 + a^2 |\nabla u|^2) \mathrm{d}\boldsymbol{x} + a^2 \alpha \int_{\partial\Omega} u^2 \mathrm{d}S = 0.$$

故 $u_t = u_{x_1} = u_{x_2} = u_{x_3} \equiv 0$, 即 u 与 $\boldsymbol{x}, t$ 无关. 因为 $u(\boldsymbol{x}, 0) = 0$, 所以 $u \equiv 0$, 即 $u_1 \equiv u_2$. 证毕.

2. 能量模估计与解的稳定性

为了书写方便, 不妨假设 $\alpha = \beta = 1, g(\boldsymbol{x}, t) \equiv 0$.

定理 6.1.8 设 $u \in C^1(\overline{Q_T}) \bigcap C^2(Q_T)$ 是问题 $(6.1.13) \sim (6.1.15)$ 的解, 则存在常数 $C = C(T) > 0$ 使得

$$\int_\Omega (u_t^2 + a^2 |\nabla u|^2) \mathrm{d}\boldsymbol{x} + a^2 \int_{\partial\Omega} u^2 \mathrm{d}S$$

$$\leqslant C \left(\int_\Omega (\psi^2 + a^2 |\nabla \varphi|^2) \mathrm{d}\boldsymbol{x} + a^2 \int_{\partial\Omega} \varphi^2 \mathrm{d}S + \int_0^t \int_\Omega f^2 \mathrm{d}\boldsymbol{x}\mathrm{d}\tau \right), \quad 0 \leqslant t \leqslant T. \quad (6.1.22)$$

证明 由 $(6.1.21)$ 式和 $(6.1.16)$ 式推出

$$\int_{\Omega} (u_t^2 + a^2 |\nabla u|^2) \mathrm{d}\boldsymbol{x} + a^2 \int_{\partial\Omega} u^2 \mathrm{d}S = \int_{\Omega} (\psi^2 + a^2 |\nabla\varphi|^2) \mathrm{d}\boldsymbol{x} + a^2 \int_{\partial\Omega} \varphi^2 \mathrm{d}S + 2 \int_0^t \int_{\Omega} f u_\tau \mathrm{d}\boldsymbol{x}\mathrm{d}\tau.$$

利用带 ε 的 Young 不等式 $2ab \leqslant \varepsilon a^2 + \dfrac{1}{\varepsilon} b^2$, 可得

$$2 \int_0^t \int_{\Omega} f u_\tau \mathrm{d}\boldsymbol{x}\mathrm{d}\tau \leqslant \varepsilon \int_0^t \int_{\Omega} u_\tau^2 \mathrm{d}\boldsymbol{x}\mathrm{d}\tau + \frac{1}{\varepsilon} \int_0^t \int_{\Omega} f^2 \mathrm{d}\boldsymbol{x}\mathrm{d}\tau.$$

于是有

$$\int_{\Omega} (u_t^2 + a^2 |\nabla u|^2) \mathrm{d}\boldsymbol{x} + a^2 \int_{\partial\Omega} u^2 \mathrm{d}S$$

$$\leqslant \int_{\Omega} (\psi^2 + a^2 |\nabla\varphi|^2) \mathrm{d}\boldsymbol{x} + a^2 \int_{\partial\Omega} \varphi^2 \mathrm{d}S + \varepsilon \int_0^t \int_{\Omega} u_\tau^2 \mathrm{d}\boldsymbol{x}\mathrm{d}\tau + \frac{1}{\varepsilon} \int_0^t \int_{\Omega} f^2 \mathrm{d}\boldsymbol{x}\mathrm{d}\tau. \quad (6.1.23)$$

记

$$A(t) = \int_0^t \int_{\Omega} u_\tau^2 \mathrm{d}\boldsymbol{x}\mathrm{d}\tau, \quad B(t) = \int_{\Omega} (\psi^2 + a^2 |\nabla\varphi|^2) \mathrm{d}\boldsymbol{x} + a^2 \int_{\partial\Omega} \varphi^2 \mathrm{d}S + \frac{1}{\varepsilon} \int_0^t \int_{\Omega} f^2 \mathrm{d}\boldsymbol{x}\mathrm{d}\tau.$$

由不等式 (6.1.23) 得

$$A'(t) \leqslant \varepsilon A(t) + B(t), \quad A(0) = 0.$$

因为 $B(t)$ 关于 t 是非负的单增函数, 对上式应用 Gronwall 不等式推得

$$A(t) \leqslant \frac{1}{\varepsilon} (\mathrm{e}^{\varepsilon t} - 1) B(t), \quad 0 \leqslant t \leqslant T.$$

取 $\varepsilon = 1/T$, 则有

$$\varepsilon \int_0^t \int_{\Omega} u_t^2 \mathrm{d}\boldsymbol{x}\mathrm{d}\tau = \varepsilon A(t) \leqslant (\mathrm{e}^{\varepsilon T} - 1) B(t) = (\mathrm{e} - 1) B(t).$$

将其代入不等式 (6.1.23), 便得

$$\int_{\Omega} (u_t^2 + a^2 |\nabla u|^2) \mathrm{d}\boldsymbol{x} + a^2 \int_{\partial\Omega} u^2 \mathrm{d}S$$

$$\leqslant \mathrm{e} \left(\int_{\Omega} (\psi^2 + a^2 |\nabla\varphi|^2) \mathrm{d}\boldsymbol{x} + a^2 \int_{\partial\Omega} \varphi^2 \mathrm{d}S + T \int_0^t \int_{\Omega} f^2 \mathrm{d}\boldsymbol{x}\mathrm{d}\tau \right),$$

取 $C = \mathrm{e}(1 + T)$, 则由上式知 (6.1.22) 式成立. 定理得证.

推论 6.1.2　存在正常数 $C_1 = C_1(T)$, 使得当 $0 \leqslant t \leqslant T$ 时, 有

$$\int_{\Omega} (u^2 + u_t^2 + a^2 |\nabla u|^2) \mathrm{d}\boldsymbol{x} + a^2 \int_{\partial\Omega} u^2 \mathrm{d}S$$

$$\leqslant C_1 \left(\int_{\Omega} (\varphi^2 + \psi^2 + a^2 |\nabla\varphi|^2) \mathrm{d}\boldsymbol{x} + a^2 \int_{\partial\Omega} \varphi^2 \mathrm{d}S + \int_0^t \int_{\Omega} f^2 \mathrm{d}\boldsymbol{x}\mathrm{d}\tau \right). \quad (6.1.24)$$

证明 记不等式 (6.1.24) 右端大括号里的项为 $B(t)$, 并令 $A(t) = \int_\Omega u^2 \, \mathrm{d}\boldsymbol{x}$. 利用带 ε 的 Young 不等式和 (6.1.22) 式得

$$A'(t) = 2 \int_\Omega u u_t \, \mathrm{d}\boldsymbol{x} \leqslant \varepsilon \int_\Omega u^2 \, \mathrm{d}\boldsymbol{x} + \frac{1}{\varepsilon} \int_\Omega u_t^2 \, \mathrm{d}\boldsymbol{x} \leqslant \varepsilon A(t) + \frac{C}{\varepsilon} B(t).$$

于是, 由 Gronwall 不等式得

$$A(t) \leqslant A(0) \mathrm{e}^{\varepsilon T} + \frac{C}{\varepsilon^2} \mathrm{e}^{\varepsilon T} B(t), \quad 0 \leqslant t \leqslant T.$$

取 $\varepsilon = 1/T$, 则有 $A(t) \leqslant \mathrm{e} A(0) + \mathrm{e} C T^2 B(t)$, 即

$$\int_\Omega u^2 \, \mathrm{d}\boldsymbol{x} \leqslant \mathrm{e} \int_\Omega \varphi^2 \, \mathrm{d}\boldsymbol{x} + \mathrm{e} C T^2 B(t).$$

再利用 (6.1.22) 式即得估计式 (6.1.24). 证毕.

根据估计式 (6.1.24) 可导出混合问题 (6.1.13)~(6.1.15) 的解关于定解条件及非齐次项的稳定性.

定理 6.1.9 假设

$$\lim_{i \to \infty} \left(\|\varphi_i - \varphi\|_{L^2(\Omega)} + \|\boldsymbol{\nabla}(\varphi_i - \varphi)\|_{L^2(\Omega)} + \|\varphi_i - \varphi\|_{L^2(\partial\Omega)} \right.$$
$$\left. + \|\psi_i - \psi\|_{L^2(\Omega)} + \|f_i - f\|_{L^2(Q_T)} \right) = 0,$$

u_i 和 u 分别是混合问题 (6.1.13)~(6.1.15) 对应于 (φ_i, ψ_i, f_i) 和 (φ, ψ, f) 的解. 则有

$$\lim_{i \to \infty} \left(\|u_i - u\|_{L^2(\Omega)} + \|(u_i - u)_t\|_{L^2(\Omega)} + \|\boldsymbol{\nabla}(u_i - u)\|_{L^2(\Omega)} \right.$$
$$\left. + \|u_i - u\|_{L^2(\partial\Omega)} \right) = 0, \quad \forall \, 0 \leqslant t \leqslant T.$$

证明 分别用 $u_i - u$, $\varphi_i - \varphi$, $\psi_i - \psi$ 和 $f_i - f$ 代替问题 (6.1.13)~(6.1.15) 中的 u, φ, ψ 和 f, 然后再利用估计式 (6.1.24) 即得所要的结果.

6.2 椭圆型方程

在这一节里, 我们首先讨论椭圆型方程的极值原理, 进而得到椭圆型方程解的最大模估计和惟一性. 最后简单介绍椭圆型方程的能量估计方法, 以及由此导出的惟一性结果. 证明最大值原理以及对解作估计的基本方法, 是构造合适的辅助函数. 如果能构造出合适的辅助函数, 再经过适当的计算, 问题就迎刃而解了. 这一点, 读者可以从后面诸定理的证明中慢慢体会.

6.2.1   极值原理、最大模估计与解的惟一性

设 $\Omega \subset \mathbb{R}^n$ 是一个有界开集. 在 Ω 上考虑二阶椭圆型方程

$$\mathscr{L}[u] \stackrel{\text{def}}{=\!=} -\Delta u + \sum_{i=1}^{n} b_i(\boldsymbol{x}) u_{x_i} + c(\boldsymbol{x}) u = f(\boldsymbol{x}), \quad \boldsymbol{x} \in \Omega. \tag{6.2.1}$$

引理 6.2.1   设 $c(\boldsymbol{x}) \geqslant 0$, 函数 $u \in C(\overline{\Omega}) \bigcap C^2(\Omega)$ 且在 Ω 内满足 $\mathscr{L}[u] < 0$. 那么 u 不可能在 Ω 的内部取到非负最大值.

证明   采用反证法. 假设 u 在 Ω 内的某点 $\boldsymbol{x}_0$ 处取到非负最大值 M, 则

$$u_{x_i}(\boldsymbol{x}_0) = 0, \quad -\Delta u(\boldsymbol{x}_0) \geqslant 0, \quad c(\boldsymbol{x}_0) \geqslant 0, \quad u(\boldsymbol{x}_0) = M \geqslant 0.$$

于是, $\mathscr{L}[u](\boldsymbol{x}_0) \geqslant 0$. 这与 $\mathscr{L}[u] < 0$ 的假设矛盾.

推论 6.2.1   如果在 Ω 内 $c(\boldsymbol{x}) > 0$, $\mathscr{L}[u] \leqslant 0$, 则 u 不可能在 Ω 的内部取到正的最大值.

定理 6.2.1（弱极值原理）   设 $c(\boldsymbol{x}) \geqslant 0$, $b_i(\boldsymbol{x})$ 和 $c(\boldsymbol{x})$ 有界, $u \in C(\overline{\Omega}) \bigcap C^2(\Omega)$ 且在 Ω 内满足 $\mathscr{L}[u] \leqslant 0$. 如果 u 在 $\overline{\Omega}$ 上有非负最大值, 那么这个最大值一定在 $\partial \Omega$ 上达到, 即

$$\max_{\overline{\Omega}} u \leqslant \max_{\partial \Omega} u^+, \quad \text{其中} \quad u^+ = \max\{u, 0\}.$$

注 6.2.1   在这里, 条件 $c(\boldsymbol{x}) \geqslant 0$ 是本质的、必不可少的. 如果没有这个条件, 定理 6.2.1 的结论未必成立.

定理 6.2.1 的证明   我们将通过构造合适的辅助函数把问题转化成 $\mathscr{L}[u] < 0$ 的情况. 对于任意的 $\varepsilon > 0$, 令 $v(\boldsymbol{x}) = u(\boldsymbol{x}) + \varepsilon \mathrm{e}^{\alpha x_1}$, 其中 $\alpha > 0$ 是待定常数. 直接计算有

$$\begin{aligned}
\mathscr{L}[v] &= \mathscr{L}[u] + \varepsilon \mathscr{L}[\mathrm{e}^{\alpha x_1}] \\
&= \mathscr{L}[u] - \varepsilon \alpha^2 \mathrm{e}^{\alpha x_1} + \varepsilon \alpha b_1(\boldsymbol{x}) \mathrm{e}^{\alpha x_1} + \varepsilon c(\boldsymbol{x}) \mathrm{e}^{\alpha x_1} \\
&= \mathscr{L}[u] + \varepsilon [-\alpha^2 + \alpha b_1(\boldsymbol{x}) + c(\boldsymbol{x})] \mathrm{e}^{\alpha x_1}.
\end{aligned}$$

因为 $b_1(\boldsymbol{x})$ 和 $c(\boldsymbol{x})$ 有界, 所以可取 α 很大, 使得 $-\alpha^2 + \alpha b_1(\boldsymbol{x}) + c(\boldsymbol{x}) < 0$. 对于这样取定的 α, 有 $\mathscr{L}[v] < 0$ 成立. 由引理 6.2.1 知, v 不能在 Ω 的内部取到非负最大值, 故 $\max_{\overline{\Omega}} v \leqslant \max_{\partial \Omega} \{v, 0\} = \max_{\partial \Omega} v^+$. 于是,

$$\max_{\overline{\Omega}} u \leqslant \max_{\overline{\Omega}} v \leqslant \max_{\partial \Omega} v^+ \leqslant \max_{\partial \Omega} u^+ + \varepsilon \max_{\partial \Omega} \mathrm{e}^{\alpha x_1}.$$

在上式中令 $\varepsilon \to 0^+$, 便得 $\max_{\overline{\Omega}} u \leqslant \max_{\partial \Omega} u^+$. 定理得证.

方程 $\mathscr{L}[u] = f$ 表示有源稳定温度场内的温度分布. 由第 1 章中方程的推导我们知道, $f \leqslant 0$ 表示 Ω 内有热汇. 定理 6.2.1 的物理意义是: 如果稳定温度场内有热汇, 那么非负的最高温度一定在边界上达到.

引理 6.2.2（Hopf 引理） 设 B 是一个开球体, 在 $\overline{B}$ 上 $c(\boldsymbol{x}) \geqslant 0$, $b_i(\boldsymbol{x})$ 和 $c(\boldsymbol{x})$ 有界. 假设 $u \in C(\overline{B}) \bigcap C^2(B)$, 且满足:

(i) $\mathscr{L}[u] \leqslant 0$;

(ii) 存在 $\boldsymbol{x}_0 \in \partial B$, 使得 $u(\boldsymbol{x}_0) \geqslant 0$, 并且对于任意的 $\boldsymbol{x} \in B$, 都有 $u(\boldsymbol{x}) < u(\boldsymbol{x}_0)$.

如果 $\dfrac{\partial u}{\partial \boldsymbol{\nu}}\Big|_{\boldsymbol{x}_0}$ 存在, 则

$$\frac{\partial u}{\partial \boldsymbol{\nu}}\Big|_{\boldsymbol{x}_0} > 0,$$

其中方向 $\boldsymbol{\nu}$ 与单位外法向 $\boldsymbol{n}$ 的夹角小于 $\pi/2$.

证明 只需证明 $\dfrac{\partial u}{\partial \boldsymbol{n}}\Big|_{\boldsymbol{x}_0} > 0$. 由分析的知识不难推出 $\dfrac{\partial u}{\partial \boldsymbol{n}}\Big|_{\boldsymbol{x}_0} \geqslant 0$. 接下来说明等号不可能成立, 我们将通过构造适当的辅助函数来实现此目的. 不妨认为球 B 的球心是原点, 半径是 r. 因为 $b_i(\boldsymbol{x})$ 和 $c(\boldsymbol{x})$ 有界, 所以存在常数 $M > 0$ 使得 $\sum\limits_{i=1}^{n} b_i^2(\boldsymbol{x}), c(\boldsymbol{x}) \leqslant M$. 在区域 $\Omega = \{r/2 < |\boldsymbol{x}| < r\}$ 上考察函数

$$w(\boldsymbol{x}) = u(\boldsymbol{x}) - u(\boldsymbol{x}_0) + \varepsilon v(\boldsymbol{x}),$$

其中 $v(\boldsymbol{x}) = \mathrm{e}^{-\alpha |\boldsymbol{x}|^2} - \mathrm{e}^{-\alpha r^2} \geqslant 0$, $\varepsilon > 0$, $\alpha > 0$ 待定. 直接计算知, 当 $\alpha \gg 1$ 时, 对于 $\boldsymbol{x} \in \Omega$, 有

$$\mathscr{L}[v] = \left(-4\alpha^2 |\boldsymbol{x}|^2 + 2n\alpha - 2\alpha \sum_{i=1}^{n} b_i(\boldsymbol{x}) x_i + c(\boldsymbol{x}) \right) \mathrm{e}^{-\alpha |\boldsymbol{x}|^2} - c(\boldsymbol{x}) \mathrm{e}^{-\alpha r^2}$$

$$\leqslant \left[-\alpha^2 r^2 + 2n\alpha + \alpha \left(\sum_{i=1}^{n} b_i^2(\boldsymbol{x}) + |\boldsymbol{x}|^2 \right) + c(\boldsymbol{x}) \right] \mathrm{e}^{-\alpha |\boldsymbol{x}|^2}$$

$$\leqslant [-\alpha^2 r^2 + 2n\alpha + \alpha r^2 + (1+\alpha)M] \mathrm{e}^{-\alpha |\boldsymbol{x}|^2}$$

$$\leqslant [-\alpha^2 r^2 + 2n\alpha + \alpha r^2 + (1+\alpha)M] \mathrm{e}^{-\alpha r^2/4}$$

$$< 0.$$

于是,

$$\mathscr{L}[w] = \mathscr{L}[u] - c(\boldsymbol{x}) u(\boldsymbol{x}_0) + \varepsilon \mathscr{L}[v] \leqslant \varepsilon \mathscr{L}[v] < 0, \quad \boldsymbol{x} \in \Omega.$$

由引理 6.2.1 知, w 不可能在 Ω 的内部取到非负最大值. 如果能够证明在 $\partial\Omega$ 上 $w \leqslant 0$, 那么在 $\overline{\Omega}$ 上 $w \leqslant 0$ 一定成立.

区域 Ω 的边界由两部分 $|\boldsymbol{x}| = r$ 和 $|\boldsymbol{x}| = r/2$ 组成. 在边界 $|\boldsymbol{x}| = r$ 上, $v \equiv 0$, $w \leqslant 0$. 在边界 $|\boldsymbol{x}| = r/2$ 上 $u(\boldsymbol{x}) - u(\boldsymbol{x}_0) < 0$. 因为边界 $|\boldsymbol{x}| = r/2$ 是闭的, 所以

$$\max_{|\boldsymbol{x}|=r/2} [u(\boldsymbol{x}) - u(\boldsymbol{x}_0)] \stackrel{\text{def}}{=\!=} -\beta < 0.$$

因此, 只要 $0 < \varepsilon \ll 1$, 就可以保证 $\varepsilon v(\boldsymbol{x})|_{|\boldsymbol{x}|=r/2} = \varepsilon(\mathrm{e}^{-\alpha r^2/4} - \mathrm{e}^{-\alpha r^2}) < \beta$, 从而 $w|_{|\boldsymbol{x}|=r/2} < 0$. 故在 $\bar{\Omega}$ 上 $w \leqslant 0$.

由于 $|\boldsymbol{x}_0| = r$ 且 $w(\boldsymbol{x}_0) = 0$, 所以 w 在 Ω 的边界上的点 $\boldsymbol{x}_0$ 处达到非负最大值, 因而 $\dfrac{\partial w}{\partial \boldsymbol{n}}\Big|_{\boldsymbol{x}_0} \geqslant 0$, 即

$$\frac{\partial u}{\partial \boldsymbol{n}}\Big|_{\boldsymbol{x}_0} + \varepsilon \frac{\partial v}{\partial \boldsymbol{n}}\Big|_{\boldsymbol{x}_0} \geqslant 0.$$

注意到 $\dfrac{\partial v}{\partial \boldsymbol{n}}\Big|_{\boldsymbol{x}_0} = -2\alpha r \mathrm{e}^{-\alpha r^2} < 0$, 所以 $\dfrac{\partial u}{\partial \boldsymbol{n}}\Big|_{\boldsymbol{x}_0} > 0$. 证毕.

定理 6.2.2（强极值原理） 设 Ω 是有界区域, $c(\boldsymbol{x}) \geqslant 0, b_i(\boldsymbol{x})$ 和 $c(\boldsymbol{x})$ 有界, $u \in C(\overline{\Omega}) \bigcap C^2(\Omega)$ 且在 Ω 内满足 $\mathscr{L}[u] \leqslant 0 \ (\geqslant 0)$. 如果 u 在 Ω 的内部取到非负最大值（非正最小值）, 则 $u \equiv$ 常数. 换言之, 如果 u 不是常数, 那么 u 在 Ω 的内部取不到非负最大值（非正最小值）.

证明 假设存在 $\boldsymbol{x}^* \in \Omega$, 使得 $u(\boldsymbol{x}^*) = \max\limits_{\overline{\Omega}} u = M \geqslant 0$. 记 $E = \{\boldsymbol{x} \in \Omega : u(\boldsymbol{x}) = M\}$, 显然 $E \neq \varnothing$. 因为 u 连续, 所以 E 相对于 Ω 是闭集（即 $\Omega \setminus E$ 是开集）. 如果还能证明 E 相对于 Ω 是开集（即 $\partial\Omega \bigcup (\Omega \setminus E)$ 是闭集）, 那么利用 Ω 的连通性就可以得到 $E = \Omega$, 从而 u 是常数.

采用反证法. 如果 E 相对于 Ω 不是开集, 则存在 $\boldsymbol{x}_0 \in E$, 使得 $\boldsymbol{x}_0$ 的任何邻域都包含 $\Omega \setminus E$ 中的点. 因为 $\boldsymbol{x}_0 \in \Omega$, 所以存在 $r > 0$ 使得 $B_{2r}(\boldsymbol{x}_0) \subset \Omega$. 根据假设, $B_r(\boldsymbol{x}_0)$ 内一定有 $\Omega \setminus E$ 中的点 $\bar{\boldsymbol{x}}$, 从而 $0 < d = \mathrm{dist}(\bar{\boldsymbol{x}}, E) < r$. 以 $\bar{\boldsymbol{x}}$ 为心作球 $B_d(\bar{\boldsymbol{x}})$, 则 $B_d(\bar{\boldsymbol{x}}) \subset B_{2r}(\boldsymbol{x}_0) \subset \Omega$ 且 $B_d(\bar{\boldsymbol{x}})$ 与 E 相切. 于是存在 $\boldsymbol{y} \in \partial B_d(\bar{\boldsymbol{x}}) \bigcap E$.

因为 $B_d(\bar{\boldsymbol{x}})$ 内没有 E 的点, 所以在 $B_d(\bar{\boldsymbol{x}})$ 内 $u(\boldsymbol{x}) < M = u(\boldsymbol{y})$, $\boldsymbol{y} \in \partial B_d(\bar{\boldsymbol{x}})$. 由 Hopf 引理知 $\dfrac{\partial u}{\partial \boldsymbol{n}}\Big|_{\boldsymbol{y}} > 0$. 另一方面, 由于最大值点 $\boldsymbol{y}$ 是 Ω 的内点, 所以 $u_{x_i}|_{\boldsymbol{y}} = 0, i = 1, 2, \cdots, n$, 故 $\dfrac{\partial u}{\partial \boldsymbol{n}}\Big|_{\boldsymbol{y}} = 0$. 这与 $\dfrac{\partial u}{\partial \boldsymbol{n}}\Big|_{\boldsymbol{y}} > 0$ 矛盾. 定理得证.

作为最大值原理的应用, 我们研究非线性方程

$$\begin{cases} -\Delta u = u(a - u), & \boldsymbol{x} \in \Omega, \\ u = 0, & \boldsymbol{x} \in \partial\Omega \end{cases} \tag{6.2.2}$$

及

$$\begin{cases} -\Delta u = u(a - u), & \boldsymbol{x} \in \Omega, \\ \dfrac{\partial u}{\partial \boldsymbol{n}} = 0, & \boldsymbol{x} \in \partial\Omega \end{cases} \tag{6.2.3}$$

的非负解的估计, 其中 a 是正常数. 设 u 是上述问题的非负解, 我们有如下结论:

(1) 对于问题 (6.2.2) 而言, 在 Ω 内 $u \equiv 0$ 或者 $0 < u(\boldsymbol{x}) < a$;

(2) 对于问题 (6.2.3) 而言, 在 Ω 内 $u \equiv 0$ 或者 $u \equiv a$.

事实上, 对于问题 (6.2.2), 若存在 $\boldsymbol{x}_0 \in \Omega$ 使得 $u(\boldsymbol{x}_0) = \max\limits_{\overline{\Omega}} u$. 直接利用微积分知识, 可得 $u(\boldsymbol{x}_0) \leqslant a$. 于是,

$$-\Delta u = u(a - u) \geqslant 0, \quad \boldsymbol{x} \in \Omega.$$

如果 $u \not\equiv 0$, 那么由定理 6.2.2 知, 在 Ω 内 $u(\boldsymbol{x}) > 0$. 令 $v = a - u$, 则 $v \geqslant 0$ 并且满足

$$\begin{cases} -\Delta v + av = v^2 \geqslant 0, & \boldsymbol{x} \in \Omega, \\ v = a, & \boldsymbol{x} \in \partial\Omega. \end{cases}$$

同上, 在 Ω 内 $v(\boldsymbol{x}) > 0$. 故在 $\overline{\Omega}$ 上 $u(\boldsymbol{x}) < a$.

对于问题 (6.2.3), 如果 u 不是常数, 那么由定理 6.2.2 知, 存在 $\boldsymbol{x}_0 \in \partial\Omega$ 使得 $u(\boldsymbol{x}_0) = \max\limits_{\overline{\Omega}} u$, 且在 Ω 内 $u(\boldsymbol{x}) < u(\boldsymbol{x}_0)$. 作一个属于 Ω 并与 Ω 的边界 $\partial\Omega$ 相切于点 $\boldsymbol{x}_0$ 的球 B. 利用 Hopf 引理 (引理 6.2.2) 知

$$\left.\frac{\partial u}{\partial \boldsymbol{n}}\right|_{\boldsymbol{x}_0} > 0.$$

这与问题 (6.2.3) 中的边界条件矛盾. 故 $u \equiv$ 常数. 再根据问题 (6.2.3) 中的方程知, $u(a - u) = 0$, 于是 $u \equiv 0$ 或者 $u \equiv a$.

下面考虑 Dirichlet 边值问题

$$\begin{cases} \mathscr{L}[u] = f(\boldsymbol{x}), & \boldsymbol{x} \in \Omega, \\ u = \varphi, & \boldsymbol{x} \in \partial\Omega, \end{cases} \tag{6.2.4}$$

其中 $\Omega \subset \mathbb{R}^n$ 是有界区域. 不妨假设原点在 Ω 内.

定理 6.2.3 设 $b_i(\boldsymbol{x})$ 和 $c(\boldsymbol{x})$ 有界, $c(\boldsymbol{x}) \geqslant 0$, $u \in C(\overline{\Omega}) \bigcap C^2(\Omega)$ 是问题 (6.2.4) 的解. 则存在 $C > 0$, 使得

$$\max\limits_{\overline{\Omega}} |u| \leqslant C(F + \Phi),$$

其中 $F = \sup\limits_{\Omega} |f|$, $\Phi = \max\limits_{\partial\Omega} |\varphi|$, 常数 C 只依赖于空间维数 n, $\mathrm{diam}\,\Omega$ 以及 $b_i(\boldsymbol{x})$ 的界. 这里的 $\mathrm{diam}\,\Omega$ 表示 Ω 的直径.

证明 记 $d = \mathrm{diam}\,\Omega$, 取函数 $z(\boldsymbol{x}) = K(\mathrm{e}^{\alpha d} - \mathrm{e}^{\alpha x_1})$, $w(\boldsymbol{x}) = Fz(\boldsymbol{x}) + \Phi \pm u$, 其中 α, K 是待定的正常数. 直接计算有

$$\mathscr{L}[w] = \pm \mathscr{L}[u] + F\mathscr{L}[z] + c(\boldsymbol{x})\Phi$$

$$= \pm f + FK[\alpha \mathrm{e}^{\alpha x_1}(\alpha - b_1(\boldsymbol{x})) + c(\boldsymbol{x})(\mathrm{e}^{\alpha d} - \mathrm{e}^{\alpha x_1})] + c(\boldsymbol{x})\Phi.$$

因为 $c(\boldsymbol{x}) \geqslant 0$, $-d \leqslant x_1 \leqslant d$, 所以 $c(\boldsymbol{x})(\mathrm{e}^{\alpha d} - \mathrm{e}^{\alpha x_1}) \geqslant 0$. 又因为 $b_1(\boldsymbol{x})$ 有界, 故可取 α 适当大使得

$$\alpha e^{\alpha x_1}(\alpha - b_1(\boldsymbol{x})) + c(\boldsymbol{x})(e^{\alpha d} - e^{\alpha x_1}) \geqslant \alpha e^{\alpha x_1}(\alpha - b_1(\boldsymbol{x})) \geqslant \delta > 0,$$

这里的常数 δ 可以很小. 对于这样取定的 α, 再取 K 充分大就可以保证 $\mathscr{L}[w] \geqslant 0$ (因为 $c(\boldsymbol{x})\Phi \geqslant 0$). 又因为 $w|_{\partial\Omega} \geqslant 0$, 所以由强极值原理知, 在 $\overline{\Omega}$ 上 $w(\boldsymbol{x}) \geqslant 0$, 即

$$|u(\boldsymbol{x})| \leqslant Fz(\boldsymbol{x}) + \Phi \leqslant 2Ke^{\alpha d}F + \Phi \leqslant C(F + \Phi), \quad \forall\, \boldsymbol{x} \in \overline{\Omega}.$$

定理得证.

推论 6.2.2 设 $b_i(\boldsymbol{x})$ 和 $c(\boldsymbol{x})$ 有界, $c(\boldsymbol{x}) \geqslant 0$, 则问题 (6.2.4) 在函数类 $C(\overline{\Omega}) \bigcap C^2(\Omega)$ 中至多有一个解.

现在考虑 Neumann 边值问题和第三边值问题

$$\begin{cases} \mathscr{L}[u] = f(\boldsymbol{x}), & \boldsymbol{x} \in \Omega, \\ \dfrac{\partial u}{\partial \boldsymbol{n}} + \alpha(\boldsymbol{x})u = \varphi, & \boldsymbol{x} \in \partial\Omega, \end{cases} \tag{6.2.5}$$

其中 $c(\boldsymbol{x}), \alpha(\boldsymbol{x}) \geqslant 0$, $\Omega \subset \mathbb{R}^n$ 是有界区域. 不妨假设原点在 Ω 内.

定理 6.2.4 设 $b_i(\boldsymbol{x})$ 和 $c(\boldsymbol{x})$ 有界, $c(\boldsymbol{x}) \geqslant 0$, $\alpha(\boldsymbol{x}) \geqslant \alpha_0 > 0$. 若 $u \in C^1(\overline{\Omega}) \bigcap C^2(\Omega)$ 是问题 (6.2.5) 的解, 则存在 $C > 0$, 使得

$$\max_{\overline{\Omega}} |u| \leqslant C(F + \Phi),$$

这里的 $F = \sup_{\Omega} |f|$, $\Phi = \max_{\partial\Omega} |\varphi|$, 常数 C 仅依赖于空间维数 n, α_0, $\operatorname{diam}\Omega$ 以及 $b_i(\boldsymbol{x})$ 的界.

证明 (1) 对于特殊情况: $c(\boldsymbol{x}) \geqslant c_0 > 0$, 可以利用直接分析方法来证明. 事实上, 假设 u 在点 $\boldsymbol{x}_0 \in \overline{\Omega}$ 处取得非负最大值. 如果 $\boldsymbol{x}_0 \in \partial\Omega$, 则 $\dfrac{\partial u}{\partial \boldsymbol{n}}\Big|_{\boldsymbol{x}_0} \geqslant 0$, 于是

$$\alpha_0 u(\boldsymbol{x}_0) \leqslant \alpha(\boldsymbol{x}_0)u(\boldsymbol{x}_0) \leqslant \varphi(\boldsymbol{x}_0) \leqslant \Phi \implies u(\boldsymbol{x}_0) \leqslant \Phi/\alpha_0.$$

如果 $\boldsymbol{x}_0 \in \Omega$, 则 $-\Delta u(\boldsymbol{x}_0) + \sum_{i=1}^{n} b_i(\boldsymbol{x}_0)u_{x_i}(\boldsymbol{x}_0) = -\Delta u(\boldsymbol{x}_0) \geqslant 0$, 因而

$$c(\boldsymbol{x}_0)u(\boldsymbol{x}_0) \leqslant f(\boldsymbol{x}_0) \leqslant F \implies u(\boldsymbol{x}_0) \leqslant F/c_0.$$

总之, $u(\boldsymbol{x}) \leqslant u(\boldsymbol{x}_0) \leqslant F/c_0 + \Phi/\alpha_0$ 在 $\overline{\Omega}$ 上成立. 同理, 考虑 u 的非正最小值又可推出 $-u(\boldsymbol{x}) \leqslant F/c_0 + \Phi/\alpha_0$ 在 $\overline{\Omega}$ 上也成立.

(2) 对于一般情况: $c(\boldsymbol{x}) \geqslant 0$. 令 $u(\boldsymbol{x}) = w(\boldsymbol{x})z(\boldsymbol{x})$, 利用

$$f = \mathscr{L}[u] = -z\Delta w - w\Delta z - 2\nabla w \cdot \nabla z + \sum_{i=1}^{n} b_i(wz_{x_i} + zw_{x_i}) + cwz,$$

可得

$$\begin{cases} -\Delta w + \sum_{i=1}^{n} \left(b_i - 2\frac{z_{x_i}}{z} \right) w_{x_i} + \left(c(\boldsymbol{x}) + \sum_{i=1}^{n} b_i \frac{z_{x_i}}{z} - \frac{\Delta z}{z} \right) w = \frac{f}{z}, \quad \boldsymbol{x} \in \Omega, \\ \dfrac{\partial w}{\partial \boldsymbol{n}} + \left(\dfrac{1}{z} \cdot \dfrac{\partial z}{\partial \boldsymbol{n}} + \alpha(\boldsymbol{x}) \right) w = \dfrac{\varphi}{z}, \qquad\qquad\qquad\qquad\quad \boldsymbol{x} \in \partial\Omega. \end{cases}$$

如果能够找到 $z(\boldsymbol{x})$, 使得

$$0 < m \leqslant z(\boldsymbol{x}) \leqslant M < \infty, \qquad \left| \frac{z_{x_i}}{z} \right| \text{ 和 } \left| \frac{\Delta z}{z} \right| \text{ 都有界},$$

$$c(\boldsymbol{x}) + \sum_{i=1}^{n} b_i \frac{z_{x_i}}{z} - \frac{\Delta z}{z} \geqslant c_0 > 0, \qquad \left[\frac{1}{z} \cdot \frac{\partial z}{\partial \boldsymbol{n}} + \alpha(\boldsymbol{x}) \right]_{\partial\Omega} \geqslant \frac{\alpha_0}{2} > 0,$$

那么利用情况 (1) 的结果就可以推出, 对于任意的 $\boldsymbol{x} \in \overline{\Omega}$, 有

$$|u(\boldsymbol{x})| = |z(\boldsymbol{x})w(\boldsymbol{x})| \leqslant M|w(\boldsymbol{x})| \leqslant MC \left(\max_{\overline{\Omega}} \left| \frac{f}{z} \right| + \max_{\partial\Omega} \left| \frac{\varphi}{z} \right| \right) \leqslant \frac{MC}{m} (F + \Phi).$$

由于 $c(\boldsymbol{x}) \geqslant 0, \alpha(\boldsymbol{x}) \geqslant \alpha_0 > 0$, 只要能够找到 $z(\boldsymbol{x})$, 使其满足以下条件即可:

$$\begin{cases} 0 < m \leqslant z(\boldsymbol{x}) \leqslant M < \infty, \quad \left| \dfrac{z_{x_i}}{z} \right| \text{ 和 } \left| \dfrac{\Delta z}{z} \right| \text{ 都有界}, \\ \displaystyle\sum_{i=1}^{n} b_i \frac{z_{x_i}}{z} - \frac{\Delta z}{z} \geqslant c_0 > 0, \quad \left| \dfrac{1}{z} \cdot \dfrac{\partial z}{\partial \boldsymbol{n}} \right|_{\partial\Omega} < \dfrac{\alpha_0}{2}. \end{cases}$$

取 $z(\boldsymbol{x}) = m + \mathrm{e}^{\theta d} - \mathrm{e}^{\theta x_1}$, 其中 $d = \operatorname{diam}\Omega$, m 和 θ 是待定的正常数. 首先选取 $\theta \gg 1$, 使得在 $\overline{\Omega}$ 上, 有

$$\sum_{i=1}^{n} b_i \frac{z_{x_i}}{z} - \frac{\Delta z}{z} = -\theta b_1(\boldsymbol{x}) \mathrm{e}^{\theta x_1} \frac{1}{z} + \theta^2 \mathrm{e}^{\theta x_1} \frac{1}{z} = \theta[\theta - b_1(\boldsymbol{x})] \mathrm{e}^{\theta x_1} \frac{1}{z} > 0.$$

固定这样的 θ, 再取 $m \gg 1$ 使得

$$\left| z^{-1} \frac{\partial z}{\partial \boldsymbol{n}} \right|_{\partial\Omega} < \frac{\alpha_0}{2}.$$

因为 $\theta(\theta - b_1(\boldsymbol{x})) z^{-1} \mathrm{e}^{\theta x_1}$ 有正下界, 所以存在常数 $c_0 > 0$, 使得 $\theta(\theta - b_1(\boldsymbol{x})) z^{-1} \mathrm{e}^{\theta x_1} \geqslant c_0$ 在 $\overline{\Omega}$ 上成立. 对于这样确定的函数 $z(\boldsymbol{x})$, 显然有 $0 < m \leqslant z(\boldsymbol{x}) \leqslant M < \infty$, 并且 $|z^{-1} z_{x_i}|$ 有界. 证毕.

注 6.2.2 如果 $c(\boldsymbol{x}) \equiv \alpha(\boldsymbol{x}) \equiv 0$, 那么定理 6.2.4 不成立. 这是因为, 若 u 是问题 (6.2.5) 的解, 则对于任意常数 C, $u + C$ 也是它的解.

定义 6.2.1 称开集 Ω 有**内球性质**, 如果对于任意 $\boldsymbol{x}_0 \in \partial\Omega$, 都存在一个球 $B \subset \Omega$ 满足 $\partial B \bigcap \partial\Omega = \{\boldsymbol{x}_0\}$. 具有这种性质的球 B 称为**内切球**.

定理 6.2.5　设开集 Ω 有内球性质, $b_i(\boldsymbol{x})$ 和 $c(\boldsymbol{x})$ 有界. 若 $c(\boldsymbol{x}), \alpha(\boldsymbol{x}) \geqslant 0$ 且 $c(\boldsymbol{x}), \alpha(\boldsymbol{x})$ 不全恒为零, 则边值问题 (6.2.5) 在函数类 $C^1(\overline{\Omega}) \bigcap C^2(\Omega)$ 中至多有一个解.

证明　只需证明当 $f \equiv 0, \varphi \equiv 0$ 时, 对应的解 $u \equiv 0$. 不妨认为 Ω 是连通的（如若不然, 只需在它的每一个连通分支上讨论）.

根据强极值原理, 如果 $u \not\equiv$ 常数, 则 u 在 Ω 的内部取不到非负最大值和非正最小值. 假设 $u \not\equiv$ 常数并且在点 $\boldsymbol{x}_0 \in \partial\Omega$ 处达到非负最大值. 过 $\boldsymbol{x}_0$ 点作内切球 $B \subset \Omega, \partial B \bigcap \partial\Omega = \{\boldsymbol{x}_0\}$. 在 B 上利用 Hopf 引理便可推出 $\dfrac{\partial u}{\partial \boldsymbol{n}}\Big|_{\boldsymbol{x}_0} > 0$, 再由 $\alpha(\boldsymbol{x}_0)u(\boldsymbol{x}_0) \geqslant 0$ 知, $\dfrac{\partial u}{\partial \boldsymbol{n}}\Big|_{\boldsymbol{x}_0} + \alpha(\boldsymbol{x}_0)u(\boldsymbol{x}_0) > 0$, 此与边界条件矛盾. 于是, 在 $\overline{\Omega}$ 上 $u < 0$ 或者 $u \equiv$ 常数. 同理可证, 在 $\overline{\Omega}$ 上 $u > 0$ 或者 $u \equiv$ 常数. 因此, 在 $\overline{\Omega}$ 上 $u \equiv$ 常数. 再利用方程和边界条件又可推出 $c(\boldsymbol{x})u \equiv 0, \alpha(\boldsymbol{x})u \equiv 0$. 因为 $c(\boldsymbol{x}) + \alpha(\boldsymbol{x}) \not\equiv 0$, 所以 $u \equiv 0$. 证毕.

推论 6.2.3　设区域 Ω 具有内球性质, $b_i(\boldsymbol{x})$ 和 $c(\boldsymbol{x})$ 有界. 如果 $c(\boldsymbol{x}) \equiv \alpha(\boldsymbol{x}) \equiv 0$, 则边值问题 (6.2.5) 在函数类 $C^1(\overline{\Omega}) \bigcap C^2(\Omega)$ 中的解至多相差一个常数.

如果把方程 (6.2.1) 中的算子 $\mathscr{L}$ 换成

$$\mathscr{L}[u] \overset{\text{def}}{=\!=} -\sum_{i,j=1}^{n} a_{ij}(\boldsymbol{x})u_{x_i x_j} + \sum_{i=1}^{n} b_i(\boldsymbol{x})u_{x_i} + c(\boldsymbol{x})u = f(\boldsymbol{x}), \quad c(\boldsymbol{x}) \geqslant 0, \quad \boldsymbol{x} \in \Omega,$$

其中 $(a_{ij}(\boldsymbol{x}))_{n \times n}$ 是 $\overline{\Omega}$ 上的正定矩阵, 且存在正常数 λ 和 $\Lambda : \lambda < \Lambda$, 使得

$$\lambda|\boldsymbol{\xi}|^2 \leqslant \sum_{i,j=1}^{n} a_{ij}(\boldsymbol{x})\xi_i\xi_j \leqslant \Lambda|\boldsymbol{\xi}|^2, \quad \forall \boldsymbol{x} \in \overline{\Omega}, \quad \boldsymbol{\xi} \in \mathbb{R}^n. \tag{6.2.6}$$

那么对上述算子, 本节中的所有结论都成立. 条件 (6.2.6) 称为**一致椭圆性条件**. 事实上, 如果函数 $u \in C^2(\Omega)$ 并且在 Ω 内的某点 $\boldsymbol{x}_0$ 处取到非负最大值, 把 $u(\boldsymbol{x})$ 在 $\boldsymbol{x}_0$ 点展成二阶 Taylor 级数, 并注意到 $u_{x_i}(\boldsymbol{x}_0) = 0$, 便可推出矩阵 $(u_{x_i x_j}(\boldsymbol{x}_0))_{n \times n}$ 是半负定的. 因为矩阵 $(a_{ij}(\boldsymbol{x}_0))_{n \times n}$ 是正定的, 所以 $\displaystyle\sum_{i,j=1}^{n} a_{ij}(\boldsymbol{x}_0)u_{x_i x_j}(\boldsymbol{x}_0) \leqslant 0$, 与 $\Delta u(\boldsymbol{x}_0)$ 的符号一致. 因此, 上面的所有证明对现在的算子仍然可行.

6.2.2　能量模估计与解的惟一性

前面我们用能量方法讨论了双曲型方程解的惟一性与稳定性, 这种方法同样适用于研究椭圆型方程解的惟一性. 这里仅以下面的简单问题为例加以说明. 考虑 Dirichlet 边值问题

$$\begin{cases} -\Delta u + c(\boldsymbol{x})u = f(\boldsymbol{x}), & \boldsymbol{x} \in \Omega, \\ u = 0, & \boldsymbol{x} \in \partial\Omega. \end{cases} \tag{6.2.7}$$

定理 6.2.6 假设 $c(\boldsymbol{x}) \geqslant c_0 > 0$, 且 $u \in C^1(\overline{\Omega}) \bigcap C^2(\Omega)$ 是边值问题 (6.2.7) 的解, 则有

$$\int_\Omega |\boldsymbol{\nabla} u|^2 \, \mathrm{d}\boldsymbol{x} + \frac{c_0}{2} \int_\Omega u^2 \, \mathrm{d}\boldsymbol{x} \leqslant C \int_\Omega f^2 \, \mathrm{d}\boldsymbol{x}, \tag{6.2.8}$$

其中常数 C 仅依赖于 c_0.

证明 用 u 乘以问题 (6.2.7) 的方程并在 Ω 上积分得

$$-\int_\Omega u\Delta u \, \mathrm{d}\boldsymbol{x} + \int_\Omega c(\boldsymbol{x})u^2 \, \mathrm{d}\boldsymbol{x} = \int_\Omega fu \, \mathrm{d}\boldsymbol{x}.$$

对上式左端第一项用 Green 公式, 右端用 Cauchy 不等式, 则有

$$\int_\Omega |\boldsymbol{\nabla} u|^2 \, \mathrm{d}\boldsymbol{x} + c_0 \int_\Omega u^2 \, \mathrm{d}\boldsymbol{x} \leqslant \frac{c_0}{2} \int_\Omega u^2 \, \mathrm{d}\boldsymbol{x} + \frac{1}{2c_0} \int_\Omega f^2 \, \mathrm{d}\boldsymbol{x}.$$

由此即得估计式 (6.2.8). 证毕.

注 6.2.3 类似于对双曲型方程所作的讨论, 由能量模估计可以导出问题 (6.2.7) 的解的惟一性.

注 6.2.4 当 $c(\boldsymbol{x}) \equiv 0$ 时, 问题 (6.2.7) 描述的是边界固定、处于平衡状态的薄膜. 此时的能量模估计式 (6.2.8) 仍然成立, 即

$$\int_\Omega |\boldsymbol{\nabla} u|^2 \, \mathrm{d}\boldsymbol{x} \leqslant C \int_\Omega f^2 \, \mathrm{d}\boldsymbol{x},$$

其中 $C = C(|\Omega|)$ 是依赖于 $|\Omega|$ 的常数. 这说明外力做功转变为存储于薄膜的势能, 可以通过外力的大小估计出来.

对于第二、第三边值问题

$$\begin{cases} -\Delta u + c(\boldsymbol{x})u = f(\boldsymbol{x}), & \boldsymbol{x} \in \Omega, \\ \dfrac{\partial u}{\partial \boldsymbol{n}} + \alpha(\boldsymbol{x})u = 0, & \boldsymbol{x} \in \partial\Omega, \end{cases} \tag{6.2.9}$$

也有与 (6.2.8) 式类似的估计.

定理 6.2.7 设 $c(\boldsymbol{x}) \geqslant c_0 > 0$, $\alpha(\boldsymbol{x}) \geqslant 0$, 且 $u \in C^1(\overline{\Omega}) \bigcap C^2(\Omega)$ 是问题 (6.2.9) 的解, 则有

$$\int_\Omega |\boldsymbol{\nabla} u|^2 \, \mathrm{d}\boldsymbol{x} + \frac{c_0}{2} \int_\Omega u^2 \, \mathrm{d}\boldsymbol{x} + \int_{\partial\Omega} \alpha(\boldsymbol{x})u^2 \, \mathrm{d}S \leqslant C \int_\Omega f^2 \, \mathrm{d}\boldsymbol{x}, \tag{6.2.10}$$

其中常数 C 仅依赖于 c_0.

注 6.2.5 如果仅讨论解的惟一性, 即在问题 (6.2.9) 中取 $f(\boldsymbol{x}) \equiv 0$, 则对于 $c(\boldsymbol{x}) \geqslant 0$, $\alpha(\boldsymbol{x}) \geqslant 0$, 我们仍可得到估计:

$$\int_{\Omega} |\nabla u|^2 \, \mathrm{d}\boldsymbol{x} \leqslant 0.$$

由此知 $\nabla u(\boldsymbol{x}) \equiv 0$, 所以 $u(\boldsymbol{x}) \equiv$ 常数. 将其代入问题 (6.2.9) 知, 如果 $c(\boldsymbol{x})$ 与 $\alpha(\boldsymbol{x})$ 之一不恒为零, 那么 $u(\boldsymbol{x}) \equiv 0$; 如果 $c(\boldsymbol{x}) \equiv \alpha(\boldsymbol{x}) \equiv 0$, 那么问题 (6.2.9) 的任意两个解至多相差一个常数.

6.3　抛物型方程

本节首先讨论抛物型方程的极值原理, 进而得到解的最大模估计和惟一性结果. 最后简单介绍能量估计方法, 由此也可导出解的惟一性.

6.3.1　极值原理与最大模估计

设 Ω 是 $\mathbb{R}^n$ 中的有界开集, $T > 0$. 记

$$Q_T = \Omega \times (0, T], \quad \Gamma_T = (\partial\Omega \times [0, T]) \bigcup (\Omega \times \{0\}),$$

这里的 Γ_T 称为 Q_T 的 **抛物边界**. 我们先在 Q_T 中研究抛物型方程

$$\mathscr{P}[u] \stackrel{\mathrm{def}}{=\!=} u_t - \Delta u + \sum_{i=1}^{n} b_i(\boldsymbol{x}, t) u_{x_i} = f(\boldsymbol{x}, t),$$

其中 $b_i(\boldsymbol{x}, t)$ 在 Q_T 上连续且有界.

对于 Ω 内的热传导问题, 如果在 Ω 的内部没有热源, 当边界的温度为零时, 温度的最大值一定在初始时刻达到 (因为温度从高处向低处传递), 而当边界上有热源时 (边界加热), 温度的最大值可能在边界上达到. 用数学的语言来解释, 就是下面的极值原理.

定理 6.3.1 (弱极值原理)　设 $u \in C(\overline{Q}_T) \bigcap C^{2,1}(Q_T)$ 且满足 $\mathscr{P}[u] \leqslant 0$, 则 u 的最大值一定在 Γ_T 上达到, 即 $\max\limits_{\overline{Q}_T} u = \max\limits_{\Gamma_T} u$.

证明　先设 $\mathscr{P}[u] < 0$, 证明 u 不能在 Q_T 内达到最大值. 如果存在 $(\boldsymbol{x}_0, t_0) \in Q_T$, 使得 $u(\boldsymbol{x}_0, t_0) = \max\limits_{\overline{Q}_T} u$, 则

$$u_t|_{(\boldsymbol{x}_0, t_0)} \geqslant 0, \quad -\Delta u|_{(\boldsymbol{x}_0, t_0)} \geqslant 0, \quad u_{x_i}|_{(\boldsymbol{x}_0, t_0)} = 0,$$

因而 $\mathscr{P}[u] \geqslant 0$. 这与 $\mathscr{P}[u] < 0$ 矛盾.

对于一般情况: $\mathscr{P}[u] \leqslant 0$, 令 $v(\boldsymbol{x}, t) = u(\boldsymbol{x}, t) - \varepsilon t, \varepsilon > 0$, 则 $\mathscr{P}[v] = \mathscr{P}[u] - \varepsilon \mathscr{P}[t] = \mathscr{P}[u] - \varepsilon < 0$. 由上面的结论知, v 一定在 Γ_T 上取到最大值, 即 $\max\limits_{\overline{Q}_T} v = \max\limits_{\Gamma_T} v$. 利用

$$\max_{\overline{Q}_T} u \leqslant \max_{\overline{Q}_T} v + \varepsilon T = \max_{\Gamma_T} v + \varepsilon T \leqslant \max_{\Gamma_T} u + \varepsilon T,$$

并令 $\varepsilon \to 0^+$, 可推出 $\max\limits_{\overline{Q}_T} u = \max\limits_{\Gamma_T} u$. 证毕.

推论 6.3.1　设 $u \in C(\overline{Q}_T) \bigcap C^{2,1}(Q_T)$ 且满足 $\mathscr{P}[u] \geqslant 0$, 则 u 的最小值一定在 Γ_T 上达到, 即 $\min\limits_{\overline{Q}_T} u = \min\limits_{\Gamma_T} u$.

接下来在 Q_T 中考虑抛物型方程

$$\mathscr{L}_t[u] \stackrel{\text{def}}{=\joinrel=} u_t - \Delta u + \sum_{i=1}^{n} b_i(\boldsymbol{x}, t) u_{x_i} + c(\boldsymbol{x}, t) u = f(\boldsymbol{x}, t),$$

其中 $b_i(\boldsymbol{x}, t)$ 在 Q_T 上连续且有界, $c(\boldsymbol{x}, t)$ 在 Q_T 上连续.

类似于定理 6.3.1, 我们可以证明下面的定理.

定理 6.3.2　设 $c(\boldsymbol{x}, t) \geqslant 0$, $u \in C(\overline{Q}_T) \bigcap C^{2,1}(Q_T)$ 满足 $\mathscr{L}_t[u] \leqslant 0$, 则 u 的非负最大值 (如果存在的话) 一定在 Γ_T 上达到, 即 $\max\limits_{\overline{Q}_T} u^+ = \max\limits_{\Gamma_T} u^+$.

以上结论可以总结为:

(1) 当 $c \equiv 0$ 时, 若 $\mathscr{L}_t[u] \leqslant 0$, 则 u 在 Γ_T 上达到它在 $\overline{Q}_T$ 上的最大值; 若 $\mathscr{L}_t[u] \geqslant 0$, 则 u 在 Γ_T 上达到它在 $\overline{Q}_T$ 上的最小值.

(2) 当 $c \geqslant 0$ 时, 若 $\mathscr{L}_t[u] \leqslant 0$, 则 u 在 Γ_T 上达到它在 $\overline{Q}_T$ 上的非负最大值 (如果存在的话); 若 $\mathscr{L}_t[u] \geqslant 0$, 则 u 在 Γ_T 上达到它在 $\overline{Q}_T$ 上的非正最小值 (如果存在的话).

定理 6.3.3　设 $c(\boldsymbol{x}, t) \geqslant -c_0$, $u \in C(\overline{Q}_T) \bigcap C^{2,1}(Q_T)$ 满足 $\mathscr{L}_t[u] \leqslant 0$. 若 $u|_{\Gamma_T} \leqslant 0$, 则 $u|_{\overline{Q}_T} \leqslant 0$.

证明　令 $v(\boldsymbol{x}, t) = u(\boldsymbol{x}, t) \mathrm{e}^{-c_0 t}$, 则

$$0 \geqslant \mathscr{L}_t[u] = \left(c_0 v + v_t - \Delta v + \sum_{i=1}^{n} b_i v_{x_i} + c(\boldsymbol{x}, t) v \right) \mathrm{e}^{c_0 t}.$$

由此得

$$v_t - \Delta v + \sum_{i=1}^{n} b_i v_{x_i} + [c_0 + c(\boldsymbol{x}, t)] v \leqslant 0, \quad c_0 + c(\boldsymbol{x}, t) \geqslant 0.$$

根据定理 6.3.2, $\max\limits_{\overline{Q}_T} v^+ = \max\limits_{\Gamma_T} v^+$. 因为 $u|_{\Gamma_T} \leqslant 0$, 所以 $v|_{\Gamma_T} \leqslant 0$, 从而 $v|_{\overline{Q}_T} \leqslant 0$, 故 $u|_{\overline{Q}_T} \leqslant 0$. 定理得证.

推论 6.3.2（比较原理）　设 $c(\boldsymbol{x}, t) \geqslant -c_0$, $u, v \in C(\overline{Q}_T) \bigcap C^{2,1}(Q_T)$. 如果 $\mathscr{L}_t[u] \leqslant \mathscr{L}_t[v]$, $u|_{\Gamma_T} \leqslant v|_{\Gamma_T}$, 则有 $u|_{\overline{Q}_T} \leqslant v|_{\overline{Q}_T}$.

注 6.3.1　关于椭圆型方程和抛物型方程的极值原理, 应特别注意函数 c 的符号的差别.

6.3.2　第一初边值问题解的最大模估计与惟一性

考虑第一初边值问题

$$\begin{cases} \mathscr{P}[u] = f(\boldsymbol{x}, t), & (\boldsymbol{x}, t) \in Q_T, \\ u(\boldsymbol{x}, 0) = \varphi(\boldsymbol{x}), & \boldsymbol{x} \in \overline{\Omega}, \\ u(\boldsymbol{x}, t) = g(\boldsymbol{x}, t), & (\boldsymbol{x}, t) \in \partial\Omega \times [0, T]. \end{cases} \tag{6.3.1}$$

定理 6.3.4　设 $u \in C(\overline{Q}_T) \bigcap C^{2,1}(Q_T)$ 是问题 (6.3.1) 的解, 则

$$\max_{\overline{Q}_T} |u(\boldsymbol{x}, t)| \leqslant FT + B,$$

其中 $F = \sup_{Q_T} |f|$, $B = \max\left\{\max_{\overline{\Omega}} |\varphi|, \max_{\partial\Omega \times [0,T]} |g|\right\}$.

证明　令 $v = tF + B$, 与 $\pm u$ 作比较. 因为

$$\begin{aligned} \mathscr{P}[v] = F \geqslant \pm f = \mathscr{P}[\pm u], & \quad (\boldsymbol{x}, t) \in Q_T, \\ v(\boldsymbol{x}, 0) = B \geqslant \pm\varphi = \pm u(\boldsymbol{x}, 0), & \quad \boldsymbol{x} \in \overline{\Omega}, \\ v|_{\partial\Omega} \geqslant B \geqslant \pm g|_{\partial\Omega} = \pm u|_{\partial\Omega}, & \quad 0 \leqslant t \leqslant T, \end{aligned}$$

所以由比较原理知, $\pm u \leqslant v \leqslant FT + B$, 即 $\max_{\overline{Q}_T} |u(\boldsymbol{x}, t)| \leqslant FT + B$. 证毕.

推论 6.3.3　第一初边值问题 (6.3.1) 的解在函数类 $C(\overline{Q}_T) \bigcap C^{2,1}(Q_T)$ 中是惟一的, 且连续地依赖于 f, φ 和 g.

证明　因为当 $f \equiv \varphi \equiv g \equiv 0$ 时, 对应的解 u 满足 $\max_{\overline{Q}_T} |u| = 0$, 故 $u \equiv 0$, 从而解是惟一的.

假设 u_i 是对应于 (f_i, φ_i, g_i) 的解, $i = 1, 2$, 则 $u_1 - u_2$ 是对应于 $(f_1 - f_2, \varphi_1 - \varphi_2, g_1 - g_2)$ 的解. 于是

$$\max_{\overline{Q}_T} |u_1 - u_2| \leqslant T \max_{\overline{Q}_T} |f_1 - f_2| + \max\left\{\max_{\overline{\Omega}} |\varphi_1 - \varphi_2|, \max_{\partial\Omega \times [0,T]} |g_1 - g_2|\right\},$$

所以当 f_1, φ_1, g_1 分别与 f_2, φ_2, g_2 充分接近时, u_1 与 u_2 也充分接近. 这说明问题 (6.3.1) 的解连续地依赖于 f, φ 和 g. 证毕.

现在考虑第一初边值问题

$$\begin{cases} \mathscr{L}_t[u] = f(\boldsymbol{x}, t), & (\boldsymbol{x}, t) \in Q_T, \\ u(\boldsymbol{x}, 0) = \varphi(\boldsymbol{x}), & \boldsymbol{x} \in \overline{\Omega}, \\ u(\boldsymbol{x}, t) = g(\boldsymbol{x}, t), & (\boldsymbol{x}, t) \in \partial\Omega \times [0, T]. \end{cases} \tag{6.3.2}$$

定理 6.3.5　设 $c(\boldsymbol{x}, t) \geqslant -c_0$, $u \in C(\overline{Q}_T) \bigcap C^{2,1}(Q_T)$ 是问题 (6.3.2) 的解, 则

$$\max_{\overline{Q}_T} |u(\boldsymbol{x}, t)| \leqslant \mathrm{e}^{c_0 T}(FT + B),$$

F, B 的定义同于定理 6.3.4.

证明 不妨认为 $c_0 > 0$. 令 $v = \mathrm{e}^{c_0 t}(tF + B)$, 与 $\pm u$ 作比较. 因为

$$
\begin{aligned}
\mathscr{L}_t[v] &= F\mathrm{e}^{c_0 t} + c_0 \mathrm{e}^{c_0 t}(tF + B) + c(\boldsymbol{x}, t)\mathrm{e}^{c_0 t}(tF + B) \\
&= F\mathrm{e}^{c_0 t} + \mathrm{e}^{c_0 t}(c_0 + c(\boldsymbol{x}, t))(tF + B) \\
&\geqslant F\mathrm{e}^{c_0 t} \geqslant F \geqslant \pm f = \mathscr{L}_t[\pm u], \quad (\boldsymbol{x}, t) \in Q_T,
\end{aligned}
$$

$$
v(\boldsymbol{x}, 0) = B \geqslant \pm\varphi = \pm u(\boldsymbol{x}, 0), \quad \boldsymbol{x} \in \overline{\Omega},
$$

$$
v|_{\partial\Omega} \geqslant B \geqslant \pm g|_{\partial\Omega} = \pm u|_{\partial\Omega}, \quad 0 \leqslant t \leqslant T,
$$

所以由比较原理知, $\pm u \leqslant v \leqslant \mathrm{e}^{c_0 T}(FT + B)$, 即

$$
\max_{\overline{Q}_T} |u(\boldsymbol{x}, t)| \leqslant \mathrm{e}^{c_0 T}(FT + B).
$$

定理得证.

6.3.3 第三初边值问题解的最大模估计与惟一性

考虑初边值问题

$$
\begin{cases}
\mathscr{L}_t[u] = f(\boldsymbol{x}, t), & (\boldsymbol{x}, t) \in Q_T, \\
u(\boldsymbol{x}, 0) = \varphi(\boldsymbol{x}), & \boldsymbol{x} \in \overline{\Omega}, \\
\dfrac{\partial u}{\partial \boldsymbol{n}} + \alpha u = g(\boldsymbol{x}, t), & (\boldsymbol{x}, t) \in \partial\Omega \times [0, T].
\end{cases} \tag{6.3.3}
$$

定理 6.3.6 设 $c(\boldsymbol{x}, t) \geqslant 0, \alpha(\boldsymbol{x}, t) \geqslant \alpha_0 > 0, u \in C(\overline{Q}_T) \bigcap C^{2,1}(Q_T)$ 满足

$$
\begin{cases}
\mathscr{L}_t[u] \geqslant 0, & (\boldsymbol{x}, t) \in Q_T, \\
u(\boldsymbol{x}, 0) \geqslant 0, & \boldsymbol{x} \in \overline{\Omega}, \\
\dfrac{\partial u}{\partial \boldsymbol{n}} + \alpha u \geqslant 0, & (\boldsymbol{x}, t) \in \partial\Omega \times [0, T].
\end{cases}
$$

则 $u \geqslant 0$ 在 $\overline{Q}_T$ 上成立.

证明 如果 u 在某点 $(\boldsymbol{x}_0, t_0) \in \overline{Q}_T$ 处达到负的最小值, 那么利用方程和极值原理以及初始条件推知, $\boldsymbol{x}_0 \in \partial\Omega, 0 < t_0 \leqslant T$. 因为在点 $(\boldsymbol{x}_0, t_0)$ 处, $\dfrac{\partial u}{\partial \boldsymbol{n}} \leqslant 0, \alpha u \leqslant \alpha_0 u < 0$, 这与边界条件矛盾. 证毕.

定理 6.3.7 设 $c(\boldsymbol{x}, t) \geqslant 0, \alpha(\boldsymbol{x}, t) \geqslant \alpha_0 > 0, u \in C(\overline{Q}_T) \bigcap C^{2,1}(Q_T)$ 是问题 (6.3.3) 的解, 则有

$$
\max_{\overline{Q}_T} |u(\boldsymbol{x}, t)| \leqslant FT + B,
$$

其中 F 的定义同上, $B = \max\left\{ \max_{\overline{\Omega}} |\varphi|, \dfrac{1}{\alpha_0} \max_{\partial\Omega \times [0, T]} |g| \right\}$.

证明　令 $w = Ft + B \pm u$, 则

$$\mathscr{L}_t[w] = F + c(Ft + B) \pm \mathscr{L}_t[u] \geqslant F \pm f \geqslant 0, \quad (\boldsymbol{x}, t) \in Q_T,$$

$$w(\boldsymbol{x}, 0) = B \pm u(\boldsymbol{x}, 0) = B \pm \varphi(\boldsymbol{x}) \geqslant 0, \quad \boldsymbol{x} \in \overline{\Omega},$$

$$\frac{\partial w}{\partial \boldsymbol{n}} + \alpha w = \alpha(Ft + B) \pm \left(\frac{\partial u}{\partial \boldsymbol{n}} + \alpha u \right) \geqslant \alpha_0 B \pm g \geqslant 0, \quad (\boldsymbol{x}, t) \in \partial\Omega \times [0, T].$$

利用定理 6.3.6 知 $w \geqslant 0$, 即 $\pm u \leqslant Ft + B$. 于是, $\max\limits_{\overline{Q_T}} |u(\boldsymbol{x}, t)| \leqslant FT + B$. 证毕.

注 6.3.2　如果 $c(\boldsymbol{x}, t) \geqslant -c_0$, c_0 是正常数, 对于问题 (6.3.3) 有与定理 6.3.5 类似的结论.

注 6.3.3　如果把问题 (6.3.3) 中的边界条件换成

$$\alpha(\boldsymbol{x}, t) u + \beta(\boldsymbol{x}, t) \frac{\partial u}{\partial \boldsymbol{n}} = g(\boldsymbol{x}, t), \quad (\boldsymbol{x}, t) \in \partial\Omega \times [0, T],$$

其中 $\alpha(\boldsymbol{x}, t), \beta(\boldsymbol{x}, t) \geqslant 0$, $\alpha(\boldsymbol{x}, t) + \beta(\boldsymbol{x}, t) > 0$, 那么定理 6.3.6 仍然成立, 但与定理 6.3.7 对应的结论就有很大的差别. 然而, 当 $g(\boldsymbol{x}, t) \equiv 0$ 时, 定理 6.3.7 仍然成立, 此时的 $B = \max\limits_{\overline{\Omega}} |\varphi|$. 这些结论的证明需要借助于一个与引理 6.2.2 类似的 Hopf 引理. 限于篇幅, 这里不再详述.

6.3.4　初值问题的极值原理、解的最大模估计与惟一性

记 $D_T = \mathbb{R}^n \times (0, T]$. 为了便于后面的计算, 我们只考虑下面简单形式的初值问题:

$$\begin{cases} \mathscr{L}_0[u] \stackrel{\text{def}}{=\!=} u_t - \Delta u + c(\boldsymbol{x}, t) u = f(\boldsymbol{x}, t), & (\boldsymbol{x}, t) \in D_T, \\ u(\boldsymbol{x}, 0) = \varphi(\boldsymbol{x}), & \boldsymbol{x} \in \mathbb{R}^n. \end{cases} \tag{6.3.4}$$

引理 6.3.1　假设 $c(\boldsymbol{x}, t)$ 连续且有下界, $u \in C(\overline{D_T}) \bigcap C^{2,1}(D_T)$ 满足

$$\begin{cases} \mathscr{L}_0[u] \geqslant 0, & (\boldsymbol{x}, t) \in D_T, \\ u(\boldsymbol{x}, 0) \geqslant 0, & \boldsymbol{x} \in \mathbb{R}^n, \end{cases}$$

且对于 $t \in [0, T]$, 一致地成立

$$\liminf_{|\boldsymbol{x}| \to \infty} u(\boldsymbol{x}, t) \geqslant 0.$$

那么在 D_T 内, $u(\boldsymbol{x}, t) \geqslant 0$.

证明　不妨认为 $c(\boldsymbol{x}, t) > 0$ (如果 $c(\boldsymbol{x}, t) > -c_0$, 作变换 $v(\boldsymbol{x}, t) = u(\boldsymbol{x}, t) \mathrm{e}^{-c_0 t}$ 即可). 任意固定 $R_0 > 0$. 对于任意取定的 $\varepsilon > 0$, 选取 $R > R_0$ 适当大, 使得在 $\{t = 0\} \bigcup \{|\boldsymbol{x}| = R, 0 \leqslant t \leqslant T\}$ 上 $u(\boldsymbol{x}, t) + \varepsilon > 0$ 成立. 因为

$$\mathscr{L}_0[u + \varepsilon] = \mathscr{L}_0[u] + \varepsilon c(\boldsymbol{x}, t) > 0,$$

所以由极值原理知, $u(\boldsymbol{x},t)+\varepsilon > 0$ 在 $\{|\boldsymbol{x}| < R\} \times [0, T]$ 上成立, 当然在 $\{|\boldsymbol{x}| \leqslant R_0\} \times [0, T]$ 上也成立. 令 $\varepsilon \to 0$ 便可推出 $u(\boldsymbol{x},t) \geqslant 0$ 在 $\{|\boldsymbol{x}| \leqslant R_0\} \times [0, T]$ 上成立. 由 R_0 的任意性知, $u(\boldsymbol{x},t) \geqslant 0$ 在 D_T 内成立. 证毕.

注 6.3.4 如果把这里的算子 $\mathscr{L}_0$ 换成前面的算子 $\mathscr{L}_t$, 只要 $b_i(\boldsymbol{x},t)$ 连续, $c(\boldsymbol{x},t)$ 连续有下界, 引理 6.3.1 仍然成立.

定理 6.3.8 假设 $c(\boldsymbol{x},t)$ 连续, 且存在正常数 M, 使得 $c(\boldsymbol{x},t) \geqslant -M(1+|\boldsymbol{x}|^2)$. 又设 $u \in C(\overline{D}_T) \bigcap C^{2,1}(D_T)$ 满足 $\mathscr{L}_0[u] \geqslant 0$, 同时存在正常数 B 和 β, 使得在 D_T 内

$$u(\boldsymbol{x},t) \geqslant -Be^{\beta|\boldsymbol{x}|^2}. \tag{6.3.5}$$

如果 $u(\boldsymbol{x},0) \geqslant 0$ 在 $\mathbb{R}^n$ 内成立, 则在 D_T 内 $u(\boldsymbol{x},t) \geqslant 0$.

证明 取函数

$$H(\boldsymbol{x},t) = \exp\left(\frac{k|\boldsymbol{x}|^2}{1-\mu t} + \gamma t\right), \quad 0 \leqslant t \leqslant \frac{1}{2\mu}, \quad k > \beta,$$

这里的 $\mu, \gamma > 0$ 待定. 直接计算知

$$\begin{aligned}
\frac{\mathscr{L}_0[H]}{H} &= -\frac{4k^2|\boldsymbol{x}|^2}{(1-\mu t)^2} - \frac{2nk}{1-\mu t} + \frac{\mu k|\boldsymbol{x}|^2}{(1-\mu t)^2} + c + \gamma \\
&\geqslant (k\mu - 16k^2 - M)|\boldsymbol{x}|^2 + (\gamma - 4kn - M).
\end{aligned}$$

固定 $k > \beta$, 取 $\mu = 16k + M/k$, $\gamma = M + 4kn$, 则有

$$\frac{\mathscr{L}_0[H]}{H} \geqslant 0.$$

考虑函数 $v = u/H$. 根据不等式 (6.3.5), 对于 $0 \leqslant t \leqslant 1/(2\mu) \overset{\text{def}}{=\!=} T_1$, 一致地有 $\underset{|\boldsymbol{x}|\to\infty}{\liminf}\, v(\boldsymbol{x},t) \geqslant 0$. 因为 $v(\boldsymbol{x},t)$ 满足

$$\overline{\mathscr{L}}_t[v] \overset{\text{def}}{=\!=} v_t - \Delta v - \sum_{i=1}^n \frac{2H_{x_i}}{H} v_{x_i} + v\frac{\mathscr{L}_0[H]}{H} = \frac{\mathscr{L}_0[u]}{H} \geqslant 0,$$

并且 $\bar{b}_i(\boldsymbol{x},t) \equiv -2H_{x_i}H^{-1}$ 连续有界, $\bar{c}(\boldsymbol{x},t) \equiv H^{-1}\mathscr{L}_0[H]$ 连续有下界. 利用注 6.3.4 知, 在 D_{T_1} 内 $v(\boldsymbol{x},t) \geqslant 0$, 从而 $u(\boldsymbol{x},t) \geqslant 0$ 在 D_{T_1} 内成立. 由于 T_1 是一固定值, 重复上面的证明过程可推出 $u(\boldsymbol{x},t) \geqslant 0$ 在 D_T 内成立. 定理得证.

定理 6.3.9(惟一性定理) 假设 $c(\boldsymbol{x},t)$ 连续, 存在正常数 M, 使得 $c(\boldsymbol{x},t) \geqslant -M(1+|\boldsymbol{x}|^2)$. 则问题 (6.3.4) 在函数类 $C(\overline{D}_T) \bigcap C^{2,1}(D_T)$ 中满足 $|u| \leqslant Be^{\beta|\boldsymbol{x}|^2}$ 的解是惟一的. 这里的 B, β 是正常数.

证明 只需证明: 若 $f \equiv \varphi \equiv 0$, 则 $u \equiv 0$. 应用定理 6.3.8 于 u 和 $-u$ 即得结论.

注 6.3.5　条件 $|u| \leqslant Be^{\beta|x|^2}$ 称为解的**增长阶条件**. 如果初值问题的解没有一定的增长阶限制, 那么解的惟一性不成立. 请看下面的例子.

例 6.3.1　考察问题

$$\begin{cases} u_t - u_{xx} = 0, & -\infty < x < \infty, \ t > 0, \\ u(x,0) = 0, & -\infty < x < \infty. \end{cases} \tag{6.3.6}$$

取 $u(x,t) = \sum\limits_{k=0}^{\infty} \psi_k(t) \dfrac{x^{2k}}{(2k)!}$, 代入方程得

$$\sum_{k=0}^{\infty} \psi_k'(t) \frac{x^{2k}}{(2k)!} - \sum_{k=1}^{\infty} \psi_k(t) \frac{x^{2k-2}}{(2k-2)!} = 0.$$

上式等价于

$$\sum_{k=0}^{\infty} \psi_k'(t) \frac{x^{2k}}{(2k)!} - \sum_{k=0}^{\infty} \psi_{k+1}(t) \frac{x^{2k}}{(2k)!} = 0.$$

因此, 只要存在一个非零的函数 $\psi_k(t)$, 满足

$$\psi_k'(t) - \psi_{k+1}(t) = 0, \ \ t > 0; \ \ \psi_k(0) = 0, \ \ k = 0,1,2,\ldots,$$

那么, 由此所确定的 $u(x,t)$ 就是问题 (6.3.6) 的一个非零解. 如果存在 $\Psi(t) \in C^\infty$ 满足 $\Psi^{(k)}(0) = 0$, 取 $\psi_k(t) = \Psi^{(k)}(t)$ 即可. 例如, 可以取

$$\Psi(t) = \begin{cases} e^{-1/t^2}, & t \neq 0, \\ 0, & t = 0. \end{cases}$$

当然, $\Psi(t)$ 的取法不惟一.

对于初值问题 (6.3.4) 的有界解, 我们还可以给出解的最大模估计.

定理 6.3.10　设 $c(\boldsymbol{x},t)$ 连续, $c(\boldsymbol{x},t) \geqslant -c_0 \, (c_0 > 0)$, $f(\boldsymbol{x},t)$ 和 $\varphi(\boldsymbol{x})$ 有界. 记 $F = \sup\limits_{D_T} |f|$, $\Phi = \sup\limits_{\mathbb{R}^n} |\varphi|$. 如果 $u \in C(\overline{D}_T) \bigcap C^{2,1}(D_T)$ 是初值问题 (6.3.4) 的有界解, 则

$$\sup_{D_T} |u| \leqslant e^{c_0 T} (FT + \Phi). \tag{6.3.7}$$

证明　令 $v(\boldsymbol{x},t) = u(\boldsymbol{x},t)e^{-c_0 t}$, 则 v 满足

$$\begin{cases} \mathscr{L}_0[v] \overset{\text{def}}{=} v_t - \Delta v + \bar{c}(\boldsymbol{x},t)v = \bar{f}(\boldsymbol{x},t), & (\boldsymbol{x},t) \in D_T, \\ v(\boldsymbol{x},0) = \varphi(\boldsymbol{x}), & \boldsymbol{x} \in \mathbb{R}^n, \end{cases}$$

其中 $\bar{c}(\boldsymbol{x},t) = c(\boldsymbol{x},t) + c_0 \geqslant 0$, $\bar{f}(\boldsymbol{x},t) = e^{-c_0 t} f(\boldsymbol{x},t)$.

由于解的先验估计方法一般不能直接用于初值问题, 我们希望借助于一个有界区域上的初边值问题进行讨论. 任意取定较大的常数 L, 记 $D_{L,T} = \{|\boldsymbol{x}| \leqslant L\} \times (0, T]$. 因为解 u 有界, 所以存在正常数 K 使得 $|u| \leqslant K$ 在 D_T 上成立. 在有界区域 $D_{L,T}$ 上考虑辅助函数

$$w(\boldsymbol{x}, t) = Ft + \varPhi + \frac{K}{L^2}(|\boldsymbol{x}|^2 + 2nt) \pm v.$$

直接计算知, 在 $D_{L,T}$ 上 w 满足

$$\begin{cases} \overline{\mathscr{L}}_0[w] = F + \bar{c}\left(Ft + \varPhi + \frac{K}{L^2}(|\boldsymbol{x}|^2 + 2nt)\right) \pm \mathrm{e}^{-c_0 t} f \geqslant 0, & (\boldsymbol{x}, t) \in D_{L,T}, \\ w(\boldsymbol{x}, 0) = \varPhi + \frac{K}{L^2}|\boldsymbol{x}|^2 \pm \varphi \geqslant 0, & |\boldsymbol{x}| \leqslant L, \\ w(\boldsymbol{x}, t)|_{|\boldsymbol{x}|=L} \geqslant \varPhi + K \pm u(\boldsymbol{x}, t)\mathrm{e}^{-c_0 t}|_{|\boldsymbol{x}|=L} \geqslant 0, & 0 \leqslant t \leqslant T. \end{cases}$$

利用比较原理（推论 6.3.2）知, $w(\boldsymbol{x}, t) \geqslant 0$ 在 $D_{L,T}$ 内成立.

对于 D_T 内的任意一点 $(\boldsymbol{x}_0, t_0)$, 取 L 充分大使得 $(\boldsymbol{x}_0, t_0) \in D_{L,T}$. 于是, $w(\boldsymbol{x}_0, t_0) \geqslant 0$, 即

$$|v(\boldsymbol{x}_0, t_0)| \leqslant Ft_0 + \varPhi + \frac{K}{L^2}(|\boldsymbol{x}_0|^2 + 2nt_0).$$

令 $L \to \infty$ 得

$$|v(\boldsymbol{x}_0, t_0)| \leqslant Ft_0 + \varPhi \leqslant FT + \varPhi.$$

从而

$$|u(\boldsymbol{x}_0, t_0)| = |v(\boldsymbol{x}_0, t_0)|\mathrm{e}^{c_0 t_0} \leqslant \mathrm{e}^{c_0 T}(FT + \varPhi).$$

由 $(\boldsymbol{x}_0, t_0) \in D_T$ 的任意性知, 估计式 (6.3.7) 成立. 定理得证.

6.3.5 初边值问题的能量模估计与解的惟一性

设 $\varOmega$ 是 $\mathbb{R}^n$ 中的一个有界光滑区域. 在 $Q_T = \varOmega \times (0, T]$ 上考虑第一初边值问题

$$\begin{cases} u_t - \Delta u = f(\boldsymbol{x}, t), & (\boldsymbol{x}, t) \in Q_T, \\ u(\boldsymbol{x}, 0) = \varphi(\boldsymbol{x}), & \boldsymbol{x} \in \overline{\varOmega}, \\ u = 0, & (\boldsymbol{x}, t) \in \partial\varOmega \times [0, T]. \end{cases} \tag{6.3.8}$$

定理 6.3.11 设 $u \in C^{1,0}(\overline{Q}_T) \bigcap C^{2,1}(Q_T)$ 是问题 (6.3.8) 的解, 则存在常数 $C = C(T)$, 使得

$$\max_{0 \leqslant t \leqslant T} \int_\varOmega u^2(\boldsymbol{x}, t)\,\mathrm{d}\boldsymbol{x} + 2\int_0^T \int_\varOmega |\boldsymbol{\nabla} u|^2\,\mathrm{d}\boldsymbol{x}\mathrm{d}\tau \leqslant C\left(\int_\varOmega \varphi^2\,\mathrm{d}\boldsymbol{x} + \int_0^T \int_\varOmega f^2\,\mathrm{d}\boldsymbol{x}\mathrm{d}\tau\right). \tag{6.3.9}$$

证明　问题 (6.3.8) 的方程两边同乘以 u 并在 Q_t 上积分, 得

$$\int_0^t \int_\Omega u u_\tau \,\mathrm{d}\boldsymbol{x}\mathrm{d}\tau - \int_0^t \int_\Omega u\Delta u \,\mathrm{d}\boldsymbol{x}\mathrm{d}\tau = \int_0^t \int_\Omega f u \,\mathrm{d}\boldsymbol{x}\mathrm{d}\tau. \tag{6.3.10}$$

对 (6.3.10) 式左端第一项中关于 t 的积分利用分部积分以及初始条件, 可知

$$\int_0^t u u_\tau \,\mathrm{d}\tau = \frac{1}{2}\int_0^t (u^2)_\tau \,\mathrm{d}\tau = \frac{1}{2}u^2(\boldsymbol{x},t) - \frac{1}{2}\varphi^2(\boldsymbol{x}). \tag{6.3.11}$$

对 (6.3.10) 式左端第二项中关于 $\boldsymbol{x}$ 的积分利用散度定理以及边界值条件, 推出

$$\int_\Omega u\Delta u \,\mathrm{d}\boldsymbol{x} = \int_{\partial\Omega} u\frac{\partial u}{\partial \boldsymbol{n}} \,\mathrm{d}S - \int_\Omega |\boldsymbol{\nabla} u|^2 \,\mathrm{d}\boldsymbol{x} = -\int_\Omega |\boldsymbol{\nabla} u|^2 \,\mathrm{d}\boldsymbol{x}. \tag{6.3.12}$$

将 (6.3.11) 式和 (6.3.12) 式代入 (6.3.10) 式, 得

$$\int_\Omega u^2 \,\mathrm{d}\boldsymbol{x} + 2\int_0^t \int_\Omega |\boldsymbol{\nabla} u|^2 \,\mathrm{d}\boldsymbol{x}\mathrm{d}\tau = 2\int_0^t \int_\Omega f u \,\mathrm{d}\boldsymbol{x}\mathrm{d}\tau + \int_\Omega \varphi^2 \,\mathrm{d}\boldsymbol{x}. \tag{6.3.13}$$

利用不等式 $2ab \leqslant a^2 + b^2$, 可知

$$2\int_0^t \int_\Omega f u \,\mathrm{d}\boldsymbol{x}\mathrm{d}\tau \leqslant \int_0^t \int_\Omega u^2 \,\mathrm{d}\boldsymbol{x}\mathrm{d}\tau + \int_0^t \int_\Omega f^2 \,\mathrm{d}\boldsymbol{x}\mathrm{d}\tau.$$

将上式代入 (6.3.13) 式, 得

$$\int_\Omega u^2 \,\mathrm{d}\boldsymbol{x} + 2\int_0^t \int_\Omega |\boldsymbol{\nabla} u|^2 \,\mathrm{d}\boldsymbol{x}\mathrm{d}\tau \leqslant \int_0^t \int_\Omega u^2 \,\mathrm{d}\boldsymbol{x}\mathrm{d}\tau + \int_0^t \int_\Omega f^2 \,\mathrm{d}\boldsymbol{x}\mathrm{d}\tau + \int_\Omega \varphi^2 \,\mathrm{d}\boldsymbol{x}. \tag{6.3.14}$$

记

$$Y(t) = \int_0^t \int_\Omega u^2 \,\mathrm{d}\boldsymbol{x}\mathrm{d}\tau, \quad F(t) = \int_0^t \int_\Omega f^2 \,\mathrm{d}\boldsymbol{x}\mathrm{d}\tau + \int_\Omega \varphi^2 \,\mathrm{d}\boldsymbol{x},$$

则不等式 (6.3.14) 蕴含

$$Y'(t) \leqslant Y(t) + F(t).$$

利用 Gronwall 不等式得

$$\int_0^t \int_\Omega u^2 \,\mathrm{d}\boldsymbol{x}\mathrm{d}\tau = Y(t) \leqslant Y(0)\mathrm{e}^t + (\mathrm{e}^t - 1)F(t)$$

$$\leqslant \mathrm{e}^t F(t) = \mathrm{e}^t \left(\int_0^t \int_\Omega f^2 \,\mathrm{d}\boldsymbol{x}\mathrm{d}\tau + \int_\Omega \varphi^2 \,\mathrm{d}\boldsymbol{x} \right).$$

将上式代入 (6.3.14) 式,

$$\int_\Omega u^2 \,\mathrm{d}\boldsymbol{x} + 2\int_0^t \int_\Omega |\boldsymbol{\nabla} u|^2 \,\mathrm{d}\boldsymbol{x}\mathrm{d}\tau \leqslant (1+\mathrm{e}^t) \left(\int_0^t \int_\Omega f^2 \,\mathrm{d}\boldsymbol{x}\mathrm{d}\tau + \int_\Omega \varphi^2 \,\mathrm{d}\boldsymbol{x} \right).$$

此式两边关于 t 在 $[0,T]$ 上取上确界, 即得估计式 (6.3.9). 证毕.

利用定理 6.3.11 即得问题 (6.3.8) 解的惟一性.

定理 6.3.12　初值问题 (6.3.8) 在函数类 $C^{1,0}(\overline{Q}_T) \bigcap C^{2,1}(Q_T)$ 中至多有一个解.

习　题　6

6.1　试用能量积分方法证明混合问题

$$\begin{cases} u_{tt} - a^2 u_{xx} = f(x,t), & 0 < x < l,\ t > 0, \\ u(0,t) = \mu_1(t),\ u_x(l,t) = \mu_2(t), & t \geqslant 0, \\ u(x,0) = \varphi(x),\ u_t(x,0) = \psi(x), & 0 \leqslant x \leqslant l \end{cases}$$

至多有一个古典解, 其中 $f(x,t)$ 是连续函数, μ_1, μ_2, φ 和 ψ 是光滑函数.

6.2　假设函数 $k(x) \geqslant k_0 > 0$, $q(x) \geqslant 0$, $\rho(x) \geqslant \rho_0 > 0$, 其中 k_0 和 ρ_0 都是常数. 如果 $u(x,t)$ 是方程

$$\rho(x)u_{tt} - [k(x)u_x]_x + u_t + q(x)u = 0,\ \ 0 < x < l,\ t > 0$$

的解, 证明其能量

$$E(t) = \frac{1}{2} \int_0^l \left[k(x)u_x^2 + \rho(x)u_t^2 + q(x)u^2 \right] \mathrm{d}x$$

关于 t 单调递减, 并由此证明定解问题

$$\begin{cases} \rho(x)u_{tt} - [k(x)u_x]_x + u_t + q(x)u = f(x,t), & 0 < x < l,\ \ t > 0, \\ u(0,t) = u(l,t) = 0, & t \geqslant 0, \\ u(x,0) = \varphi(x),\ \ u_t(x,0) = \psi(x), & 0 \leqslant x \leqslant l \end{cases}$$

解的惟一性, 以及分别关于初始条件 φ, ψ 和非齐次项 f 的稳定性.

6.3　记 $\square u = u_{tt} - u_{xx}$.

(1) 如果 $\square u = 0$, $\square v = 0$, 证明 $\square(u_t v_x + u_x v_t) = 0$;

(2) 如果 u 和 v 都满足

$$\begin{cases} \square w = 0, & 0 < x < l,\ \ t > 0, \\ w(0,t) = w(l,t) = 0, & t \geqslant 0, \end{cases}$$

证明

$$\frac{\mathrm{d}}{\mathrm{d}t} \int_0^l (u_t v_t + u_x v_x)\mathrm{d}x = 0.$$

6.4　证明半无界问题

$$\begin{cases} u_{tt} - a^2 u_{xx} + u_t = f(x,t), & x > 0,\ \ t > 0, \\ u|_{t=0} = \varphi(x),\ u_t|_{t=0} = \psi(x), & x \geqslant 0, \\ u|_{x=0} = \mu(t), & t \geqslant 0 \end{cases}$$

解的惟一性.

6.5　证明 Cauchy 问题

$$\begin{cases} u_{tt} - a^2 u_{xx} + b(x,t)u_x + c(x,t)u_t + u = f(x,t), & x \in \mathbb{R},\ t > 0, \\ u|_{t=0} = \varphi(x),\ u_t|_{t=0} = \psi(x), & x \in \mathbb{R} \end{cases}$$

解的惟一性, 其中 $b(x,t)$ 和 $c(x,t)$ 都是有界的连续函数.

6.6　证明注 6.2.3.

6.7　证明注 6.2.4.

6.8　举例说明对于椭圆型方程 $\Delta u + c(\boldsymbol{x})u = 0$ （其中 $c(\boldsymbol{x}) > 0$）, 最大值原理不成立. 由此说明边值问题

$$\begin{cases} \Delta u + c(\boldsymbol{x})u = 0, & \boldsymbol{x} \in \Omega, \\ u = 0, & \boldsymbol{x} \in \partial\Omega \end{cases}$$

可能有非零解.

6.9　举例说明对于波动方程, 最大值原理不成立.

6.10　对于一般形式的二阶偏微分方程

$$-\sum_{i,j=1}^n a_{ij}(\boldsymbol{x})u_{x_i x_j} + \sum_{i=1}^n b_i(\boldsymbol{x})u_{x_i} + c(\boldsymbol{x})u = 0, \quad \boldsymbol{x} \in \Omega,$$

如果矩阵 $(a_{ij}(\boldsymbol{x}))_{n\times n}$ 是正定的, 即

$$\sum_{i,j=1}^n a_{ij}(\boldsymbol{x})\xi_i\xi_j > 0, \quad \forall\,\boldsymbol{\xi} \in \mathbb{R}^n \setminus \{\boldsymbol{0}\}, \quad \boldsymbol{x} \in \Omega,$$

则称它是椭圆型方程. 假设 $c(\boldsymbol{x}) > 0$, 试证明它的解也满足最大最小值原理, 即若 u 在 Ω 内满足方程, 在 $\overline{\Omega}$ 上连续, 则 u 不可能在 Ω 的内部达到正的最大值或负的最小值.

6.11　在上题的条件下, 证明边值问题

$$\begin{cases} -\sum_{i,j=1}^n a_{ij}(\boldsymbol{x})u_{x_i x_j} + \sum_{i=1}^n b_i(\boldsymbol{x})u_{x_i} + c(\boldsymbol{x})u = 0, & \boldsymbol{x} \in \Omega, \\ u = 0, & \boldsymbol{x} \in \partial\Omega \end{cases}$$

解的惟一性.

6.12　证明边值问题

$$\begin{cases} u_{xx} + u_{yy} - u = f(x,y), & |x| < 1,\ |y| < 1, \\ u|_{|x|=1} = g(y), & |y| \leqslant 1, \\ (u_x - u_y)|_{|y|=1} = h(x), & |x| \leqslant 1 \end{cases}$$

解的惟一性.

6.13　设 Ω_0 是 n 维有界区域, $\Omega = \mathbb{R}^n \setminus \overline{\Omega_0}$. 又设 $u \in C(\overline{\Omega}) \bigcap C^2(\Omega)$ 是外问题

$$
\begin{cases}
-\Delta u + c(\boldsymbol{x})u = 0, & \boldsymbol{x} \in \Omega, \\
u = \varphi, & \boldsymbol{x} \in \partial\Omega, \\
\lim\limits_{|\boldsymbol{x}|\to\infty} u(\boldsymbol{x}) = l &
\end{cases}
$$

的解, 其中 $c(\boldsymbol{x}) \geqslant 0$ 且在 Ω 内局部有界. 证明估计式:

$$
\sup_{\Omega} |u(\boldsymbol{x})| \leqslant \max\{|l|, \max_{\partial\Omega} |\varphi(\boldsymbol{x})|\},
$$

并由此证明边值问题

$$
\begin{cases}
-\Delta u + c(\boldsymbol{x})u = f(\boldsymbol{x}), & \boldsymbol{x} \in \Omega, \\
u = \varphi, & \boldsymbol{x} \in \partial\Omega, \\
\lim\limits_{|\boldsymbol{x}|\to\infty} u(\boldsymbol{x}) = l &
\end{cases}
$$

解的惟一性.

6.14　设 Ω 是平面上的有界区域, $u \in C^1(\overline{\Omega}) \bigcap C^2(\Omega)$ 是定解问题

$$
\begin{cases}
-u_{xx} - u_{yy} + u_x + (1+\varepsilon)u = f(x,y), & (x,y) \in \Omega, \\
u = 0, & (x,y) \in \partial\Omega
\end{cases}
$$

的解, 其中 $\varepsilon > 0$ 是常数. 证明 u 满足估计式:

$$
\int_{\Omega} (u^2 + u_x^2 + u_y^2)\mathrm{d}x\mathrm{d}y \leqslant \frac{1}{4\varepsilon} \int_{\Omega} f^2 \, \mathrm{d}x\mathrm{d}y.
$$

6.15　设 $u \in C^1(\overline{\Omega}) \bigcap C^2(\Omega)$ 是定解问题

$$
\begin{cases}
-\Delta u + c(\boldsymbol{x})u^3 = 0, & \boldsymbol{x} \in \Omega, \\
\dfrac{\partial u}{\partial \boldsymbol{n}} + \alpha(\boldsymbol{x})u = \varphi, & \boldsymbol{x} \in \partial\Omega
\end{cases}
$$

的解, 其中 $c(\boldsymbol{x}) \geqslant 0$, $\alpha(\boldsymbol{x}) \geqslant \alpha_0 > 0$. 试证明

$$
\max_{\overline{\Omega}} |u(\boldsymbol{x})| \leqslant \frac{1}{\alpha_0} \max_{\partial\Omega} |\varphi(\boldsymbol{x})|.
$$

6.16　设 $u \in C(\overline{\Omega}) \bigcap C^2(\Omega)$ 是定解问题

$$
\begin{cases}
-\Delta u = (u^2 + u^4)(1-u), & \boldsymbol{x} \in \Omega, \\
u = 0, & \boldsymbol{x} \in \partial\Omega
\end{cases}
$$

的解. 试证明或者 $u \equiv 0$, 或者在 Ω 内 $0 < u(\boldsymbol{x}) < 1$.

6.17　记 $\mathbb{R}_+^2 = \{(x,y) : x \in \mathbb{R}, \, y > 0\}$, 并假设 $c(x,y) \geqslant 0$. 证明边值问题

$$\begin{cases} -\Delta u + c(x,y)u = f(x,y), & (x,y) \in \mathbb{R}_+^2, \\ u(x,0) = \varphi(x), & x \in \mathbb{R} \end{cases}$$

属于 $C(\overline{\mathbb{R}_+^2}) \bigcap C^2(\mathbb{R}_+^2)$ 的有界解是惟一的.

6.18　设 $u, v \in C^1(\overline{\Omega}) \bigcap C^2(\Omega)$ 是方程组的定解问题

$$\begin{cases} -\Delta u + 3u - v = f(\boldsymbol{x}), & \boldsymbol{x} \in \Omega, \\ -\Delta v + 3v - u = g(\boldsymbol{x}), & \boldsymbol{x} \in \Omega, \\ u = v = 0, & \boldsymbol{x} \in \partial\Omega \end{cases}$$

的解. 试证明

$$\max\left\{ \sup_{\Omega} |u(\boldsymbol{x})|, \, \sup_{\Omega} |v(\boldsymbol{x})| \right\} \leqslant \frac{1}{2} \max\left\{ \sup_{\Omega} |f(\boldsymbol{x})|, \, \sup_{\Omega} |g(\boldsymbol{x})| \right\}.$$

6.19　记 $\boldsymbol{b}(\boldsymbol{x}) = (b_1(\boldsymbol{x}), b_2(\boldsymbol{x}), \cdots, b_n(\boldsymbol{x}))$. 考察定解问题

$$\begin{cases} -\Delta u + \boldsymbol{b}(\boldsymbol{x}) \cdot \boldsymbol{\nabla} u + c(\boldsymbol{x})u = f(\boldsymbol{x}), & \boldsymbol{x} \in \Omega, \\ u = \varphi(\boldsymbol{x}), & \boldsymbol{x} \in \partial\Omega. \end{cases}$$

试对 $\boldsymbol{b}(\boldsymbol{x})$ 和 $c(\boldsymbol{x})$ 附加适当的条件, 分别利用极值原理和能量估计方法, 证明上述边值问题解的惟一性, 并比较两种方法的优缺点.

6.20　考察边值问题

$$\begin{cases} -\Delta u + c(\boldsymbol{x})u = f(\boldsymbol{x}), & \boldsymbol{x} \in \Omega, \\ \dfrac{\partial u}{\partial \boldsymbol{n}} + \alpha(\boldsymbol{x})u = \varphi(\boldsymbol{x}), & \boldsymbol{x} \in \partial\Omega. \end{cases}$$

如果 $c(\boldsymbol{x}) \geqslant 0$, $\alpha(\boldsymbol{x}) \geqslant 0$, 并且 $c(\boldsymbol{x})$ 和 $\alpha(\boldsymbol{x})$ 中至少有一个不恒为零. 试证明上述边值问题解的惟一性.

6.21　设 $u(\boldsymbol{x}, t)$ 是初值问题

$$\begin{cases} u_t = \Delta u, & \boldsymbol{x} \in \mathbb{R}^n, \, t > 0, \\ u(\boldsymbol{x}, 0) = 0, & \boldsymbol{x} \in \mathbb{R}^n \end{cases}$$

的古典解, 记 $M_l = \sup\limits_{\substack{|\boldsymbol{x}| \leqslant l, \\ 0 \leqslant t \leqslant T}} |u(\boldsymbol{x}, t)|$. 如果 $\lim\limits_{l \to \infty} \dfrac{M_l}{l^2} = 0$, 试证 u 在区域 $\{\boldsymbol{x} \in \mathbb{R}^n, \, 0 \leqslant t \leqslant T\}$ 中恒为零.

6.22　设 $u \in C^{2,1}(\overline{Q}_T), u_t \in C^{2,1}(Q_T)$ 且满足定解问题

$$
\begin{cases}
u_t - u_{xx} = f(x,t), & (x,t) \in Q_T, \\
u(0,t) = a, \ u(l,t) = b, & 0 \leqslant t \leqslant T, \\
u(x,0) = \varphi(x), & 0 \leqslant x \leqslant l,
\end{cases}
$$

其中 $Q_T = (0,l) \times (0,T]$, a,b 为常数. 证明下面的估计式

$$
\max_{\overline{Q}_T} |u_t| \leqslant C \left(\max_{\overline{Q}_T} |f| + \max_{\overline{Q}_T} |f_x| + \max_{\overline{Q}_T} |f_t| + \max_{[0,l]} |\varphi''| \right),
$$

这里的常数 C 仅依赖于 T.

6.23　记 $Q_T^l = \{0 < x < l, 0 < t \leqslant T\}$. 设 $u_l \in C(\overline{Q_T^l}) \bigcap C^{2,1}(Q_T^l)$ 是定解问题

$$
\begin{cases}
\dfrac{\partial u_l}{\partial t} - \dfrac{\partial^2 u_l}{\partial x^2} = 0, & (x,t) \in Q_T^l, \\
u_l(0,t) = 0, \ u_l(l,t) = 1, & 0 \leqslant t \leqslant T, \\
u_l(x,0) = 0, & 0 \leqslant x \leqslant l
\end{cases}
$$

的解. 证明 $u_l(x,t)$ 关于 l 单调递减, 即对于 $l_1 < l_2$,

$$
u_{l_1}(x,t) \geqslant u_{l_2}(x,t), \quad (x,t) \in Q_T^{l_1}.
$$

6.24　设 $u \in C(\overline{Q}_T) \bigcap C^{2,1}(Q_T)$ 且满足定解问题

$$
\begin{cases}
u_t - u_{xx} = 0, & (x,t) \in Q_T, \\
u\big|_{x=0} = [u_x + h(u - u_0)]\big|_{x=l} = 0, & 0 \leqslant t \leqslant T, \\
u(x,0) = 0, & 0 \leqslant x \leqslant l,
\end{cases}
$$

其中 h, u_0 都是正常数. 试证明:

(1) $0 \leqslant u(x,t) \leqslant u_0, \ (x,t) \in Q_T$;

(2) $u = u_h(x,t)$ 关于 h 单调递增, 并给出物理解释.

6.25　设 $u \in C(\overline{Q}_T) \bigcap C^{2,1}(Q_T)$ 且满足定解问题

$$
\begin{cases}
u_t - u_{xx} = -u^2 + c(x,t)u, & (x,t) \in Q_T, \\
u(0,t) = \mu_1(t), \ u(l,t) = \mu_2(t), & 0 \leqslant t \leqslant T, \\
u(x,0) = \varphi(x), & 0 \leqslant x \leqslant l,
\end{cases}
$$

其中 $c(x,t), \mu_1(t), \mu_2(t), \varphi(x)$ 连续, 并且 $\mu_1(t), \mu_2(t), \varphi(x) \geqslant 0$. 证明

$$
0 \leqslant u(x,t) \leqslant \max \left\{ \max_{\overline{Q}_T} |c(x,t)| + \max_{0 \leqslant t \leqslant T} \mu_1(t) + \max_{0 \leqslant t \leqslant T} \mu_2(t) + \max_{0 \leqslant x \leqslant l} \varphi(x) \right\}.
$$

6.26　设 $u \in C^{2,1}(\overline{Q}_T)$ 满足定解问题

$$
\begin{cases}
u_t - u_{xx} = f(x,t), & (x,t) \in Q_T, \\
u(0,t) = a, \quad u(l,t) = b, & 0 \leqslant t \leqslant T, \\
u(x,0) = \varphi(x), & 0 \leqslant x \leqslant l,
\end{cases}
$$

其中 a,b 是常数, $Q_T = (0,l) \times (0,T]$. 证明 u 满足估计式

$$
\sup_{0 \leqslant t \leqslant T} \int_0^l (u_x)^2 \, \mathrm{d}x + \int_0^t \int_0^l (u_t)^2 \, \mathrm{d}x\mathrm{d}t \leqslant M \left(\int_0^l (\varphi'(x))^2 \, \mathrm{d}x + \int_0^t \int_0^l f^2(x,t) \, \mathrm{d}x\mathrm{d}t \right),
$$

其中常数 M 仅依赖于 T 和 l.

6.27　设有界开集 $\Omega \subset \mathbb{R}^n$, $Q = \Omega \times (0,\infty)$, $\Gamma = \partial\Omega \times [0,\infty)$. 给定问题

$$
\begin{cases}
u_t - \Delta u + au = 0, & (\boldsymbol{x},t) \in Q, \\
\alpha \dfrac{\partial u}{\partial \boldsymbol{n}} + \sigma u = 0, & (\boldsymbol{x},t) \in \Gamma, \\
u(\boldsymbol{x},0) = \varphi(\boldsymbol{x}), & \boldsymbol{x} \in \Omega,
\end{cases}
$$

其中 $a = a(\boldsymbol{x},t)$ 是非负函数, $\boldsymbol{n}$ 是 Γ 上的单位外法向, α, σ 是不同时为零的非负常数. 记

$$
E(t) = \frac{1}{2} \int_\Omega u^2(\boldsymbol{x},t)\mathrm{d}\boldsymbol{x}.
$$

(1) 证明 $E'(t) \leqslant 0, \ \forall \, t \geqslant 0$;

(2) 证明 $\|u(\cdot,t)\|_{L^2(\Omega)} \leqslant \|\varphi\|_{L^2(\Omega)}, \ \forall \, t \geqslant 0$;

(3) 证明该初边值问题解的惟一性;

(4) 如果 $a = a(\boldsymbol{x},t)$ 是有界函数 (不要求非负), 试问解的惟一性还成立吗? 若成立请给出证明, 若不成立请举出反例.

附录一 积分变换表

Fourier 变换简表

像原函数	像函数	像原函数	像函数
$u(x) = \begin{cases} 0, & x < 0, \\ 1, & x > 0 \end{cases}$	$\dfrac{1}{\mathrm{i}\lambda}$	$\begin{cases} h, & -\mu < x < \mu, \\ 0, & \text{其他} \end{cases}$	$2h\dfrac{\sin\mu\lambda}{\lambda}$
$u(x)\mathrm{e}^{-\mu x},\ \mu > 0$	$\dfrac{1}{\mu + \mathrm{i}\lambda}$	$\mathrm{e}^{-\mu|x|},\ \mu > 0$	$\dfrac{2\mu}{\mu^2 + \lambda^2}$
$xu(x)$	$-\dfrac{1}{\lambda^2}$	$\begin{cases} \mathrm{e}^{\mathrm{i}\mu x}, & a < x < b, \\ 0, & \text{其他} \end{cases}$	$\dfrac{\mathrm{i}}{\mu - \lambda}\left(\mathrm{e}^{\mathrm{i}a(\mu-\lambda)} - \mathrm{e}^{\mathrm{i}b(\mu-\lambda)}\right)$
$u(x)\cos\mu x$	$\dfrac{\mathrm{i}\lambda}{\mu^2 - \lambda^2}$	$\dfrac{\sin ax}{x}$	$\begin{cases} \pi, & |\lambda| < a, \\ 0, & |\lambda| > a \end{cases}$
$u(x)\sin\mu x$	$\dfrac{\mu}{\mu^2 - \lambda^2}$	$\begin{cases} \mathrm{e}^{-cx+\mathrm{i}\mu x}, & x > 0, \\ 0, & x < 0 \end{cases}$	$\dfrac{\mathrm{i}}{\mu - \lambda + \mathrm{i}c}$
$\mathrm{e}^{-\eta x^2},\ \eta > 0$	$\left(\dfrac{\pi}{\eta}\right)^{1/2}\mathrm{e}^{-\frac{\lambda^2}{4\eta}}$	$\cos\eta x^2,\ \eta > 0$	$\left(\dfrac{\pi}{\eta}\right)^{1/2}\cos\left(\dfrac{\lambda^2}{4\eta} - \dfrac{\pi}{4}\right)$
$\sin\eta x^2,\ \eta > 0$	$\left(\dfrac{\pi}{\eta}\right)^{1/2}\cos\left(\dfrac{\lambda^2}{4\eta} + \dfrac{\pi}{4}\right)$	$|x|^{-s},\ 0 < s < 1$	$\dfrac{2}{|\lambda|^{1-s}}\Gamma(1-s)\sin\dfrac{\pi s}{2}$
$\dfrac{1}{|x|}\mathrm{e}^{-a|x|}$	$\left(\dfrac{2\pi}{a^2+\lambda^2}[(a^2+\lambda^2)^{\frac{1}{2}}+a]\right)^{1/2}$	$\dfrac{1}{|x|}$	$\dfrac{1}{|\lambda|}(2\pi)^{1/2}$
$\dfrac{\operatorname{ch}ax}{\operatorname{ch}\pi x},\ -\pi < a < \pi$	$\dfrac{2\cos\frac{a}{2}\operatorname{ch}\frac{\lambda}{2}}{\operatorname{ch}\lambda - \cos a}$	$\dfrac{\operatorname{ch}ax}{\operatorname{sh}\pi x},\ -\pi < a < \pi$	$\dfrac{\sin a}{\operatorname{ch}\lambda + \cos a}$
多项式 $P(x)$	$2\pi P\left(\mathrm{i}\dfrac{\mathrm{d}}{\mathrm{d}\lambda}\right)\delta(\lambda)$	e^{bx}	$2\pi\delta(\lambda + \mathrm{i}b)$
$\sin bx$	$\mathrm{i}\pi(\delta(\lambda + b) - \delta(\lambda - b))$	$\cos bx$	$\pi(\delta(\lambda + b) + \delta(\lambda - b))$
$\operatorname{sh}bx$	$\pi(\delta(\lambda + \mathrm{i}b) - \delta(\lambda - \mathrm{i}b))$	$\operatorname{ch}bx$	$\pi(\delta(\lambda + \mathrm{i}b) + \delta(\lambda - \mathrm{i}b))$
x^{-1}	$-\mathrm{i}\pi\operatorname{sgn}\lambda$	x^{-2}	$\pi|\lambda|$
x^{-m}	$-\mathrm{i}^m\dfrac{\pi}{(m-1)!}\lambda^{m-1}\operatorname{sgn}\lambda$	$|x|^\lambda,\ \lambda\neq-1,-3,\cdots$	$-2\sin\dfrac{\lambda\pi}{2}\Gamma(\lambda+1)|\lambda|^{-\lambda-1}$
$H(x)$	$\dfrac{1}{\mathrm{i}\lambda} + \pi\delta(\lambda)$		

Laplace 变换简表

像原函数	像函数	像原函数	像函数
1	$\dfrac{1}{p}$	$t^n,\ n=1,2,\cdots$	$\dfrac{n!}{p^{n+1}}$
$t^\alpha,\ \alpha>-1$	$\dfrac{\Gamma(\alpha+1)}{p^{\alpha+1}}$	$\mathrm{e}^{\mu t}$	$\dfrac{1}{p-\mu}$
$\dfrac{1}{a}(1-\mathrm{e}^{-at})$	$\dfrac{1}{p(p+a)}$	$\sin\omega t$	$\dfrac{\omega}{p^2+\omega^2}$
$\cos\omega t$	$\dfrac{p}{p^2+\omega^2}$	$\mathrm{sh}\,\omega t$	$\dfrac{\omega}{p^2-\omega^2}$
$\mathrm{ch}\,\omega t$	$\dfrac{p}{p^2-\omega^2}$	$\mathrm{e}^{-\mu t}\sin\omega t$	$\dfrac{\omega}{(p+\mu)^2+\omega^2}$
$\mathrm{e}^{-\mu t}\cos\omega t$	$\dfrac{p+\mu}{(p+\mu)^2+\omega^2}$	$\mathrm{e}^{-\mu t}t^\alpha,\ \alpha>-1$	$\dfrac{\Gamma(\alpha+1)}{(p+\mu)^{\alpha+1}}$
$\dfrac{1}{\sqrt{\pi t}}$	$\dfrac{1}{\sqrt{p}}$	$\dfrac{1}{\sqrt{\pi t}}\mathrm{e}^{-\frac{a^2}{4t}}$	$\dfrac{1}{\sqrt{p}}\mathrm{e}^{-a\sqrt{p}}$
$\dfrac{1}{\sqrt{\pi t}}\mathrm{e}^{-2a\sqrt{t}}$	$\dfrac{1}{\sqrt{p}}\mathrm{e}^{\frac{a^2}{p}}\mathrm{erfc}\left(\dfrac{a}{\sqrt{p}}\right)$	$\dfrac{1}{\sqrt{\pi t}}\sin 2\sqrt{at}$	$\dfrac{1}{p^{3/2}}\mathrm{e}^{-a/p}$
$\dfrac{1}{\sqrt{\pi t}}\cos 2\sqrt{at}$	$\dfrac{1}{\sqrt{p}}\mathrm{e}^{-a/p}$	$\mathrm{erf}\left(\sqrt{at}\right)$	$\dfrac{\sqrt{a}}{p\sqrt{p+a}}$
$\mathrm{erfc}\left(\dfrac{a}{2\sqrt{t}}\right),\ a>0$	$\dfrac{1}{p}\mathrm{e}^{-a\sqrt{p}}$	$\mathrm{e}^t\,\mathrm{erfc}\left(\sqrt{t}\right)$	$\dfrac{1}{p+\sqrt{p}}$
$\dfrac{1}{\sqrt{\pi t}}-\mathrm{e}^t\,\mathrm{erfc}\left(\sqrt{t}\right)$	$\dfrac{1}{1+\sqrt{p}}$	$\dfrac{1}{\sqrt{\pi t}}\mathrm{e}^{-at}+\sqrt{a}\,\mathrm{erf}\left(\sqrt{at}\right)$	$\dfrac{\sqrt{p+a}}{p}$
$\dfrac{\mathrm{e}^{bt}-\mathrm{e}^{at}}{t}$	$\ln\dfrac{p-a}{p-b}$	$\dfrac{1}{\sqrt{\pi t}}\sin\dfrac{1}{2t}$	$\dfrac{1}{\sqrt{p}}\mathrm{e}^{-\sqrt{p}}\sin\sqrt{p}$
$\dfrac{1}{\sqrt{\pi t}}\cos\dfrac{1}{2t}$	$\dfrac{1}{\sqrt{p}}\mathrm{e}^{-\sqrt{p}}\cos\sqrt{p}$	$\mathrm{si}\,t$	$\dfrac{\pi}{2p}-\dfrac{\arctan p}{p}$
$\mathrm{ci}\,t$	$\dfrac{1}{p}\ln\dfrac{1}{\sqrt{p^2+1}}$	$\mathrm{S}(t)$	$\dfrac{-\mathrm{i}}{2\sqrt{2}\,p}\dfrac{\sqrt{p+\mathrm{i}}-\sqrt{p-\mathrm{i}}}{\sqrt{p^2+1}}$
$\mathrm{C}(t)$	$\dfrac{1}{2\sqrt{2}\,p}\dfrac{\sqrt{p+\mathrm{i}}-\sqrt{p-\mathrm{i}}}{\sqrt{p^2+1}}$	$-\,\mathrm{ei}\,(-t)$	$\dfrac{1}{p}\ln(1+p)$

注：

(1) $\mathrm{erf}\,(x)=\dfrac{2}{\sqrt{\pi}}\displaystyle\int_0^x \mathrm{e}^{-t^2}\,\mathrm{d}t$ 称为误差函数.

(2) $\mathrm{erfc}\,(x)=1-\mathrm{erf}\,(x)=\dfrac{2}{\sqrt{\pi}}\displaystyle\int_x^\infty \mathrm{e}^{-t^2}\mathrm{d}t$，称为余误差函数.

(3) $\mathrm{si}\,t=\displaystyle\int_0^t \dfrac{\sin x}{x}\mathrm{d}x,\quad \mathrm{ci}\,t=\int_{-\infty}^t \dfrac{\cos x}{x}\mathrm{d}x,\quad \mathrm{ei}\,t=\int_0^t \dfrac{\mathrm{e}^x}{x}\mathrm{d}x,\quad \mathrm{S}(t)=\int_0^t \dfrac{\sin x}{\sqrt{2\pi x}}\mathrm{d}x,$

$\mathrm{C}(t)=\displaystyle\int_0^t \dfrac{\cos x}{\sqrt{2\pi x}}\mathrm{d}x.$

附录二 参考答案

习 题 1

1.1 $u_{tt} = a^2 u_{xx} - \mu u_t$, 其中 $a = \sqrt{T/\rho}$, $\mu = R/\rho$.

1.2 $u_t = a^2 u_{xx} + f(x,t)$, 其中 $a = \sqrt{k/(c\rho)}$, $f(x,t) = f_0(x,t)/c$, 常数 k, c 和 ρ 分别为热传导系数, 比热和密度.

1.3 $$\begin{cases} u_{tt} = a^2 u_{xx}, & 0 < x < l, \ t > 0, \\ u(x,0) = hx/l, \quad u_t(x,0) = 0, & 0 \leqslant x \leqslant l, \\ u(0,t) = 0, \quad u_x(l,t) = 0, & t > 0. \end{cases}$$

1.4 $u_t = \dfrac{k}{c\rho} u_{xx} + \dfrac{2k_1}{cr\rho}(\theta(t) - u)$, 其中 x 是圆柱体的轴方向坐标.

1.5 $$\begin{cases} u_t = a^2 \big[(ku_x)_x + (ku_y)_y\big], & (x,y) \in \Omega, \ t > 0, \\ k\dfrac{\partial u}{\partial \boldsymbol{n}} + \alpha u = \alpha g_0, & (x,y) \in \partial\Omega, \ t > 0, \\ u(x,y,0) = \varphi(x,y), & (x,y) \in \Omega. \end{cases}$$

1.6 $$\begin{cases} u_{tt} - a^2 u_{xx} = 0, \quad 0 < x < l, \ t > 0, \\ u(0,t) = u(l,t) = 0, \quad t > 0, \\ u(x,0) = \begin{cases} 2hx/l, & 0 < x < l/2, \\ 2h(l-x)/l, & l/2 < x < l, \end{cases} \\ u_t(x,0) = 0, \quad 0 \leqslant x \leqslant l. \end{cases}$$

1.7 偏微分方程是 $u_t - a^2 u_{xx} = f(x,t)$, 其中 $a = \sqrt{k/(c\rho)}$, $f(x,t) = f_0(x,t)/c$. 初值条件是 $u(x,0) = \varphi(x)$, $0 \leqslant x \leqslant l$. 边界条件分别是

(1) $u_x(0,t) = 0$, $u(l,t) = u_0$ 常数;

(2) $ku_x(0,t) = -q_1$, $ku_x(l,t) = q_2$;

(3) $u(0,t) = \mu(t)$, $ku_x(l,t) + \alpha u(l,t) = \alpha\theta(t)$.

1.8 (1) 当 $xy = 0$ 时为抛物型方程, 当 $xy \neq 0$, $x > 0$ 时为椭圆型方程, 当 $xy \neq 0$, $x < 0$ 时为双曲型方程;

(2) 当 $x + y = 0$ 时为抛物型方程, 当 $x + y > 0$ 时为椭圆型方程, 当 $x + y < 0$ 时为双曲型方程;

(3) 当 $x^2 + y = 0$ 时为抛物型方程, 当 $x^2 + y > 0$ 时为椭圆型方程, 当 $x^2 + y < 0$ 时为双曲型方程;

(4) 当 $x = 0$ 时为抛物型方程, 当 $x > 0$ 时为椭圆型方程, 当 $x < 0$ 时为双曲型方程.

1.9　(1) $u_{\xi\xi} + u_{\eta\eta} + \dfrac{\sqrt{2}}{2} u_\eta = 0$;

(2) $\begin{cases} u_{xx} = 0, & y = 0, \\[2mm] u_{\xi\eta} = \dfrac{1}{2(\eta - \xi)}(u_\xi - u_\eta), & y > 0, \\[2mm] u_{\xi\xi} + u_{\eta\eta} - \dfrac{1}{\xi} u_\xi = 0, & y < 0; \end{cases}$

(3) $u_{\eta\eta} = \dfrac{1}{4} \sin \eta$.

1.10　(1) $u(x, y) = f(y - 2x) + g(y - x)$;

(2) $u(x, y) = f(y - x) + g(y)$;

(3) $u(x, y) = y f(xy) + g(xy)$.

习　题　2

2.3　(1) $\lambda_n = \left(\dfrac{2n\pi}{l}\right)^2$, $u_{n,1}(x) = \cos \dfrac{2n\pi x}{l}$, $u_{n,2}(x) = \sin \dfrac{2n\pi x}{l}$;

(2) $\lambda_n = \left(\dfrac{\gamma_n}{l}\right)^2$, $u_n(x) = \cos \dfrac{\gamma_n}{l} x$, 其中 γ_n 是方程 $\cot \gamma = \dfrac{\gamma}{\sigma l}$ 的第 n 个正根;

(3) $\lambda_n = 1 + \beta_n^2$, $u_n(x) = \mathrm{e}^{-x}(\sin \beta_n x + \beta_n \cos \beta_n x)$, 其中 β_n 是方程 $\tan \beta = -\beta$ 的第 n 个正根;

(4) $\lambda_n = 1 + (n\pi)^2$, $u_n(x) = \dfrac{1}{x} \sin(n\pi \ln x)$.

2.7　(1) $u(x, t) = 3(1 - \cos t) \sin x + \dfrac{1}{4}(3 \cos 2t - 1) \sin 2x + \displaystyle\sum_{n=3}^{\infty} \dfrac{2}{n}(-1)^n(\cos nt - 1) \sin nx$;

(2) $u(x, t) = \cos \dfrac{\pi a t}{2l} \cos \dfrac{\pi x}{2l} + \dfrac{2l}{3\pi a} \sin \dfrac{3\pi a t}{2l} \cos \dfrac{3\pi x}{2l} + \dfrac{2l}{5\pi a} \sin \dfrac{5\pi a t}{2l} \cos \dfrac{5\pi x}{2l}$;

(3) $u(x, t) = \dfrac{l}{4\pi} \left(\dfrac{l}{2\pi} \sin \dfrac{2\pi t}{l} - t \cos \dfrac{2\pi t}{l}\right) \sin \dfrac{2\pi x}{l}$.

2.8　棒内的温度分布满足下面的定解问题

$$\begin{cases} u_t = a^2 u_{xx} + C/c, & 0 < x < l, \ t > 0, \\[2mm] u_x(0, t) = u_x(l, t) = 0, & t \geqslant 0, \\[2mm] u(x, 0) = x, & 0 \leqslant x \leqslant l, \end{cases}$$

其中 c 是比热. 解得

$$u(x,t) = \frac{C}{c}t + \frac{l}{2} - \sum_{n=1}^{\infty} \frac{4l}{(2n-1)^2\pi^2} \exp\left(-\left(\frac{(2n-1)a\pi}{l}\right)^2 t\right) \cos\frac{(2n-1)\pi x}{l}.$$

2.9 　(1) $u(x,t) = \sum_{n=1}^{\infty} \frac{8l^2}{(2n-1)^3\pi^3} \exp\left(-\left(\frac{(2n-1)\pi a}{l}\right)^2 t\right) \sin\frac{(2n-1)\pi x}{l}.$

　　(2) $u(x,t) = \frac{1}{a^2}\left(1 - \mathrm{e}^{-a^2 t}\right)\cos x + \mathrm{e}^{-4a^2 t}\cos 2x;$

　　(3) $u(x,t) = \sum_{n=1}^{\infty} \frac{(-1)^{n-1}\beta_n l - 1}{\beta_n^2}\mathrm{e}^{-a^2\beta_n^2 t}\cos\beta_n x,$ 其中 $\beta_n = \frac{2n-1}{2l}\pi.$

2.10 　$u(x,t) = \sum_{n=1}^{\infty} c_n \mathrm{e}^{-(a^2\beta_n^2 + b^2)t}\sin\beta_n x,$ 其中 $\beta_n = \gamma_n/l_1, \gamma_n$ 是方程 $\tan\gamma = -\dfrac{\gamma}{\sigma l}$ 的第 n

　　个正根, $c_n = \dfrac{2(-1)^{n-1}(1+l\sigma)\sqrt{\sigma^2+\beta_n^2}}{\beta_n(l\beta_n^2 + l\sigma^2 + \sigma)}.$

2.11 　$u(\rho,\theta) = -\dfrac{1}{3}\pi^2 + \sum_{n=1}^{\infty} \dfrac{2}{na^n}\rho^n\left(\pi\sin n\theta - \dfrac{2}{n}\cos n\theta\right).$

2.12 　$u(\rho,\theta) = \dfrac{4T}{\pi}\sum_{n=1}^{\infty}\dfrac{\rho^n}{n^3 a^n}\left[1 - (-1)^n\right]\sin n\theta.$

2.13 　$u(\rho,\theta) = \dfrac{xy}{12}(a^2 - x^2 - y^2).$

2.14 　(1) $u(x,y) = -\dfrac{k}{2}\cos x\cos y;$

　　(2) $u(x,y) = \dfrac{2ab}{\pi}\sum_{n=1}^{\infty}\dfrac{(-1)^{n-1}}{n}\dfrac{\mathrm{e}^{n\pi x/b} - \mathrm{e}^{-n\pi x/b}}{\mathrm{e}^{n\pi a/b} - \mathrm{e}^{-n\pi a/b}}\sin\dfrac{n\pi y}{b}.$

2.15 　$u(x,y) = y(1-y) + \sum_{n=1}^{\infty}\dfrac{(1-\mathrm{e}^{-n\pi})\mathrm{e}^{n\pi y} + (\mathrm{e}^{n\pi} - 1)\mathrm{e}^{-n\pi y}}{\mathrm{e}^{n\pi} - \mathrm{e}^{-n\pi}}\sin n\pi x.$

2.16 　$u(x,y) = \mathrm{e}^{-2y}\sin 2x.$

2.17 　(1) $u(x,t) = 4l^2\sum_{n=1}^{\infty}\dfrac{1-(-1)^n}{(n\pi)^3}\cos\dfrac{an\pi t}{l}\sin\dfrac{n\pi x}{l};$

　　(2) $u(x,t) = \dfrac{1}{2}\mathrm{e}^{-\pi^2 t}\sin\pi x.$

2.18 　$u(x,y,t) = \sum_{m,n=1}^{\infty}\dfrac{4}{mn\pi}\sin m\pi x\sin ny[C_{mn}\cos\alpha_{mn}t + D_{mn}\sin\alpha_{mn}t],$ 其中

　　$C_{mn} = (-1)^{m-1}[1-(-1)^n], \qquad D_{mn} = \dfrac{(-1)^{n-1}}{\alpha_{mn}}[1-(-1)^m], \qquad \alpha_{mn} = \sqrt{m^2\pi^2 + n^2}.$

2.19　(1) $u(x,t) = t + \dfrac{2}{\pi^4 a^2 l} \sum\limits_{n=1}^{\infty} \left[\dfrac{(-1)^{n-1}}{\alpha_n^4} (1 - \cos\alpha_n \pi at) - \dfrac{a\pi^2}{\alpha_n^2} \sin\alpha_n \pi at \right] \sin\alpha_n \pi x$, 其中

$\alpha_n = \dfrac{2n-1}{2l}$;

(2) $u(x,t) = \dfrac{kx}{l} + \sum\limits_{n=1}^{\infty} \left[\dfrac{2Al[1-(-1)^n e^l]}{n^2(1-\beta_n^2)\pi^2 a^2} (1 - \cos\beta_n at) + \dfrac{2k}{n\pi}(-1)^n \cos\beta_n at \right] \sin\beta_n x$,

其中 $\beta_n = \dfrac{n\pi}{l}$;

(3) $u(x,t) = 1 + (At-1)x + \sum\limits_{n=1}^{\infty} \left[\dfrac{2A(-1)^n}{n^3\pi^3} \left(1 - \mathrm{e}^{-n^2\pi^2 t} \right) - \dfrac{1}{n\pi} \mathrm{e}^{-n^2\pi^2 t} \right] \sin n\pi x$.

2.20　这是一个扩散问题, 含湿量 $u(x,t)$ 满足下面的定解问题

$$\begin{cases} u_t = a^2 u_{xx}, & 0 < x < l,\ t > 0, \\ u_x(0,t) = 0,\ u_x(l,t) = -\beta, & t \geqslant 0, \\ u(x,0) = A, & 0 \leqslant x \leqslant l. \end{cases}$$

$$u(x,t) = A + \dfrac{\beta l}{6} - \dfrac{\beta}{l}t - \dfrac{\beta}{2l}x^2 - \sum\limits_{n=1}^{\infty} \dfrac{2\beta l^2}{n^2\pi^2}[1-(-1)^n] \cos\dfrac{n\pi x}{l} \exp\left(-\left(\dfrac{n\pi}{l}\right)t \right).$$

2.21　(1) $u(x,t) = \omega t + x(\cos\omega t - \omega t)/l$;

(2) $u(x,t) = \mathrm{e}^{-x/2} \left\{ \dfrac{t(l-x)}{l} - \sum\limits_{n=1}^{\infty} \dfrac{1}{n\pi\gamma_n} \left[\left(2 - \dfrac{1}{2\gamma_n^2} \right) \sin\gamma_n t + \dfrac{t}{2\gamma_n^2} \right] \sin\dfrac{n\pi x}{l} \right\}$, 其中

$\gamma_n = \sqrt{(n\pi/l)^2 + 1/4}$;

(3) $u(x,t) = \dfrac{xt}{2} + \sum\limits_{n=1}^{\infty} \dfrac{2l}{(n\pi)^2} \left[\dfrac{1-(-1)^n e^l}{1-\beta_n} (1-\cos\beta_n t) + (-1)^n \sin\beta_n t \right] \sin\beta_n x$, 其中

$\beta_n = n\pi/l$.

2.22　$u(x,t) = 1 + \dfrac{x}{l} + \sum\limits_{n=1}^{\infty} \dfrac{2(-1)^n}{n\pi} \left(\dfrac{1}{1+\beta_n^2} + \dfrac{\beta_n^2}{1+\beta_n^2} \mathrm{e}^{-(1+\beta_n^2)t} \right) \sin\beta_n x$, 其中 $\beta_n = n\pi/l$.

2.23　$u(x,t) = \sum\limits_{n=1}^{\infty} \dfrac{2}{n}(-1)^{n-1} \mathrm{e}^{-n^4 t} \sin nx$.

习　题　3

3.1　(1) $\dfrac{2}{\lambda}\left(a^2 - \dfrac{2}{\lambda^2} \right) \sin\lambda a + \dfrac{4a}{\lambda^2} \cos\lambda a$;

(2) $\dfrac{\sin(\lambda+\lambda_0)a}{\lambda+\lambda_0} + \dfrac{\sin(\lambda-\lambda_0)a}{\lambda-\lambda_0}$;

(3) $\left(\dfrac{\pi}{k}\right)^{1/2} \cos\left(\dfrac{\lambda^2}{4k} - \dfrac{\pi}{4}\right)$, $\quad \left(\dfrac{\pi}{k}\right)^{1/2} \cos\left(\dfrac{\lambda^2}{4k} + \dfrac{\pi}{4}\right)$.

3.2 分为以下三种情形:

当 $x \leqslant 0$ 时, $f(x) * g(x) = 0$;

当 $0 < x \leqslant \dfrac{\pi}{2}$ 时, $f(x) * g(x) = \dfrac{1}{2}(\sin x - \cos x + \mathrm{e}^x)$;

当 $x > \dfrac{\pi}{2}$ 时, $f(x) * g(x) = \dfrac{1}{2}\mathrm{e}^x(1 + \mathrm{e}^{-\pi/2})$.

3.4 $\dfrac{4a(a^3 - 3\lambda^2)}{(a^2 + \lambda^2)^3}$.

3.5 $\dfrac{1}{1 + (\lambda + 1)^2} + \dfrac{1}{1 + (\lambda - 1)^2}$, 证明略.

3.6 (1) $u(x,t) = 1 + x + x^2 + 2a^2 t$;

(2) $u(x,t) = \sin t(\cos x - \sin x) + t\sin x$;

(3) $u(x,t) = \dfrac{1}{2a}\big[\arctan(x + at) - \arctan(x - at)\big] + \dfrac{1}{a^2}\cos x\left(t - \dfrac{1}{a}\sin at\right)$.

3.7 (1) $u(x,t) = \displaystyle\int_0^t \int_{\mathbb{R}} \dfrac{f(\xi,\tau)}{2a\sqrt{\pi(t-\tau)}} \exp\left(-\dfrac{(x - \xi + bt - b\tau)^2}{4a^2(t-\tau)} + c(t-\tau)\right) \mathrm{d}\xi\mathrm{d}\tau$

$\qquad + \dfrac{\mathrm{e}^{ct}}{2a\sqrt{\pi t}} \displaystyle\int_{\mathbb{R}} \varphi(\xi) \exp\left(-\dfrac{(x - \xi + bt)^2}{4a^2 t}\right) \mathrm{d}\xi$;

(2) $u(x,y) = \dfrac{1}{2\sqrt{\pi x}} \displaystyle\int_{\mathbb{R}} \left[\mathrm{e}^{-\xi^2} \cos\left(\dfrac{(y-\xi)^2}{4x} - \dfrac{\pi}{4}\right) - \mathrm{e}^{\xi} \cos\left(\dfrac{(y-\xi)^2}{4x} + \dfrac{\pi}{4}\right)\right] \mathrm{d}\xi$.

3.10 (1) $u(x,y,t) = x^2 + y^3 + t(2 + 6y) + \dfrac{t^2}{2}(x + y^2) + \dfrac{t^3}{3}$;

(2) $u(x,y,t) = x^2 + y + t^2 + txy + \dfrac{1}{6}t^3 x + \dfrac{1}{2}t^2 y^2 + \dfrac{1}{12}t^4$.

3.11 (1) $u(x,t) = \dfrac{1}{2a\sqrt{\pi t}} \displaystyle\int_0^\infty \varphi(\xi) \left[\exp\left(\dfrac{-(x-\xi)^2}{4a^2 t}\right) + \exp\left(\dfrac{-(x+\xi)^2}{4a^2 t}\right)\right] \mathrm{d}\xi$

$\qquad + \displaystyle\int_0^t \int_0^\infty \dfrac{f(\xi,\tau)}{2a\sqrt{\pi(t-\tau)}} \left[\exp\left(\dfrac{-(x-\xi)^2}{4a^2(t-\tau)}\right) + \exp\left(\dfrac{-(x+\xi)^2}{4a^2(t-\tau)}\right)\right] \mathrm{d}\xi\,\mathrm{d}\tau$.

(2) 当 $x \geqslant at$ 时,

$$u(x,t) = \dfrac{1}{2}[\varphi(x+at) + \varphi(x-at)] + \dfrac{1}{2a}\int_{x-at}^{x+at} \psi(\xi)\mathrm{d}\xi + \dfrac{1}{2a}\int_0^t \int_{x-a(t-\tau)}^{x+a(t-\tau)} f(\xi,\tau)\mathrm{d}\xi\mathrm{d}\tau;$$

当 $0 \leqslant x < at$ 时,

$$u(x,t) = \dfrac{1}{2}[\varphi(x+at) + \varphi(at-x)] + \dfrac{1}{2a}\left(\int_0^{x+at} \psi(\xi)\mathrm{d}\xi + \int_0^{at-x} \psi(\xi)\mathrm{d}\xi\right)$$

$$+\frac{1}{2a}\int_0^{t-\frac{x}{a}}\left(\int_0^{x+a(t-\tau)}f(\xi,\tau)\mathrm{d}\xi+\int_0^{a(t-\tau)-x}f(\xi,\tau)\mathrm{d}\xi\right)\mathrm{d}\tau$$

$$+\frac{1}{2a}\int_{t-\frac{x}{a}}^t\int_{x-a(t-\tau)}^{x+a(t-\tau)}f(\xi,\tau)\mathrm{d}\xi\mathrm{d}\tau.$$

3.13 $\dfrac{\omega}{\omega^2+p^2}$, $\operatorname{Re}p>0$; $\dfrac{4p+12}{(p^2+6p+13)^2}$, $\operatorname{Re}p>0$; $\dfrac{\omega}{(p-\omega)^2+\omega^2}$, $\operatorname{Re}p>|\omega|$;

$\dfrac{p}{p^2-\omega^2}$, $\operatorname{Re}p>|\omega|$.

3.14 $\dfrac{2}{3}\mathrm{e}^{3t}-\dfrac{1}{2}\mathrm{e}^{-t}$; $2\cos 3t+\sin 3t$; $\dfrac{1}{6}t^3\mathrm{e}^{-t}$.

3.15 $u(x,t)=\begin{cases}A\cos\omega\left(t-\dfrac{x}{a}\right), & t\geqslant\dfrac{x}{a},\\[3mm] 0, & 0\leqslant t<\dfrac{x}{a}.\end{cases}$

物理意义：方程和初值条件表示半无界弦没有外力作用, 并且初始位移和初始速度都是零, 左边界位移是 t 的周期函数. 特征线是 $t-x/a=c$. 对于给定的点 x $(x>0)$, 在时刻 $t_0=x/a$ 之前, 即 $c<0$, 左边界的位移还没有传播到该点 $(u(x,t)=0)$; 在时刻 $t_0=x/a$ 之后, 即 $c>0$, 左边界的位移已经传播到该点, 波按照左边界位移函数的方式沿特征线传播: $u(x,t)=A\cos\omega\left(t-\dfrac{x}{a}\right)$.

3.16   (1) $\dfrac{7}{4}\mathrm{e}^{-t}-\dfrac{3}{4}\mathrm{e}^{-3t}+\dfrac{1}{2}t\mathrm{e}^{-t}$;

(2) $\dfrac{1}{6}x^3y^2-\dfrac{1}{6}y^2+x^2-1+\cos y$;

(3) $u(x,t)=\begin{cases}\sin\left(t-\dfrac{x}{a}\right), & t\geqslant\dfrac{x}{a},\\[3mm] 0, & 0\leqslant t\leqslant\dfrac{x}{a}.\end{cases}$

(4) $u(x,t)=f_0+\dfrac{2(f_1-f_0)}{\sqrt{\pi}}\displaystyle\int_{\frac{x}{2a\sqrt{t}}}^{\infty}\mathrm{e}^{-s^2}\mathrm{d}s$.

3.17 $u(x,t)=\begin{cases}t, & t\leqslant x^3/3,\\[3mm] \dfrac{x^3}{3}, & t>\dfrac{x^3}{3}.\end{cases}$

习 题 4

4.1   (1) $u(x,t)=\dfrac{1}{2}\left[\ln(1+(x+t)^2)+\ln(1+(x-t)^2)\right]+\sin x\sin t$;

(2) $u(x,t)=x^2t+\dfrac{1}{3}a^2t^3$;

(3) $u(x,t) = \dfrac{1}{2a}[\arctan(x+at) - \arctan(x-at)]$.

4.2　$u(x,t) = f(y+x-\cos x) + g(y-x-\cos x)$, 其中 f, g 是任意二次连续可微函数.

4.3　$u(x,t) = \psi\left(\dfrac{x-at}{2}\right) + \varphi\left(\dfrac{x+at}{2}\right) - \varphi(0)$.

4.4　$u(x,t) = \dfrac{1}{3}\left(\sin(x-2t) - \dfrac{1}{2}(x-2t)^2 + 2\sin(x+t) + \dfrac{1}{2}(x+t)^2\right)$.

4.5　(1) $u(x,t) = \sin x \sin t + \dfrac{1}{6}t^3 - e^x + e^{x+t} + e^{x-t}$;

(2) $u(x,t) = xt + (t-\sin t)\sin x$;

4.6　$a\varphi'(x) = \psi(x)$.

4.7　点 M 的依赖区间是 $[-1,3]$, 点 $(0,0)$ 的影响区域是由 $x+t=0$ 和 $x-t=0$ 及 $t \geqslant 0$ 围成的区域, 故点 M 落在点 $(0,0)$ 的影响区域内.

4.8　(1) $u(x_1, x_2, x_3, t) = x_1 + x_2 x_3$;

(2) $u(x_1, x_2, x_3, t) = x_2^2 + 8t^2 + tx_3^2 + \dfrac{8}{3}t^3 + \dfrac{1}{12}t^4 x_1$;

(3) $u(x_1, x_2, t) = x_1^2 - x_2^2 + t(x_1 + x_2)$;

(4) $u(x_1, x_2 t) = x_1^2 + t^2 + t\sin x_1 + (\sin x_2 - \sin x_1)\sin t$.

4.10　利用二维波动方程的 Poisson 公式 (4.4.5) 得

$$u(r,t) = \frac{1}{2\pi a}\frac{\partial}{\partial t}\int_0^{at}\int_0^{2\pi}\frac{\varphi(\sqrt{r^2+\rho^2+2r\rho\cos\theta})}{\sqrt{a^2t^2-\rho^2}}\rho\,\mathrm{d}\theta\mathrm{d}\rho$$

$$+\frac{1}{2\pi a}\int_0^{at}\int_0^{2\pi}\frac{\psi(\sqrt{r^2+\rho^2+2r\rho\cos\theta})}{\sqrt{a^2t^2-\rho^2}}\rho\,\mathrm{d}\theta\mathrm{d}\rho, \quad r = |\boldsymbol{x}|.$$

4.11　$u(x,t) = \dfrac{1}{2\pi a}\dfrac{\partial}{\partial t}\displaystyle\int_0^{at}\int_0^{2\pi}\dfrac{e^{c\rho\sin\theta/a}\varphi(x+\rho\cos\theta)}{\sqrt{a^2t^2-\rho^2}}\rho\,\mathrm{d}\theta\mathrm{d}\rho$

$$+\frac{1}{2\pi a}\int_0^{at}\int_0^{2\pi}\frac{e^{c\rho\sin\theta/a}\psi(x+\rho\cos\theta)}{\sqrt{a^2t^2-\rho^2}}\rho\,\mathrm{d}\theta\mathrm{d}\rho.$$

4.12　$u(\boldsymbol{x},t) = \dfrac{1}{2}\displaystyle\sum_{i=1}^{3}\left[f_i(x_i+at) + f_i(x_i-at)\right] + \dfrac{1}{2}\sum_{i=1}^{3}\int_{x_i-at}^{x_i+at}g_i(\xi)\mathrm{d}\xi$.

4.13　在区域 $\{|x_1| \leqslant 1-2t, |x_2| \leqslant 2-2t, 0 \leqslant t \leqslant 1/2\}$ 内 $u(\boldsymbol{x},t) \equiv 0$.

习　题　5

5.9　$u(\boldsymbol{x}) = \dfrac{1}{4\pi}\displaystyle\int_{\partial\Omega}\left(v\dfrac{\partial u}{\partial \boldsymbol{n}} - u\dfrac{\partial v}{\partial \boldsymbol{n}}\right)\mathrm{d}S_{\boldsymbol{y}} - \int_\Omega vf\mathrm{d}\boldsymbol{y}$, 其中 $v = \dfrac{1}{r}e^{-r}$, $r = |\boldsymbol{y}-\boldsymbol{x}|$, $\boldsymbol{x} \in \Omega$.

5.10　(1) 无解. (2) $n = 2$ 时有解 $u(\boldsymbol{x}) = \dfrac{1}{2}|\boldsymbol{x}|^2 + C$, 其中 C 是任意常数; $n \neq 2$ 时无解.

5.11　$\dfrac{\omega_n}{|\boldsymbol{x}_0|^2}$.

5.12　$\dfrac{1}{2}$.

5.14　最大值是 1, 最小值是 -1.

5.15　$u(\rho, \theta) = A + \dfrac{B}{a} \rho \cos\theta$.

5.16　$u(r, \theta) = \dfrac{1}{2\pi} \displaystyle\int_0^{2\pi} \dfrac{(r^2 - R^2)\varphi(\phi)}{R^2 + r^2 - 2Rr\cos(\phi - \theta)} \mathrm{d}\phi$.

5.17　(1) $u(x, y) = \dfrac{y}{2\pi} \ln \dfrac{(b-x)^2 + y^2}{(a-x)^2 + y^2} + \dfrac{x}{\pi} \left(\arctan \dfrac{b-x}{y} - \arctan \dfrac{a-x}{y} \right)$;

　　　(2) $u(x, y) = \dfrac{2 + y}{2[x^2 + (2+y)^2]}$.

5.18　$G(\boldsymbol{x}, \boldsymbol{y}) = \dfrac{1}{2\pi} \ln \dfrac{|\boldsymbol{x} - \boldsymbol{y}^*| \cdot \big||\boldsymbol{y}|^2 \boldsymbol{x} - R^2 \boldsymbol{y}\big|}{|\boldsymbol{x} - \boldsymbol{y}| \cdot \big||\boldsymbol{y}|^2 \boldsymbol{x} - R^2 \boldsymbol{y}^*\big|}$, 其中 $\boldsymbol{y}^* = (y_1, -y_2)$.

5.19　$G(\boldsymbol{x}, \boldsymbol{y}) = G_*(\boldsymbol{x}, \boldsymbol{y}) - G_*(\boldsymbol{x}, \boldsymbol{y}^1) - G_*(\boldsymbol{x}, \boldsymbol{y}^2) + G_*(\boldsymbol{x}, \boldsymbol{y}^0)$, 其中 $G_*(\boldsymbol{x}, \boldsymbol{y})$ 是圆上的调和方程的 Dirichlet 边值问题的 Green 函数, $\boldsymbol{y}^1$, $\boldsymbol{y}^2$ 和 $\boldsymbol{y}^0$ 分别是 $\boldsymbol{y}$ 关于 x_1 轴, x_2 轴和原点的对称点.

5.20　$G(\boldsymbol{x}, \boldsymbol{y}) = G_*(\boldsymbol{x}, \boldsymbol{y}) - G_*(\boldsymbol{x}, \boldsymbol{y}^1) + G_*(\boldsymbol{x}, \boldsymbol{y}^2) - G_*(\boldsymbol{x}, \boldsymbol{y}^0)$, 其中 $G_*(\boldsymbol{x}, \boldsymbol{y})$ 是圆上的调和方程的 Dirichlet 边值问题的 Green 函数, $\boldsymbol{y}^1$, $\boldsymbol{y}^2$ 和 $\boldsymbol{y}^0$ 分别是 $\boldsymbol{y}$ 关于 x_1 轴, x_2 轴和原点的对称点.

5.21　$G(\boldsymbol{x}, \boldsymbol{\xi}) = \dfrac{1}{4\pi} \ln \dfrac{[(x+\xi)^2 + (y-\eta)^2][(x+\xi)^2 + (y+\eta)^2]}{[(x-\xi)^2 + (y-\eta)^2][(x-\xi)^2 + (y+\eta)^2]}$,

　　　$u(x, y) = \dfrac{2x}{\pi} \displaystyle\int_0^\infty \dfrac{(x^2 + y^2 + \eta^2)g_1(\eta)}{[x^2 + (\eta - y)^2][x^2 + (\eta + y)^2]} \mathrm{d}\eta + \dfrac{1}{2\pi} \int_0^\infty g_2(\xi) \ln \dfrac{(\xi + x)^2 + y^2}{(\xi - x)^2 + y^2} \mathrm{d}\xi$.

习　题　6

6.8　例如, 区域 $\Omega = \left\{ (x, y) : |x| \leqslant \dfrac{\pi}{\sqrt{2c}}, \ |y| \leqslant \dfrac{\pi}{\sqrt{2c}} \right\}$, 函数 $u(x, y) = \cos\sqrt{\dfrac{c}{2}}x \cos\sqrt{\dfrac{c}{2}}y$.

6.9　例如, $\Omega = [0, \pi]$, 函数 $u(x, t) = \sin x \sin at$.

参 考 文 献

[1] 谷超豪, 李大潜等. 数学物理方程. 北京: 人民教育出版社, 1979.
[2] 姜礼尚, 陈亚浙等. 数学物理方程讲义. 第二版. 北京: 高等教育出版社, 1996.
[3] 王元明, 管平. 数学物理方程. 南京: 东南大学出版社, 1991.
[4] 陈祖墀. 偏微分方程. 第 2 版. 合肥: 中国科学技术大学出版社, 2003.